城归何处

——一名城市规划师的笔记

李昊 著

中国建筑工业出版社

城市建设是这个时代的主旋律（北京）

从乡村到城市，我们每个人都是时代洪流的一部分（武夷山）

围于楼宇，心怀野望（合肥）

绿树红瓦，碧海青天，这或许是一个理想城市的样本（青岛）

天际线是人类写给上帝的诗歌（加拿大，密西沙加）

感受那股来自西伯利亚的冷空气（俄罗斯，乌兰乌德）

南方的夏天，独爱你的色彩阑珊（葡萄牙，波尔图）

罗马即永恒（意大利，罗马）

"也许你我终将行踪不明，但是你该知道我曾因你动情。"

——波德莱尔（德国，法兰克福）

老城之魅——旧时光是个美人（葡萄牙，里斯本）

好的城市是有温度的生活创造出来的，而文脉是人们的灵魂与情感，是可以依靠的东西（葡萄牙，波尔图）

迷失在城市，迷失于这个时代的爱与愁（德国，柏林）

招牌，是属于亚洲城市的独特都市文化（香港，尖沙咀）

"一切始于格但斯克"，历史和政治都已成过往，城市承载着的记忆依然不忍卒读，落寞如烟灰（波兰，格但斯克）

雨巷（古巴，哈瓦那）

（古巴，哈瓦那）

这座古城，是中国城建史的标本。视线所及之处，棚户区、旧城改造、古城复建、地产开发……诸多片段恰如断代史的切面，一目了然（大同）

大连是北方大海的女儿

西子柔情，晴不如雨（杭州）

序

致敬，每一个爱着这座城的人

春天三月的某天，我收到了李昊的邮件，他提及我在 2015 年中国城市规划年会上的演讲《大国之城，大城之伤》，并邀请我为他的新书作序。我看到这封邮件，莫名感动：当你在真诚表达的时候，总有人和你共鸣。

当我手不释卷地看完全书之后，我的感动更添喜悦。因为相比多数读者，我如此幸运地更早看到了这些文字。它们笔触细腻，如春晨微风；细节丰富，如夏夜繁星；感情饱满，如秋天盛果；心性纯挚，如冬日诗歌。我慢慢品读着它们，虽未谋面，却如老友在前，面向而叙。我曾在一次访谈提及，规划师是我最喜爱的一个职业群体，因为他们中的很多人，在城市与国家之间、在街头与庙堂之间、在思想与技术之间，自由穿梭而往往不自知也不自傲，并因此而呈现出属于这个群体的独有的真挚与坚韧。这本书，无疑是对我的这一喜爱之由的最好诠释。

如李昊在一开始所言，"这是一本寄托了城市规划从业者对城市情感的书籍"。全书既深刻地呈现了对城市文明的理解，又清晰地诠释了城市规划的职业准则；既深刻地分析了中国城镇化历程，又生动地呈现了对中外不同城市的亲身体验。从视角来看，除了城市规划和地理学，还涉及社会、地理、诗歌、电影、绘画、文化等众多领域，内容广博又始终围绕"城市"这一主线。全书如蒙太奇般，细致地分解、精心地组织、自由地搭配，形式多样而立意清晰，从不同维度层层传递着作者的文字底蕴和专业积淀。尤其在本书对电影、诗歌、绘画与城市意象有关的诠释中，我一方面感叹他兴趣的广泛，这里一定驻留着一个非常"有趣的灵魂"；另一方面也深深敬佩，要对自己的工作多么热爱，才能毫无痕迹地在生活的每一处都能找到穿透生活的职业想象力。又或者如他自己所言，"城市不是我研究的客体，而是我体验生活的方式"。对职业之爱，对城市之喜，仿若本能。

一方面，作为一名读者，本书最吸引我之处是身临其境的"在场感"。

李昊提到霍华德提出田园城市理论，柯布西耶提出光辉城市，都有其区域历史文化渊源。而一旦身临这些依据不同城市理念而建的现场，就会让"一个个关于城市的深奥的理论，顿时变得鲜活起来"。他提到在捷克的布拉格，沙发客主人带着去城市墓地采蘑菇。他感叹着墓地的公园属性，甚至可以成为情侣约会的浪漫场所，这又是多么特别而少有的体验！与此同时，李昊还以自己的亲身游历给了我们很多有用而有爱的 tips，比如如何在昆明观鹭，如何在全球不同城市找到城市规划馆和建筑馆，如何发现一部好看的旅行中的电影，等等，贴心而细致。

自然而然地，在本书描述的每一个细节，我都能体会，领会，如同我也在布拉格、都柏林、阿克苏老城街头的角落，行走过、徘徊过、感叹过！而他对大理这座城市的生动描述，甚至让我暂时搁置了这篇序言的写作，"识时务地"临时去搜索了一下大理房价。我突然想到未来某天退休，或者就可以找一个这样"有远方的城市"去安居！

而另一方面，作为一名城市研究者，本书最触动我之处在于李昊对一些重大城市问题乃至哲学命题的真切关照。在全书的不同章节，都包含着他多年职业生涯中的诸多洞察，这包括：时间对城市图层的刻画、城市群体与空间的阶层化、中国的工业化与城市增长机器、信息与技术对时空的压缩及其对城市治理的影响，以及信息作为生产资料分配的分化和断裂，等等。在这些思辨的讨论中，他表达的许多观点，都让我心有戚戚焉。比如："理解城市，必须要理解这些历史渊源下的制度安排，以及年代的差异与剧变""不同年代的建筑类型，构成了地貌的多个图层，地质年代被时空压缩，变成了社会文化的断代史""信息技术如果只为少数人所用，只能称为信息之城，而不是智慧城市""城市研究者们需要关注日新月异的流行文化，以及深入了解新生代人群：不仅要研究简·雅各布斯，还要研究 wuli 鹿晗和吴亦凡"。坦白说，虽然我并不知鹿晗和吴亦凡，但在李昊的解析中，特别他提及上海街头的一个邮筒被众多粉丝排队触摸，这确实让我有冲动去让我的学生们去研究城市中的鹿、吴们以及他们对城市的塑造。

我真的很喜欢阅读这些文字，因为它们都源自心的深处。

我们所熟悉的城市，每天都有新的事件，新的细节，新的时空维度……如若不是深爱，就很容易错过。李昊说："未来城市规划，可能是两个极端的共存：一方面城市极度依赖大数据为基础的定量分析；另一方面，城市又能真正地融合人类内心深处的情感。"我想，这是他长期坚持城市规划这一职业和职业写作的基本立场和深层动机。而这一立场，同样契合我在年会演讲中提到的，"一个真正强大的国家，公民生命体验能够影响国家制度设计；一个真正繁荣的城市，市民生命体验能够影响城市制度设计"。在浩瀚的时空中，每个人的坚持或许微弱，但如果没有这些点滴的坚持，人类又将如何被物化的时空所控制呢？

　　感谢李昊的邀请，让我能够写下对这本佳作的阅读体验。这是李昊的心灵之旅，也同样给了我这样的阅读者更丰富的心灵之旅。我也借此一隅致敬每一个爱着这座城的人，我们、你们和他们！

何艳玲

2018年7月

前　言

十年一觉城市梦

　　我出生在豫南一个小村庄。那时候我爸在外参军，我妈一个人带我。我妈在镇上中学教书，有时候她带我到镇上住，有时候我被送回村里由奶奶照顾。四岁时，我和我妈一起到了豫北小城和我爸团聚，那时候叫"随军家属"。当时的部队大院，就像一座城市一样，道路宽阔，楼房林立，设施齐全，给人以与农村全然不同的感受，也是我童年时的乐园。十来岁时，我们全家搬到了省会。省城是个大城市，尽管与那座豫北只有小城一河之隔，但在我心中，却恍若隔世。再往后，我去上海和北京读大学，又出国、回国。一路走来，经历过各种各样的地方：从乡村到城市，从小城市到国际大都市。后来才知道，这就是所谓的"城市化"。

　　有无数和我一样的人，都通过切身的经历，感受到了城市化的浪潮。中国的城市化，是全球有史以来最大规模的人口流动，每年从乡村转移到城市的人口，就超过很多国家的全国人口。有时候我会想，这么宏大的社会变迁，可能只有我们这代人才有可能经历。这是幸运，还是不幸？

　　记得十几岁刚搬到省城时，我对新城市的一切都感到不适应。那时候我常常骑自行车到处溜达，有时坐在马路边上，默默地和这个世界对话。不是我不明白，而是眼前的世界变化太快。少年的迷惑与懵懂，与城市日新月异的变化如影随形。后来我从事了城市规划行业，才认识到，人们建造了一个个城市，城市反过来也塑造人们的生活。正如城市社会学家罗伯特·帕克所言："人类通过重塑城市而重塑自身。"为什么人们会对自己的城市产生依恋的感情，我想，是因为城市已经成为人类的一部分。在葡萄牙波尔图旅行时，沙发客的主人，一个白发苍苍的老人告诉我，他永远不会离开这座生养他的城市，"世界上再也没有比波尔图更美好的地方"，他告诉我。他是如此热爱波尔图啊！拥有各色魅力的城市，在我生命中让我深深感动，经久不息。那些热爱城市的人，也同样让我动容。

　　每一座城市，都是人类对理想生活的追寻。年轻时，读到佩索阿的《惶然录》里的一个标题："生活就是伟大的失眠"，直接就被震撼了。竟然有人能说出这样透彻心扉的话来！我曾经去过内蒙古边陲小城阿尔山。在从景区回城区的车上，晃晃悠悠地构思出了一部小说的梗概。大致情节是，男主角走遍了世界各地的城市：伦敦、纽约、香港、北京，阅尽世间繁华，经历万水千山，最终还是到了边境小城，过着最简单的生活。每当他回忆起往事的时候，都会到城边的小山坡上，看着远方公路上的车和山坡上的羊。沉舟侧畔千帆过，看尽云卷云舒。我想，真正的生活，一定是这样的。城市是为了自由和美好的生活而存在，它能给予我们繁华与荣耀，也给予我们宁静与平和，更重要的是，能为我们提供仰望天空的角度。

　　城市规划既是我从事的工作，也是我观察世界的窗口。有一次在云南的一个自治州做城市规划调研，我们以每天一个县的节奏奔波。一天晚上，在去一个山区县城的路上，突然远远地看到山里的孩子们放学回家。他们三三两两、有说有笑地沿着国道的路边行走。道路两侧的反光桩不断闪亮，仿佛天上的星星，沿着半山腰蜿蜒的道路，形成银色的飘带飘向远方。车越来越远，孩子们的声音依稀不见。那一刻，我脑海中浮现出鲁迅的话："无穷的远方，无数的人们，都与我有关。"这些年因为工作缘故，得以有机会在各地行走。总能在不经意间，感受到芸芸众生那澎湃的生命力，并为之深深感动，这就是这个城市时代的希望。

　　我对城市规划的兴趣，来自于从小对地理和地图的喜爱。这种喜爱从地理课本上生根发芽，在我四处漂泊的成长过程中不断生长。所以，在面对城市的时候，我不可能不饱含热情，我对它的书写，也必然充满感情。因此这本书不是理论读物，而更像给城市的一封情书。书中有评论、有随笔、有戏谑、有游记。这些多样的内容，就像城市的要素一样丰富。我知道很难说完美，但这些文字足够真诚。

　　简单地说，这是一本寄托了城市规划从业者对城市情感的书，是一本城市文化类的大众读本。全书有四个板块，第一部分是从各个角度对城市文明的评论；第二部分是对城市规划这个行业的通俗介绍，你会了解其中的酸甜苦辣；第三部分是中国城镇化历程中的各个侧影；第四部分是对中外城市的游历与感想。我希望它有意义、有用和有趣。你可以在家里躺在沙发上随手翻看，在加班累的时候瞥上两眼，或者是旅行时打发候车的时间。这里没什么深奥的专业知识，只要是对城市感兴趣的人士，都可以从中获得触动。

作为城市规划行业从业者，总是有些挥之不去的理想主义情节。在纸上设计一个城市的蓝图，然后在现实中让它变成现实，这很缥缈，也很诱人。规划师向来不乏改造世界的雄心，但很多时候却是被世界所改变。于是，我们总是会想起"不忘初心"四个字。那么我对于城市写作的初心是什么？我想，是对内心的自我表达。

我们的城市，有着最多的复杂性和最多的可能性。金碧辉煌的大酒店，可能一路之隔就是蚁族聚居的城中村；财富论坛的大人物和在城市无法立足的低收入者，可能每天都擦肩而过。欧美的城市几十年上百年能保持风貌不变，而我们的城市，可能一个假期就让你认不出来。当后人回顾这段历史的时候，一定会被这磅礴的史诗所震撼。城市是个万花筒，我们看到最前沿的高科技，也看到最触目惊心的污染；看到高尚，也看到堕落；看到伟大，也看到庸常。与报纸杂志上常见的宏大叙事不同，我更喜欢用微观的人文视角，去记录城市化过程中的侧影，记录人的故事点滴。如卡尔维诺在《看不见的城市里》所写："城市不会泄露自己的过去，只会把它像手纹一样藏起来，它被写在街巷的角落、窗格的护栏、楼梯的扶手、避雷的天线和旗杆上，每一道印记都是抓挠、锯锉、刻凿、猛击留下的痕迹。"城市的记忆往往隐藏在细节中，是如此的生动鲜活。这个时代，指点江山的鸿篇大论已经太多，那么我希望自己的文章，能够记录下这个城市时代不易被察觉的细腻情绪，记录下个体真实存在的动人瞬间。

没有什么比共情和理解更重要的了。我希望这只言片语，能够在这个急剧变动的年代，给予城市中人们的灵魂些许安慰。最后，请允许我用美国作家威尔·杜兰特的一句话，来结束这篇前言：

"文明就像是一条有河岸的河流。河流中流淌的鲜血是人们相互残杀、偷窃、奋斗的结果，这些通常就是历史学家们所记录的内容。而他们没有注意的是，在河岸上，人们建立家园，相亲相爱，养育子女，歌唱，谱写诗歌，创作雕塑。"

陌生的城

黑塞（欧凡译）

少有这样忧伤时刻
当你在陌生的城中漫步
它静卧在清寂的夜里
月光洒照万户

在塔尖与屋顶上
朵朵云游荡
似沉默巨大的游魂
寻觅着它的家乡

你突然被这凄戚的情景
牵动了愁肠
放下手中的行囊
久久痛哭在道旁

目　录

091 第二部分
城市规划师的自我修养

147 第三部分
乡愁与城愁

271　第四部分
那些城市那些人

第一部分
聊聊城市
好不好

卡尔维诺在《看不见的城市》
中是这样说的:"你喜欢一个
城市的理由,不在于它有七种
或七十种奇景,而在于它对你
的问题提示了答案。"

理想城市的十个要素

作为城市规划师，经常会被人问道：你觉得哪个城市最好？

每次听到这个问题，都感觉无法回答。虽然我们对城市有各种评价的方法，各类指标体系满天飞。但说到底，哪个城市最好，还真是个主观喜好的问题。就像评价美女一样，哪怕她是黄金三围加天使脸蛋，但组合在一起你未必有感觉。所以对于这个问题的回答，表达的都是"自己最喜欢"的城市，而非"理论上最好的城市"。因此我们只能得到非常个性化的答案。就像王小波的《红拂夜奔》里所说："大隋朝的人说，洛阳城是古往今来最伟大的城市；唐朝的人又说，长安是古往今来最伟大的城市；宋朝的人说，汴梁是古往今来最伟大的城市。"

所以遇到这个问题时，我脑子首先蹦出来的就是《钟鼓楼》那首歌的歌词："这个问题怎么那么的难，到处全都是正确答案。"

不过，作为职业规划师和业余背包客，这些年下来，也走过几百个各种各样的城市。看得多了，多少也总结出自己的一些固定偏好。针对这个问题，我觉得不如这样发问：理想的城市应该具备哪些要素？从我个人的角度来说，如果能符合以下十点，就算是"最好的城市"了。

1. 气候宜人

让我印象最深的一次旅行，是从阴雨绵绵的英伦三岛，直接飞到阳光灿烂的巴塞罗那，一天之内仿佛经历了不同世界的变换。如果可以选择，温暖、湿润，晴空万里的城市，一定是我的首选。一位在世界各地教书的教授说，意大利南部和美国加州，是他认为居住最舒服的两个地方。这两个地方都是地中海气候，夏天阳光灿烂，虽然高温，但比较干燥，相比于湿热，更能让人接受；冬天则温暖湿润，气候宜人。相比之下，北欧、加拿大有不少城市也挺不错，但是考虑这些地方长达半年的冬天，就让人望而却步。澳大利亚沿海的一些城市也很宜居，比如悉尼。一个朋友选择移民那里的原因就是：冬天不用暖气，夏天不用空调。

葡萄牙科英布拉市的海滨小镇

2．亲近自然

　　"人，诗意地栖居"，这句常听到的话，来自诗人荷尔德林。他还有另一句诗："如果人群使你却步，不妨请教大自然。"作为人工建成环境，能够和自然环境融为一体的城市无疑具有很高的宜居度。我印象比较深的是，一个冬日到春城昆明参加会议。会议在海埂会议中心举办，过了马路便是海埂大坝。上了大坝，便与游人共同进入了《琅琊榜》的场景中：无数的鸥在滇池上空飞翔，滇池上有着若干帆船，远处的西山则雾气弥漫，夕阳中的景象俨然一幅山水画卷，让人过目难忘。在一个像花园一样的城市中漫步，市民的幸福感绝对不低。

3．老城区

　　老城区是城市最大的魅力所在。这里不仅有着深厚的历史积淀，散发着迷人的文化气息，而且往往功能混合、尺度宜人。老城区特别有生活气息，菜市场、路边小店、露天集市，无不透露着浓浓的市井风情。对于外来人和本地人来说，都很适合随意逛逛。相比之下，没有老城区的城市，总是给人这样的感觉：尽管满眼都是高楼大厦，但总好像少了点烟火气。有些新城甚至看上去像经济开发区，到处都是缺乏人气的方盒子，让人一进去就感觉自己好像进了富士康的工厂。

葡萄牙波尔图，从杜罗河南岸眺望北岸的老城区

4．林荫道

我对林荫道有着特殊的喜爱，在一个城市的林荫道上漫步，总让人感觉到旧时光的美好。如果说好的城市是个美人，那么林荫道就是这个美人的丝带，让城市柔软起来。以前人们谈恋爱，最常规的活动是"轧马路"，那必定是在有着树荫的道路上溜达。

林荫道曾经是我国不少城市的骄傲。如今的迷妹只知道郑州出了六块腹肌的宁泽涛，却不知这座城市当年被称为"绿城"，几乎所有的主干道两侧都是高大的法国梧桐。可后来，随着机动车道的拓宽，林荫道都成了过去的回忆。类似的故事还发生在南京，"砍树市长"为修地铁，让这座城市失去了林荫道这张迷人的名片。还有很多城市就不提了，说多了都是泪。

印象最深的林荫道，是曾被誉为"欧洲最美林荫道"的巴塞罗那兰布拉大街。宽阔的步行道位于路中间，两侧是单向机动车道和临街步行道。中央的步行道两侧是连续种植的悬铃木，烈日炎炎的夏日也让行人清凉舒适。道路两侧的建筑风格统一，立面精美典雅，美轮美奂。特别是这些楼上还经常悬挂着巴塞罗那球队的巨幅海报，让我这个巴萨球迷难以忘怀。

5．公共交通

公共交通对于城市低碳、环保的可持续发展有着重要的意义。除此之外，公共交通也是对包括外来人在内的大众一个友好的标志。公交让没有车的步行者感到方便，让游客们快速融入这个城市。记得在加拿大时，在多伦多那个典型的蔓延式的北美城市中，不发达的公交让我经常长距离步行，在风雪中吃尽苦头。而当我第一次到了法语区的蒙特利尔，一下灰狗巴士，就感受到了那里紧凑的城市和发达的公交系统。我顿时老泪纵横，一下子有了回到欧洲，甚至是回到了家的感觉。此外，公交也是一个社交场所，每天都有鲜活的剧情发生。每到一个陌生的城市，我都喜欢坐一下当地的公交，除了交通的目的，还可以体会当地的人文风情。

6．友善的人

莎士比亚说："城市即人。"有着友善的市民的城市，一定是个有温度的城市。一般来说，经济发达、和谐宜居的城市，往往会有更好的人文环境，市民也更加友好。不过地域文化的影响也挺大，不同地区的人，性格也大不相同。北欧尽管非常发达，而且帅哥美女遍地，但是不

古巴哈瓦那海滨大道上的姑娘

知是不是天气太冷的缘故，那里的人总让人感觉有点冷漠，尽管他们的内心可能并不是这样。朋友在瑞典，每当提到瑞典人时，总会皱眉："他们都不坏，但是太冷了……"

相比之下，南欧有着绚烂的阳光，也有着更加热情洋溢的人们。尽管那里经济相对北欧不那么发达，但是人的热情有着别样的吸引力。对于陌生人，他们哪怕不贴面吻，也会给你一个大大的拥抱。

7．海滨

海滨城市绝对是大众情人，在人们脑海中有着各种浪漫的意象。各种广告一般都会用这样的场景渲染理想生活：阳光、沙滩、比基尼。滨海的城市，一般气候不会太差。曾经有一个厦门大学的学生跟我说，每次骑自行车从校门口出来，迎面就是白城海滩，一路沿着海滩骑下去，心里就能获得一种宁静。如果不临海，那么城市最好有湖或河流等大片的水域。水给城市带来灵气，一个完全没有水的城市，该是多么枯燥无味啊。

哈瓦那城市全景

8. 规模适中

人们喜欢大城市的热闹，也向往小城市的宁静。有研究表明，人口达到50万人以上后，城市的聚集效应才开始显著。所以要想拥有比较丰富的服务设施，又不想居住在喧嚣拥挤的特大城市，那么中等规模的城市可能是你的理想选择。欧美50万～100万人口的城市大概符合这个标准。亚洲城市密度更高，可能100万～200万人口比较合适。世界上的宜居城市，规模大多都在这个区间内。当然了，这只是说那种适合悠闲过日子，提前步入退休生活节奏的人。如果喜欢拼事业，那还得是北上广深、香港纽约伦敦那样的大城市。

9. 国际范儿

如果能自由选择居住地，估计不少人都会选择移居他处。国际范儿的城市，无疑对于世界各地的人们都很有吸引力。国际范儿的城市能吸纳各国的人口，传递世界的信息，让人眼界开阔、心胸宽广。德国的法兰克

爱尔兰小城考克

福，人口不多，却是欧洲的一个重要交通和交往中心。曾在那里遇到的一个沙发客主人说，因为接待世界各国的沙发客的缘故，他的孩子才刚上小学，就已经在家中见识到世界各地的人了。另一个沙发主则说，"我不去世界各地，但是世界各地来找我"。这样的城市市民，无疑会有更宽广的视野。

10．体育运动

好的城市，不一定拥有知名的球队和球星，但一定要有为市民提供各种体育活动的场地。在这样的城市中，会形成一种全民健身的氛围。市民是健康的，那么城市也是健康的。在欧美的一些城市，经常在路边就能看到大量各种免费开放的球场——足球场、橄榄球场、篮球场等。路边经常有跑步和骑自行车锻炼的人们。孩子们早早放学后都去运动场参加各种比赛，场上各种肤色的孩子浑身肌肉，斗志昂扬，激情无限。联想到我们的孩子们课余要赶场似地上各种奥数班、补习班，戴着眼镜、身体消瘦，不由得让人万般感慨：这是输在了起跑线上啊！

在这十个元素之外，如果还要有什么，那么应该就是潮。不是潮湿的潮，而是城市有活力，能跟着世界最新的潮流趋势。城市有创新的氛围，才能有最新潮的公司，才能出现各种最智能的应用。城市有对美好生活的向往，街头才会有潮流商店和俊男靓女。

潮的城市，不能说一定有多么好，但至少看上去养眼。这样的城市不一定是纽约、巴黎或者东京、首尔，一些并不太知名的小城市，也可以走在潮流前沿。比如以色列的特拉维夫，不仅在世界的科技创新领域占有一席之地，满大街的潮人也使这里成为欧美时尚杂志街拍的重要产地。同样的，潮也不代表着有钱。德国的柏林，远没有金融中心法兰克福和宝马总部慕尼黑富裕，但却是整个欧洲最潮、最有范儿的城市。艺术家、音乐人、媒体人和背包客的聚集，让这座城市成了跨越世纪的嬉皮符号。冷峻、深沉、反叛，柏林就像是一个摇滚青年，无处不散发着那股子和你死磕的酷劲。

把这些要素全看下来，不由得让人倒吸一口凉气：这简直是一份"处女座"的清单！仔细盘点下来，全世界也几乎没有完全符合这些要求

韩国首尔街头

的城市。尽管从维特鲁威到柯布西耶，千百年来的建筑师和城市规划师都致力于营造完美的理想城市，但要求一个城市处处完美，显然是求全责备。

　　卡尔维诺在《看不见的城市》中是这样说的："你喜欢一个城市的理由，不在于它有七种或七十种奇景，而在于它对你的问题提示了答案。"所以对理想城市的评判，最终还是要靠个人感受。在美剧《老友记》里，罗斯曾经在瑞秋和另一个姑娘之间犹豫不决，于是列了一个优缺点对照表来比较二者。在他列出了瑞秋的种种缺点后，在评价另一个姑娘时却只发现一点：她不是瑞秋。于是那姑娘就被一票否决。选择城市就像选择另一半那样，哪怕这个城市什么标准都没达到，哪怕它雾霾爆表，只要能让你打心眼里喜欢，那就是你心中最好的城市。

城市旅行的打开方式

旅行现在是个热词，世界那么大，谁都想去看看。有人说旅行让人视野开阔，有人说能通过旅行找回自己，有人说旅行让人重新发现生活的意义。而作为热爱旅行的城市规划师，旅行为我提供了丰富的现实素材，帮我打开更多不同角度的窗去打望那一个个熟悉或陌生的城市。

作为城市规划从业者，因为求学、旅游和工作等缘故，我这些年走过全国大部分省，以及几十个国家的数百座大大小小的城镇。在这个过程中充分了解和感受了各类人居聚落的意义。人类建设城镇的过程，包含了与自然环境的双向互动，进而形成了伟大的景观。行走各地，借助城市规划这双眼睛，可以在各色环境中寻找到城市的诗意和情感的共鸣。对于普通游客来说，这双眼睛能让人告别走马观花，通过一次城市旅行，就能获得好似已在那里居住多年的深度体验。

旅行能让人更深刻地理解城市，通过亲临实地，直观感知到教科书上看到的案例。在英伦三岛，参观诸多贵族在郊外的别墅，和充满自然气息的英式园林，能让人感受到英语国家亲近自然和郊区化的传统。而以法国为代表的欧洲大陆城市，则通过城市中心区的贵族公寓和规整的法式园林告诉游客们欧洲大陆有着紧凑、集中的城市传统。这些亲身经历，会让人更加深刻地理解城市发展的背景和规律。你会顿悟，原来英国的霍华德提出田园城市理论，法语区的柯布西耶提出光辉城市理论，都是有其所在区域的历史文化渊源的。在现场，一个个关于城市的深奥理论，顿时变得鲜活起来。

旅行让人更好地了解城市规划职业的意义。借助一个游客的身份，旅行者在异域融入一个个陌生的城市，会去观察哪些部分是自发形成的，哪些部分是规划出来的。通过思考两者的关联，能让人反思城市规划从业者究竟为城市带来了什么。漫步在巴黎中心区的林荫道，看着路边整齐划一的新古典主义风格的建筑，会让人联想到现代城市规划实践的开端——19世纪豪斯曼的巴黎改造规划。那场轰轰烈烈的规划运动到底是美化和"净化"了城市，还是摧毁了具有深厚历史文化积淀的巴黎老城。或许每个亲临巴黎的人都有自己的答案。不过从那时起，城市规划逐渐成为一种职业。规划师们塑造了许多伟大的城市，同时也不乏反面教训。直到如今我们才知道，城市规划师的努力，终究是为了城市有更美好、更和谐的人居环境：让人工环境与自然环境达成善意的和解，让硬性的功能让步于柔性的景观。

　　旅行让人们从城市规划的专业角度，获得额外的乐趣。城市规划不仅是一门学科、一种职业，也是我们打开新世界的一道门。规划师在旅行中的"职业病"，不应是把休闲放松的时间也挤压给工作，而是能从普通游客走马观花的旅行模式中跳出来，以更专业的视角来深度考察和体验城市。当我们看到世界各地千差万别的城市，会刷新固有的认识。新的专业性的发现，能让我们会心一笑。

　　城市是迷人的书，通过不同视角，能获得不同的解读和阅读体验。我根据自身经历，总结出了几个有助于从城市规划的视角阅读城市的旅行经验。

1. 选择慢行交通

　　体验城市最好的交通方式，首选是步行，其次是骑自行车。原因有二：更接地气，也更符合人的视角。街边的大楼、纪念碑、雕塑、广场，以及来来往往的行人，时刻为我们呈现着一幕幕的生活舞台剧。漫步其中，能充分欣赏到简·雅各布斯所言的"街道芭蕾"的美丽，也能感受到阿兰·雅各布斯论述的那些伟大街道的精妙。国内外很多城市现在都有不同形式的城市漫步（city walk）活动，带领游客们以步行的方式参观城市。其次可选的交通工具是公交车和地铁，它们既可以帮助我们了解城市的公共交通，也可以让我们观察到车上乘客们的生活状态。与这些本地乘客同行一程，带领我们从另一个视角来观察城市。

　　欧洲的那些历史文化气息浓郁、富有活力的老城区，不仅被游客追捧，也被城市研究者们奉为典范。在这样的城市中漫步是一种愉悦的享受。而与之相对应的是北美、澳大利亚这些新大陆城市，除了个别的像纽约那样有发达的公交，其他大部分城市都是要靠小汽车出行的。不仅城市密度低，而且有些道路甚至没有人行道。如果想在这些国家的城市深度游，不妨也走出汽车，尝试一下漫步。我曾经在北美一个人口仅数万人的小城，试图步行从居住区到达一处商场，结果走了大半天也没到，差点被晒晕在路上。如果有这样的经历，你就会切身感受到为什么会有"汽车是美国人的双脚"这种说法了。

2. 景点当然重要，但普通街区也可玩出新意

如果时间不是那么紧张，大可不必像打卡一样，步履匆匆地从一个景点跑到另一个景点。而是放下旅行指南和攻略，漫无目的地在城市的平常街区晃悠。旅游城市的普通街区，建筑或许没有特色，街道两边或许杂乱无章，但随处可见普通市民的日常生活。这种生活气息，会让我们深入地了解城市，也会在不经意间给旅行带来意外惊喜。比如在巴塞罗那，游客们一定会去圣家族大教堂、米拉公寓、奎尔公园等景点，很多人都是打卡般从一个景点匆匆赶往另一个景点。但事实上，如果你在离这些景点旁边的街区转一下，就会发现巴塞罗那大部分街区竟然都是一两百米的方形地块，好像方块积木拼出来的一样。而街边人们喝着咖啡的各种悠闲生活，会让你认识一个旅游指南之外的巴塞罗那。

巴塞罗那兰布拉大街，被誉为欧洲最美的步行林荫道

此外，很多欧洲城市为了完好保留老城，把现代建筑集中布局在一些改造的港口区和新城区。比如阿姆斯特丹的东港码头区、伦敦的金丝雀码头、杜塞尔多夫的媒体港、巴黎的拉德芳斯，等等。这些区域往往有很多造型奇异、让人脑洞大开的建筑，深度游的游客不妨看一看。你会获得与历史城区全然不同的感受，你对城市的认知也会获得提升。

3. 体验当地人的生活

不同于自然景区，城市的核心是人。城市不仅仅是建筑、街道等物质环境，更是凝聚了千百年来人类的情感的空间载体。旅行能让城市观察者认识到城市独特的空间形态与当地风土人情息息相关。所以旅行中可以采用一些诸如沙发客或爱彼迎（Airbnb）的居住方式，深入体验当地人的生活。更重要的是，他们会以本地人的视角，告诉你许多不为人所知的城市秘密区域！

在捷克的布拉格，沙发客主人带我去城市里的一个墓地采蘑菇。这让我了解到欧洲的墓地与国内不同：欧洲的墓地有公园的性质，不是"孤魂野鬼"的聚集地，而是可以成为情侣约会的浪漫场所。她还介绍我去了鲜有游客访问的社会主义博物馆，以及郊区的社会主义住房。让我了解了当年社会主义时期捷克的状态，有些场景也让我联想到国内。在郊区，当年建造的社会主义居民区和游客云集的布拉格老城完全不同，我是那里唯一的外来人，眼前的那些不计其数、密密麻麻的方盒子建筑，让我产生了一种回到北京回龙观和天通苑的错觉……这个经历彻底洗刷了我对这个城市的印象，对于游客来说，布拉格是浪漫的布拉格老城广场，而对于广大的布拉格市民来说，这些"天通苑的方盒子"才是他们的布拉格啊。

柏林的涂鸦艺术区

布拉格郊区的社会主义大楼

4．使用当地设施，参与当地活动

完善的公共服务，对于以人为本的城市来说至关重要。作为游客的城市规划师，大可参观或使用一下当地图书馆等公共服务设施。哪怕听不懂当地语言，在当地看一场电影，也会留下别样的记忆。当然，绝不希望你和警察局、医院打交道，但是一定要记住他们的电话。

参加当地的特色活动，也是快速融入城市的捷径。在古巴哈瓦那的街头，你可以像国内跳广场舞一样和众人一起跳一段萨尔萨（salsa）；在巴塞罗那的兰布拉大街与街头艺人互动；在爱尔兰圣帕特里克节上和大家一起戴上"绿帽子"；在伦敦众多的球场中看一场英超比赛。经历了这些，你会真正地意识到，作为城市的会客厅，城市公共空间的活力是多么的可贵。都市的人间烟火，会让人产生"理论是灰色的，而生命之树常青"的感悟。

5．欣赏与城市有关的文艺作品

城市是人类丰厚文化财富的载体。在到访一个城市之前，阅读与那座城市有关的文学作品，听一张那座城市走出的乐队的专辑，看一部描写那座城市的电影，都有助于快速把握城市的精神与气质。在全球化的时代，城市的个性与文化特质显得尤为重要，是其参与城市竞争的资本。文创产业发展对于旧城复兴、体验旅游和城市品牌的塑造都有着重要意义。看过了U2乐队的诸多MV，再参观爱尔兰都柏林城时，你会在街头巷尾发现他们曾经的足迹。而到访爱尔兰西海岸的斯莱戈（Sligo）

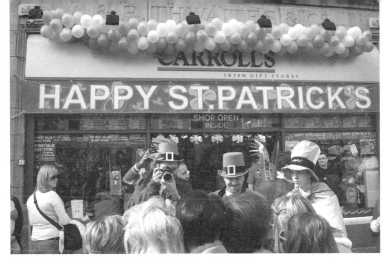

爱尔兰的圣帕特里克节，人人都戴绿色的帽子

小城时，你会想到那里不仅是诗人叶芝的故乡，西城男孩组合的成员大多也来自那里。文艺作品，可以成为与当地人交流的破冰话题，也是另类的解读城市的辅助资料。

6.参观城市规划馆

到一座城市，最不应该被忽略的地点是什么？可能不是旅游指南上的top景点，也不是买买买的商业街，更不是吃货们热衷的米其林餐厅，而是城市规划馆！

为什么这么说呢？我们要回到旅行目的的本身。对于游客而言，我们造访一个城市是为了什么呢？如果说我们在有限的人生中一般只在一两个或几个城市中度过，那么到别的城市旅行，除了吃喝玩乐之外，或许更重要的是能增加更多的人生体验。而参观规划馆可以帮你快速了解一座城的前世今生，在最短的时间内获得当地人多年的视角体验，就像科幻电影里记忆移植一样。如果你真的光临城市规划馆的话，一定会发出"Wow，原来还能这样看世界！"的感叹。

这是一项高阶技能，但是却相当有趣和实用。地图控和建筑迷们，更是不可错过这些场所。首先，国内外大部分城市都有城市规划展览馆。遗憾的是，所有的旅行指南都不会告诉你这个信息。幸运的是，只要简单地在谷歌中搜索"城市名字+urban planning exhibition"，就可以找到这些规划展览馆。更幸运的是,这些展馆绝大多数都是免费的。一些没有这些规划馆的城市可能会有一些建筑博物馆,搜索"architecture museum"即可。当然,在每个城市的游客信息中心(Tourist Information Center),也可以找到一些相关信息。我的经验是,越发达的国家,这方面可获得的信息越多,而且非英语国家大部分会有英语的相关内容介绍。我甚至在泰国北部的休闲旅游小城清迈,找到一座规模不大,但极其富有当地特色的兰纳建筑展览馆。那座位于大佛塔寺附近的殖民地风格的建筑,被很多游客忽视了,而你可不应该错过。

　　如今一些有微缩模型的乐园逐渐成为旅游热点。但实际上,大部分城市展览馆,都有整个城市的模型。柏林的城市规划展览馆,有大量的柏林城市的地图和建筑模型,甚至还提供英文版本的地理信息,系统资料。展览馆里关于城市历史发展演变的图像,展示了这座城市的规模在"二战"前纳粹时期达到了顶峰。而在东西柏林合并后,城市尽管持续快

柏林城市规划展览馆

速发展，但至今也没有超过"二战"前的规模。

此外，许多城市规划展览馆还有礼品赠送。我是指免费的城市宣传册、海报、地图集等资料。很多大城市如柏林、伦敦的展览馆甚至还有中文的资料。西方国家非常重视对公众的城市规划宣传教育。因此，制作精美的地图和海报，都是这些城市赠予你的重要礼物，这可是任何纪念品商店都买不到的哦。

欧美国家特别重视城市规划中的公众参与。大一些的城市几乎天天都有关于各个片区或社区规划的开放参观日（open house）或者工作坊（studio），这些活动都是对公众开放的。如果有机会你也可以以游客的身份参加，亲身体验公众参与城市规划的状况。我曾参与过加拿大一个小城市的旧城改造公众研讨会。在会上，本地居民积极踊跃地提出规划意见，他们参与的热情让人感动。

此外，一些大学的建筑或规划系也不定期有公开的关于城市规划和设计的展览活动，对于那些深度考察游的规划师们来说，这也值得关注。

7. 居高临下，俯瞰全城

站在城市的制高点，俯瞰城市，不仅是游客留影的必要环节，也是城市考察不可少的内容。而坐飞机时如果能选到靠窗的位子，也可以从飞机上俯瞰整个城市的全貌，清晰地解读城市的空间肌理。特别是俯瞰那些历史城区保存较好的欧洲城市，能清晰地看出城市建成区在不同时期，层层向外拓展的历史进程，仿佛树木的年轮一样，能让人感受到城市生长的过程。而从高处俯瞰典型的北美城市，那一望无际的低密度铺开建设模式，会让人真切地理解到城市规划专业术语——"城市蔓延"的含义。

最后是暂时忘掉工作，只作为一个普通的市民，融入当地。可以在公园的草坪漫步，可以坐在广场上发呆，可以进入当地人气很旺的饭馆享用特色美食，也可以在酒吧里看一场现场演出。城市生活带给我的丰盛体验远超我的职业想象。有句流行语叫"身体和心灵必须有一个在路上"，那么规划师则需要时刻保持一种"在路上"的好奇心，无论是否在旅途中，都能从城市中不断获得新的收获。

带一本书去读城

这些年来，因为工作和旅行的缘故，走了不少的地方。每当要去一个城市的时候，越来越习惯随身带一本和目的地有关的书，在机场、在火车上，或是在宾馆睡前阅读。在这个电子产品无处不在、4G信号全球覆盖的时代，在传统的纸张上，文字的力量依然历久弥新。一本书，能让人对陌生的地方产生初步的意向，也能让人对去过的地方建立新的概念，读出一座城的新意。

最早影响我对城市认知的书，是易中天的《读城记》。在世纪之交那两年，这位厦门大学的教授还未因"品三国"而成为第一代网红，他的书已经首先成了流行的城市文化读本。北京的大气醇和，上海的开阔雅致，广州的开放生猛，厦门的温馨，成都的悠闲……在看似千城一面的高楼大厦背后，一座座城市的人文气质被他深入挖掘了出来，然后闲言碎语唠家常似地讲述给我，让我少年的心开始对外面的城市产生憧憬。

后来，从事城市规划工作后，越发认识到城市的形象不仅仅建立在物质环境上，更多的是建立在我们的内心感受上。正如《看不见的城市》里的那句话："看不见的风景，决定了看得见的风景。"最美的风景，与酷炫的建筑造型无关，与高端现代的工程技术无关，它来自于我们对于城市美好生活的憧憬，它是一个个热爱城市的人用情感和理想创造出来的产物。景观设计师彼得·沃克说："我们每天都在看（look at）各种各样的人与事，却很少看见（see）并有所感所想。我的一生就是在试图学会看见。"而对城市的写作与阅读，可以帮助我们提升这种"看见"城市的体验。

这两年我对东北的城市越发着迷，究其原因，除了对东北城市的亲身考察之外，也与阅读了一些有关东北城市的书籍不无关系。贾行家的《尘土》，是描写东北城市首屈一指的作品。这个生长于哈尔滨的东北人，在文中这么解释自己对这座城市的写作动机："（缓慢）曾是这座城存在的证据和依据，如今被剥夺、被轻贱、被凌辱、被无视的缓慢，我来为你招魂。"这本书里，我印象最深的一篇文章是《无所终老，随处弥留》。我清楚地记得，读到这篇文章题目的那一瞬间，有一种"被揉搓了了"的感觉——那是高尔基对契诃夫戏剧的感受："我被您的戏揉搓了……好像有一把很钝的锯子在来回锯我，它的锯齿直达我的心窝。"

此外，东北洋女婿迈克尔·麦尔的《东北游记》，也饶有趣味地记录了老外视角下的黑土地。特别是他对于这里历史风云的追索，让人过目不忘："你乘坐的火车可能行驶在以沙皇命名的铁路上；你漫步而过的建筑不是佛教古寺，而是洋葱圆顶的俄罗斯东正教教堂；你走过的大道两旁种着日本赤松；树木掩映之下，是殖民时期各国政府的办公楼，散发着浓浓的旧时代气息；你还可以去参观溥仪的'傀儡皇宫'看看'二战'时期日本关押盟军战俘的地方；你站在朝鲜战争期间美军飞行员俯冲轰炸过的大桥上，就是站在中朝边境上，跨越了鸭绿江。"这些书籍，在关于东北城市的主流话语体系之外，帮助我们重新审视时光对城市的雕琢，让我们对那些城市产生新的、更加立体的认识。

如果说规划师为城市量体裁衣设计蓝图，那么作家就像是会通灵术的萨满，担任着我们与城市之间的精神中介。那些根植于一个城市或地区的文学作品，就是当地作家们记录下的咒语，极大地影响了人们对城市的认知。而人们在作品的基础上又不断再造着自我对城市的理解。很难想象，如果西安没有陈忠实、贾平凹，南京没有叶兆言，天津少了冯骥才的情形，那样的话，这些城市将会变得多么苍白。

在写作过程中，城市与作家也逐渐融为一体。近年来给我印象深刻的地域性作家是文字扎根北疆的李娟。她的散文集《九篇雪》《我的阿勒泰》《走夜路请放声歌唱》等，真切地为我们展现了那片粗犷、辽远又细腻、缱绻的原野。她用质朴的语言，带给了我充满诗意的边疆想象。透过她的文字，我能体会到她对家乡土地炽烈的爱。她在《我的阿勒泰》自序中写道："我正是这样慢慢地写啊写，才成为此刻的自己。"城市就这样与作家相互成就，而李娟，也成了阿勒泰新的代名词。

城市写作向来是文学重要的一个分支。在当今，城市正面临着从功能城市向文化城市的转变。城市个性化的魅力塑造、深层次人文精神与文化内涵的培育，是其参与多元化竞争的关键。文字不仅可以提升城市的软实力，更能帮助城市实现一种优雅营销。从这个角度上讲，城市文学有着更重要的意义。

放眼当今的文旅大潮，沈从文的一部《边城》，依然吸引着一批批前往凤凰古城的游客。每个到巴黎的人脑海中，多少都会带着海明威的文学印记："假如你有幸年轻时在巴黎生活过，那么你此后一生中不论去到哪里她都与你同在，因为巴黎是一席流动的盛宴。"彼得梅尔的普罗旺斯三部曲，字里行间充满了南法的魅力，让普罗旺斯不仅成为热门旅游目的地，更成为一种生活的符号。《追风筝的人》让战火中的阿富汗喀布尔在国际游客心中种下了种子。而同名电影在中国喀什拍摄，那里的高台民居，也让前往新疆的游客们念念不忘。

行万里路，必须搭配读万卷书。随着中国游客攻陷世界各地，以及深度体验游的流行，城市旅行也越来越多地与城市文学相恋。特别是欧洲的城市，每座城市的形象都与一些作家无法分割，正如乔伊斯之于都柏林，卡夫卡之于布拉格。而集大成者，恐怕还是帕慕克之于伊斯坦布尔。这位2006年诺贝尔文学奖得主笔下的《伊斯坦布尔：一座城市的记忆》，记录了伴随自己成长的城市的每个细节。恢宏的蓝色清真寺与圣索菲亚大教堂彼此凝视，博斯普鲁斯海峡上空海鸥迅疾飞过，带走如烟般的兴衰往事。这本写给伊斯坦布尔的情书，甚至比这座城市更让人难忘。

在这个科技的时代，机场与高铁将城市紧密相连，不分彼此。移动互联网让人们随时随地可以观看城市的视频和直播。但文学依旧给人超乎影像的美感，带给人经久不息的触动。带一本书去读城，文字会让我们的旅程慢一些，再慢一些，留住在那梦里的山河。

那些足球，那些城市

在我的青少年时代，别说出国，出省都极为难得。对于外面的世界，自然知之甚少。当时有两个重要途径认识国外的城市，一是地理课，二是足球节目。特别是CCTV5的"足球之夜""天下足球"，对我来说简直是国际城市，特别是欧洲城市的启蒙教科书。

当时有一阵子，CCTV没有英超的转播权。西甲联赛的开赛时间又特别晚，一般都是北京时间后半夜了。而意甲联赛往往是周日晚上开赛，第二天还要上学，没法熬夜看球。只有德甲联赛的时间刚刚好，一般都是周六晚上，结束得也不晚，于是成了我最经常看的转播的联赛。

年少时看德甲的启蒙，让我至今仍然能记住那么多的德甲球队：汉堡、柏林赫塔、拜仁慕尼黑、慕尼黑1860、弗莱堡、纽伦堡、法兰克福、霍芬海姆、多特蒙德、科隆、云达不莱梅、沃尔夫斯堡……记住了这些球队的名字，也就记住了那些城市的名字。欧洲各国联赛的球队，往往都是以当地城市来命名，而不是像我们的球队一样，前面要加上一大串的企业名字。这些企业多半都来自地产行业，比如广州恒大淘宝、河北华夏幸福，看球不多的人，如果突然看到这些球队的比赛，搞不好还以为是企业组织的民间赛事。

而《体坛周报》《足球周刊》等纸媒报道各种新闻，特别是中国球员留洋的消息，让我记住了不少欧洲并不知名的小城市。再后来出国旅行的时候，每到一个因曾经看球而神往的城市，都倍感亲切，无比激动。那种激动劲儿，就像一个十八线小县城的青年，终于从山里走出来，到了香港，亲眼见到了儿时偶像刘德华一样。

在德国旅行时，有一次火车经过一个小城，我坐在车上，看着车站的站牌——曼海姆，瞬间就想到了当年从报纸上看到中国球员周宁就是去了这座城市的球队留洋。在德国西部，很多中小城市几乎都连绵成片，与其说是城市群，不如说是一个巨大的组合型城市（conurbation），火车穿过这一地区，一路经过各个小城，不断地唤醒我脑海中尘封多年，又印象深刻的足球故事。经过亚琛时，想到谢辉曾经是那里的德乙射手王。到了法兰克福，便回想起当年杨晨叱咤德甲的风流往事。随着留洋球员的断档，这些曾经的辉煌都如过眼云烟，让人感叹浮生如梦。

　　欧冠联赛让我记住了很多小国的球队，比如比利时的标准列日、奥地利的维也纳快速，等等。后来到欧洲时，每次见到一个当地朋友聊到他来自哪个城市时，我大多都能想到他们那个城市的球队。那个时候我都会说：哦，原来是××城啊，你们那里有个足球队还挺有名的。而他往往会有点吃惊：你怎么知道的？我们那个球队知道的人可不多啊！足球就这样成了交谈时最好的破冰话题。英国的体育研究学者朱利亚·诺蒂出版过一本书《足球文化与特质》，里面就提到在跨文化交往中，想尽快了解一个国家的文化，最便捷的方式就是谈论足球，并参与足球运动。

　　我印象深刻的是一段在荷兰的埃因霍温作沙发客的经历。当时找的沙发主人是个荷兰小伙子，他的女友是拉脱维亚移民，英语不大灵光，又带有东欧人特有的那种羞涩。我到他家的时候是傍晚，沙发主人把我带到家里，就去厨房做饭了，留下我和他女友在客厅。因为语言的障碍，我和她并不能很好地交流，坐在一个屋子里四目相对，感觉挺尴尬。这时候，电视里播出了埃因霍温队的比赛节目，当时已经荣归故里的队长范博梅尔在接受采访。"范博梅尔"，我根据中文的发音拼出了他的荷兰名字，然后女主人也手舞足蹈起来，用不熟练的英文给我讲起了范博梅尔和埃因霍温球队的故事。两个异域的陌生人，就这样被足球联系了起来。

阿森纳的酋长球场吸引着大批到访伦敦的观光客

　　欧洲是世界上足球运动最普及、最发达的地区，足球也深刻地影响了当地的城市文化，塑造了城市的精神。和中国球迷总是支持豪门强队不同，欧洲球迷往往只支持自己所在城市的球队，哪怕这些球队的战绩实在拿不出手。作为城市化率最高的地区，市民们都用本地的球队来表达自己对城市的自豪感。在巴塞罗那，球队和城市的独立精神融为一体，家家户户都在阳台上悬挂巴萨队旗和加泰罗尼亚旗；在塞维利亚，皇家贝蒂斯队球场附近的街区，都用球队的颜色——白绿两色来装饰各种建筑；在只有几千人的小城比利亚雷尔，一到周末，全城的男女老幼都去球队的主场，为"黄色潜水艇"加油。多说一句，那个小球场还有一个极为浪漫的名字：情歌球场。

　　我甚至见过一个苏格兰的青年人，告诉我他最喜欢的一个球队，是他们家乡小镇的一个小球队，那个球队在苏格兰都是在第五级的业余联赛中。除了他们镇子，几乎没人知道这个球队。但是他说，自己从小就是这个球队的铁杆。这种对故土球队的热爱，在欧洲球迷中随处可见，你会很容易地被这种精神所感动。

　　在前不久的欧冠联赛中①，巴塞罗那队主场6：1大胜巴黎圣日耳曼队，在首回合0：4失利的情况下翻盘，创造了欧冠历史上的奇迹。赛后诺坎普体育场外，电视台采访一位老人，他激动地说："我是巴塞罗那队50年的会员了，我已经看了巴萨50年球。但这一场是最精彩的比赛，我觉得现在就可以去死了，我人生不再有遗憾！"是什么能够让一个老人发出死而无憾的感慨？足球就是有这样的魔力，要知道，巴塞罗那全城的市民几乎都是俱乐部的会员，球队与这座城市的血脉相连，已经融为一体。

　　现代的商业足球模式，是以各个城市的足球俱乐部为基础，组建全国联赛，这种体制大大加强了城市的认同感。中国引入这种联赛体制后，一大批球队也成为本地的文化符号。比如网上的北京国安贴吧是北京土著们的聚集地；而是否支持上海申花队，则是判断你是否是上海本地人的重要标志。

―――――――――

① 2016-2017年赛季欧洲冠军联赛八分之一决赛次回合，西班牙当地时间2017年3月8日晚。

巴塞罗那街头，巴萨队巨幅海报

　　一些大城市可以拥有数个球队，于是不同的球队就成了不同城区、社区或者阶层的精神象征。各个球队的同城德比，往往是最为激烈的比赛。伦敦这座国际大都市，常年拥有六只英超球队：阿森纳、西汉姆、切尔西、富勒姆、热刺、查尔顿。而阿森纳和热刺作为"世仇"，每次对阵时都铆足了劲要灭了对方的威风，往往球队在场上较劲，球迷们在场下对抗。世界上最著名的同城德比，并不是发生在最知名的豪门球队间，而是在苏格兰的格拉斯哥和阿根廷的布宜诺斯艾利斯。在格拉斯哥，新教徒的流浪者队和天主教徒的凯尔特人队，代表了两种宗教和文化的对抗。而阿根廷首都的博卡与河床两支球队，则分别代表了贫民与中产阶级两个阶层，其比赛更是社会矛盾斗争的缩影。

　　在足球城曼彻斯特，长期以来，曼联队因为更好的战绩，具有巨大的国际影响力。而曼城则被其簇拥视为唯一能够代表这座城市的象征。曼联著名足球明星博比·查尔顿，用这样一段话阐述了曼联队的地域和阶级属性："教练巴斯比说过，你踢球不仅仅是为了成绩、球队的荣誉，为了扬名立万、赚钱。你在老特拉福德的梦剧场踢球，代表的是萨福德地区二十多万人的利益。他们属于劳工阶层，你代表的是这个阶层的生活和梦想。所以你必须踢得好看，踢出精彩，踢出梦想。"

　　足球就这样成了城市的名片，让城市声名远扬，走向世界。如果问世界其他国家的人，英国的第二大城市是哪个？可能绝大多数人都会回答曼彻斯特。事实上，曼彻斯特是英国第三大城市，但仅仅是因为两只名扬四海的球队，就在知名度上远远超过了第二大城市伯明翰。中国也曾经有一些城市因为足球而驰名海内外。大连在世纪之交，连续多年把持着国内联赛冠军，被誉为足球城。客家首府梅州，在更早的时候因为涌现了大量粤派球星也得到了足球之乡的称誉。可惜的是，随着中国足球陷入低谷，以及联赛被金元和外援垄断，很少再有城市把足球作为自己的名片了。

除了球队，一些球星也让城市声名远扬。齐达内的马赛回旋，皮耶罗的都灵彩虹，都让自己的母队所在的城市在球迷心中增加了分量。中国的"大帝"李毅，偶尔秀出的回旋，被球迷戏称为"蚌埠回旋"。"大帝"的蚌埠老乡们哭笑不得，谁会想到自己的家乡小城，是被这样的调侃大大提升了知名度。

对于球迷们来说，即便没有身临其境，只是在电视机前观战，那些欧洲足球城的名称，也因为比赛而显得格外迷人。2010年南非世界杯八分之一决赛英德大战后，被誉为"足球诗人"的贺炜，对电视机前的观众说了这样一段话："在此时此刻，在柏林，在慕尼黑，在汉堡，在科隆大教堂，肯定有无数的德国球迷为之欢欣鼓舞。而在伦敦，在利物浦，在曼彻斯特，在泰晤士河边的小酒馆，肯定也有无数的英格兰球迷为之黯然神伤。不过，让我内心感到温暖的是，在生命中如此有意义的一个时间节点，在今天晚上，电视机前的亿万球迷，我们大家一起来经历，共同分享，这是我的幸福，也是大家的幸福。"那些城市与比赛情绪完美结合，让欢喜忧愁的球迷们无限慨叹。

足球是和平时期的战斗，仿佛各个城邦国家不用军队，而是用球队在场上格斗厮杀，决一胜负。欧冠联赛的主题曲《冠军联赛》(*Champions League*)是由托尼·布里登，根据亨德尔所创作的英国国土加冕颂歌《牧师扎多克》修改创作而成，由英国皇家爱乐乐团演奏，圣马丁学院合唱团使用英语、法语、德语这三种欧冠的官方语言演唱。"伟大的比赛、冠军、队伍"，这几句歌词在歌中被反复吟唱，歌曲庄严震撼，气势磅礴。"These are the men"，每次听到这句歌词的时候，就让人心情无比澎湃。

啊，那些足球，那些男人！那些足球，那些城市！

悖论哈迪德：用凝固的音乐表达无根的漂泊

4月1日（2016年）早上醒来时，打开手机，发现微信朋友圈和各个群里都在议论着著名女建筑师扎哈·哈迪德去世的消息。其实扎哈是在愚人节之前那天去世的，因为时差加上是深夜突发的事件，让我们在愚人节甫一开始便得到了这个噩耗。这些年来，愚人节总变成哀悼日，从十三年前张国荣离我们而去的那一天开始，对这个节日发生悲剧的猜测总是一语成谶。

扎哈·哈迪德，既被建筑师们亲切地称为"扎婶"，也常被叫作建筑界的"女魔头"。而今任何称呼之所指都不在了，一时不知道该说什么好。其实在扎哈去世之前，大多数建筑或者城市规划圈的同行们，都对她颇有非议。最大的争议是她的建筑作品过于强调个性化的表达，完全不顾周围的城市风貌、文脉和景观的协调。特别是她在北京的几个项目，张牙舞爪地嵌入了北京城的传统城市格局之中，而她对此则完全不以为意。扎哈在一次记者会上，被记者问到她在北京设计的建筑是否要考虑与周围环境和建筑产生和谐互动时，她回答道："什么是和谐？跟谁和谐？如果你旁边有一堆屎，你也会去效仿它，就因为你想跟它和谐？"

这位被誉为建筑界"女魔头"的女人，的确一直是以个性十足、遗世独立而著称于建筑界的。她大胆的设计风格和直率的行事作风，都让她饱受争议。几年前日本取得2020年奥运会主办权后，扎哈·哈迪德的事务所在东京奥运会的主场馆设计的竞赛中获胜，但是她的方案一直受到日本建筑界和普通市民的非议。在日本建筑界联名抗议之后，在2015年，日本首相安倍晋三正式宣布修改这个方案。这意味着扎哈在两年之间两易其稿的设计方案，最终成为一张白纸。

作为一个在伊拉克长大，在英国接受高等教育的建筑师，她的人生奋斗之路着实不易。在国外时，我接触过一个出生于约旦的建筑学教授，她是在中东做了几年建筑师后，到美国留学读博士，尔后又到加拿大一所大学任教。她用带着浓重口音的英语告诉过我，一个中东的女人在西方社会的诸多艰辛。这些都是不难理解的，异乡的奋斗、世俗的压力和文化的隔阂，都让她们出人头地不会那么容易。况且建筑界历来是西方白人男性的世界。我清楚地记得，在一堂城市设计课上，那个中年白人教授向我们展示了一张现代建筑史上大师合集的图片，向我们问道："这些人都有什么相同点呢？"然后他略带骄傲地回答道："首先，他们都是白人男性。"可见在建筑这个行当，女性的不易。那位约旦的女教授，则和扎哈一样，个性十足、性格强势，充满着战斗精神，同样也一直是单身。我想这些作风也是她一直在西方建筑界奋斗的见证吧。做人难，做女人难，做女建筑师更难，做一个第三世界出生、移民到欧美的女建筑师，难上加难。刚硬的外表，都是她们自我保护的躯壳，把她那细腻丰富的情感和汪洋肆意的创造灵感，深深地包裹起来。

扎哈·哈迪德在她最为人所熟知的一张照片里，穿着她那经典的深色大衣，将头低垂，下巴藏进大衣领子里。面带微笑的她，眼睛向下，不知是低头沉思还是闭目养神，略显凌乱的头发，难掩眉眼间的一丝狡黠、可爱与温存。这和平日里作风硬朗的"女魔头"形象全然不同。在这一刻，你会意识到，这是一个解构主义建筑大师，是第一个获普利兹克奖的女建筑师，是一个奋斗在欧美世界的异乡人，是一个总是处在风口浪尖的话题人物；同时，她也是一个女人。

扎哈在中东的童年生活经历，给她留下了许多精神财富，以及挥之不去的灵感。在一个讲座上，她动情地解释到，她在北京设计的一个SOHO作品，灵感来源于家乡沙漠里的沙丘。在沙漠中，风吹着沙子四处飘荡，沙丘也随着不断流动。或许这也是她作为第一代移民的一个隐喻：没有根而四处漂泊。

作为建筑界参数化设计的先驱者，扎哈运用先进的计算机辅助设计技术，创造了全新的、与以往截然不同的人工地景，将人类的才能用张扬的曲线淋漓尽致地展现出来。高迪说："直线属于人类，而曲线才属于上帝。"或许和高迪一样，扎哈也是试图和上帝对话的人。有些人注定不合群，他们用超乎常人的方式来使自己更接近神性。

扎哈因为其作品过于张扬另类所承受的争议，有时也是对她的过分强求。毕竟发放了建设工程规划许可证，就代表了城市建设管理部门的许可。设计师向来是戴着镣铐跳舞，一旦有空间发挥，自然更注重自我的表达，况且是扎哈这样的人物。她的一些作品，确实塑造了城市的地标，为我们带来更多感受空间的可能。在望京SOHO，几座像沙丘一样的建筑连成群体，远远看去，极大地丰富了城市的天际线和建筑序列。这些建筑让我想起建筑师马岩松在国外的一个讲座上解释自己在加拿大设计的"梦露大厦"时的那句话，"一栋楼是雕塑，两栋楼是景观"。

有一次在欧洲旅行时，在马德里参观了扎哈的一个小型展览。展馆就设在皇家马德里队的伯纳乌球场附近不远的街区，那个私人艺术画廊因为扎哈的展览而被挤得水泄不通。当时扎哈可以说是如日中天。许多展板和模型，将她的建筑设计和城市研究的思路详细解构，吸引了大量对她的建筑作品感兴趣的人，特别是建筑系的学生。印象很深的是，有一组模型是展现她的参数化设计的发展演化过程。一个戴着黑框眼镜、一脸虔诚的女生看得如痴如醉，仿佛朝圣一般的神情让人为之动容。

生前，扎哈一直和饱受争议这个词语纠缠不清。尽管杰出的建筑大师，大多个性很强，不愿意让自己的作品向客户或者社会大众意愿妥协，但扎哈·哈迪德无疑是把这种风格发挥到极致的一个。但无论如何，在她去世后，哪怕曾经猛烈批评或者攻击她的人，都在沉痛悼念这位大师的离去。她设计的诸多地标性的建筑遍布世界各地，成为城市形象的象征，也不断吸引着前去参观造访的游客。可以预见的是，在今后很长一段时期，她都会是建筑学教科书中标志性的人物。

英国诗人艾略特说过："四月是最残忍的月份。"阳春四月是个万物生长的季节，但同时也让人情绪阴郁。我们在这个本应春暖花开的时节，总是迎来大师们离去的坏消息。前几天，"球圣"克鲁伊夫刚刚辞世，引发全世界球迷们的一片哀悼。而扎哈，本来再过七个月，这位被誉为"嫁给建筑的女人"就将迎来她66岁的生日，可惜造化弄人，她就这样突然地在创作的顶峰期离我们而去。她是大批建筑师和建筑学子们心中的灯塔，有多少人是翻着她的作品集长大的，正如看着克鲁伊夫足球长大的几代足球人一样。

这些带着神性的大师们，都把自己的人生活成了传奇，哪怕就算是盖棺了，他们的成就也不能在短期内简单定论。而对于扎哈来说，"名满天下必谤满天下"这句话可谓是对其人生最准确的评价。世间再无扎

扎哈·哈迪德作品

哈，天堂中更不会再有对"女魔头"的非议。倘若她在天有灵，或许依然会用那双看透俗世的冷眼，远远地观望着我们这个并不清净、纷纷扰扰的世界吧。

郊区的梦想

前不久，我看了美国1959年的黑白电视剧《阴阳魔界》。其中有一集叫《停留在威洛比》(*A Stop at Willoughby*)。男主角是一个投资公司的中层，整日面临着巨大的工作压力，和我们如今那些"逃离北上广"的年轻人们一样，他也有逃离大都市的梦想。男主角每天坐通勤火车上下班的路上，总是在打盹后"穿越"到一个叫威洛比的小镇。这个小镇的发展还停留在19世纪，有着优美的田园风光和安静祥和的生活氛围。他多次犹豫是否要逃离现实，留下来。终于有一天，他被老板训斥之后，他选择了逃到这个小镇。影片的最后，镜头一转，警察从车站带走了跳车而亡的男主人公的尸体。我们才知道，逃到这个小镇，只是男主人公一厢情愿的幻觉。

看到这里，让我对英美人那种对小镇和乡野的渴望心生感慨。之前在欧洲的爱尔兰待过一段时间，每次从那里去欧洲大陆旅行，就能感觉到鲜明的对比：欧洲大陆的城市密度更高，更加紧凑，采用公交+步行的方式就可以逛遍全城；而深受英国影响的爱尔兰城市，则是低密度的发展模式。那里的城市漫无边际地向郊外蔓延。公交不发达，没有汽车寸步难行。提起城市"摊大饼"式的扩张，总有人会联想到北京，其实英美国家才是"摊大饼"的祖师爷，和它们相比，北京摊的充其量也只是个饺子皮。

在欧洲的经历，让我觉得，是不是英美国家都有这种低密度的城市传统？后来在加拿大遇到一个城市规划理论的教授，聊天时他提到了英语国家这种反城市（Anti-Urban）的传统。仔细一想，还真是这么回事。对乡野的热爱，对市中心的逃离，可以说是一种英语国家根深蒂固、历史悠久的文化传统。

在欧洲大陆的希腊、罗马创造了繁荣的都市文化的时候，英国人都住在乡间。在中世纪，地中海沿海城邦国家的贵族们，纷纷在城市中心建造公寓时，英国的贵族们则在乡间建起城堡和别墅。千百年来，英伦三岛有着与生俱来的对乡野的眷恋。济慈、华兹华斯用诗歌赞美那里的田园风光，简·奥斯汀的小说描绘了贵族们在乡野别墅中的风情画卷。

《英国人》一书的作者杰里米·帕克斯曼认为，"在英国人的脑海里，英国的灵魂在乡村"。他这样断言："英国人坚持认为他们不属于近在咫尺的城市，而属于相对远离自己的乡村，真正的英国人是个乡下人。"英国的这种乡村生活印象深入人心，连林语堂都说："世界大同的理想生活，就是住在英国的乡村，屋子里安装着美国的水电煤气等管子，有个中国厨师，娶个日本太太，再找个法国情人。"前两年习近平总书记访问英国，首相也特意把他带到乡间别墅参观，其实是想展现英国文化的根。

就是在造园艺术上，代表着英伦审美风格的英式园林，也和代表着大陆审美的法式园林截然不同。前者看上去杂草丛生，竭力创造一种自然生长的环境，弯弯曲曲的小径让人如在乡野中漫步；后者看上去规规矩矩，处处体现出人为雕饰的匠心，对称或放射型的轴线代表着权力的威严。

这种对田野的热爱，深深地嵌入了盎格鲁·撒克逊民族的基因之中，并被前往北美的移民们在美国发扬光大。美国诗人惠特曼对美国的歌颂和赞美，就建立在乡野的空间之上："长期准备着的天然田野和休耕地，无声地循环演变。"惠特曼的代表作《草叶集》，正如诗集的名字那样，草叶自由生长，不需要人为的剪裁和培育，象征着自我、创造、民主。诗集通过对北美壮丽的田野风光的描写，深刻地勾勒了美国的民族精神：

"交错着的粮食丰足的大地哟！

煤与铁的大地哟！黄金的大地哟！棉花、糖、米谷的大地哟！

小麦、牛肉、猪肉的大地哟！羊毛和麻的大地哟！苹果和葡萄的大地哟！

世界牧场和草原之大地哟！空气清新、一望无垠的高原之大地哟！

牧群，花园和健康的民屋之大地哟！

吹着西北哥伦比亚风的大地，吹着西南科罗拉多风的大地哟！

东方切萨比克的大地，特拉华的大地哟！

安大略，伊利，休仑，密执安的大地哟！

古老的十二州的大地哟！马萨诸塞的大地哟！佛蒙特和康涅狄格的大地哟！"

　　整个美利坚大地，犹如巨大的乡间农场，吸引着英伦三岛的移民们前赴后继地到来。乡村文化在美国生根发芽，成为开拓进取的美国精神的象征。特别是在中西部和南部的传统农村，这种文化一直传承至今。美国大选中，特朗普对希拉里的胜利，从选民的分布上来看，也可以看作是中西部传统的、乡村的文化，对东西海岸国际化的、都市的文化的胜利。

　　自工业革命以来，城市化成为全球各地无可避免的历史进程。既然不得不进城居住，那么低密度、高绿化率，接近自然的郊区，就成了英美都市人最好的逃避之所。而郊区化和逆城市化，最早也是从英美开始的。在近代史上，随着大英帝国在全球的征服之路，这种传统席卷全球的英语国家，从英国到爱尔兰，到美国和加拿大，到澳大利亚，再到南非……郊区"suburbia"一词，早已深深融入英语国家的文化基因。伴随着好莱坞影视传播的能量，郊区在流行文化上发扬光大。大别墅、私家后院、一

人一辆私家车，这种并不环保低碳的生活方式，却一直是英语国家中产阶级的标签。在冷战时期，这种生活方式是美国向苏联宣传意识形态的工具。如今则是广大发展中国家移民们对于"美国梦"最直观的印象。在中国各地的城市，随处可见花园洋房别墅区取一个加州庄园之类的名称，它们的广告宣传也是典型的美国中产阶级生活在国内的翻版。

对郊区化影响最大的，还是"二战"后美国的莱维敦造城模式。"二战"后，大批士兵返回美国本土，住房的需求激增。一个开发商在长岛建立了一个叫莱维敦（Levittown）的社区，用低成本、批量化的方式，快速建造了大量标准化的别墅住宅。这种开发模式迅速被推广到全国各地，并且随着当时的机动化交通的发展，逐渐遍及全美。私家车开始普及，高速公路大量兴建，婴儿潮造成了对大房子的需求。从20世纪50年代起，美国就启动了这种低密度郊区化的快速扩张模式，并且一直持续至今。作为一个新兴国家，美国大部分的城市空间，近几十年都是以这种模式建成的。到访过美国和欧洲的中国游客，往往会发现欧洲大陆的城市历史建筑更多，也更紧凑；而美国的城市除了市中心几栋高楼，绝大多数建筑都不高，住公寓的人更少。这种低密度的城市发展方式，起源于"二战"后的美国，但本质上，它从多年前的英国就发了芽。

因此，如果想了解英美国家的城市，必须从郊区、卫星城和外围的小镇入手，而不是繁华的市中心。千万别被电视上灯火辉煌的曼哈顿给骗了，除了纽约、波士顿等少数城市，绝大多数美国城市的人们，都生活在无边蔓延的郊区之中。许多刚到美国的中国留学生，就觉得极其不适应：明明电视上看美国是那么的繁华，怎么来了之后发现这里就是个大农村呢？于是留学生们纷纷给自己学校所在的城市起名叫某村，比如亚特兰大叫"亚村"，休斯敦叫"休村"……此外，这样的郊区，是步行者的地狱，却是小汽车的天堂，难怪美国被称为汽车轮子上的国家。几乎每个人都开车，还都是大排量的车。在美国和加拿大，常常见到十来岁的瘦小姑娘，开着一辆皮卡呼啸而过。而对于初来乍到的留学生来说，学车和买车，也成了留学生活的头等大事。

这种低密度的郊区蔓延模式，使得城市大部分区域相当同质化。连绵不断的别墅区，看上去几乎一样的房子和街道，大量的尽端路（cul-de-sac），让外来者非常容易迷失在这看似美好的郊区。我曾经有一次，坐在公交车上，在漫无边界的郊区兜兜转转，在车上慢慢地睡觉了。一个小时后我从梦中醒来，看车窗外的景色，似乎还是在同一个街区。特别是对于美国、加拿大这样的移民国家，很多城区连名字都是相同的。凡是在那里有生活经历的人，大概都会有这样的感觉：几乎每个城市郊区都有个叫Richmond的街区，有条叫King Street的路，路的尽头有个叫Ashley的姑娘。

随着经济的繁荣，家家户户都在郊区买了大房子安定了下来，接下来的生活可能就觉得无聊了。从电影《革命之路》《美国丽人》，再到美剧《绝望的主妇》，郊区生活往往被描绘为宁静、祥和，但又缺乏激情，代表着中产阶级安稳又乏味的生活特质。媒体的宣传，可能更多的是一种无病呻吟。在现实中，大多数人依旧用脚投票，选择居住在郊区。哪怕城市越来越大，花在通勤的时间越来越多，对于世世代代居住于郊区的英美人来说，想要放弃郊区生活，几乎是不可能的。这就可以解释，为什么英美一直在推动以紧凑发展为导向的新城市主义，但一直收效甚微。低密度的城市蔓延仍旧是英美城市的最显著特点。我的一个加拿大朋友，博士论文写的就是加拿大城市高密度发展的必要性，提出通过各种政策，鼓励市民到市中心购买高层公寓。但私下里他却对我说，自己将来成家，还是会到郊区买别墅，因为那样才有家的感觉。"我爷爷就是那样生活的，我爸爸也是那样生活的，我想那也是我的生活方式"，他这么对我说。我也曾经和一个规划系主任聊到这个话题，他也表示对城市蔓延的无能为力，"尽管我们的城市规划一直鼓励高密度的发展策略，但是人们还会去选择到郊区购买别墅。尽管这造成大量资源消耗，并且不断推高城市生活的成本，但人们总会坚持这种生活方式，直到他们买不起郊区别墅为止"。可见，任何一种生活，一旦成为文化和传统，那么必然是改变起来异常艰难。

在20世纪初，全球的城市化伊始，许多学者开始展望城市未来的发展方向。当时英国的霍华德提出了田园城市的思想，试图在城市外围建立田园城市，融合城市生活和乡野环境的优点。而欧洲大陆的柯布西耶，则提出了光辉城市的模型，希望推平老城区，建立摩天大楼，最大限度地促进人口的高密度集聚。现在看来，这些不同的城市发展思路，

北美城市鸟瞰：城市蔓延

背后都是有着文化传统的根源的。

　　没有什么能够阻挡美英国家人民对郊区生活的向往。即便在今天，很多富人还愿意在远离城市几十公里的郊外小镇上买大别墅，然后每天开车一两个小时去市中心上班；他们周末把时间花在和家人一起郊游，修理自己家的后院花草。这种生活方式，让我想起了同样每天花大量时间在通勤上的回龙观、天通苑的青年们。不同的是，我们那些在郊外买房的人，大都是因为没钱在城里买房子，而被迫去城市外围居住的。

　　描述美国郊区典型中产阶级生活的电影《美国丽人》，里面有这样的一段情节。孤独、内向的男孩把女孩带到自己家里，向她展示自己拍的DV：一个塑料袋被风吹起，随风在空中漫无边际地飘荡。他对女孩说："塑料袋是有灵魂的。""我们的生命是不是也仅仅如此而已？"他问女孩。看到这一段的观众，都和剧中人一样会有莫名的触动。

　　我想说的是，对于英语国家来说，郊区就是这样的塑料袋，在时代的风中飘来飘去，去向不明，但却深深地代表了他们灵魂之所在。

我们都是城市的闯入者

我曾经很好奇，如果让伍迪·艾伦拍一部关于中国城市的电影，他会拍出什么内容？计划经济的遗产、单位大院、中国式婚姻、亲子关系、新兴中产阶级、社会亚群体……以及三线建设留下的西部工业城镇，这些都可能是他感兴趣的元素。可以想象，这样的片子中，他依旧会用絮絮叨叨的画外音，去尝试解读东方家庭的柴米油盐。

可现实没有这样的机会。不过这样的元素，都不出意外地出现在了王小帅的电影《闯入者》之中。从《十七岁的单车》《青红》《左右》《日照重庆》，一直到这部《闯入者》，王小帅也一直在竖立着自己的风格：很有中国的味道，但又和大众口味有点不同。

这一次，王小帅讲述的是一个普通人家纠结于过往历史的故事。老邓是个北京的普通退休老人，丈夫去世，两个儿子不和自己住。大儿子娶妻生子，生活富足。二儿子是同性恋，独来独往。老邓还有个在养老院的母亲，她与这几位亲人之间常常产生一些冲突。这本来也是常见的家长里短的生活，但近一个月以来，老邓遇到了一系列离奇的事情：不断接到骚扰电话、屋子被人扔砖头砸碎玻璃、做客大儿子家时门口却被人堆垃圾……在一系列让她变得神神道道的经历中，她偶然和一个带红帽子的外乡少年结识。她收留了少年一晚，但第二天少年不辞而别，并留下了一张被撕碎的老照片。一个恩怨故事就此浮出水面。这个孩子，其实是老邓当年支援贵州三线建设时，同事老赵的孙子。"文革"后知青们纷纷返乡，老邓为了争取回北京的名额，用"文革"的一些材料揭发了老赵，借此让自己得到了这唯一的名额。随后，老邓在北京养大两个孩子，而老赵一家则继续在山沟里度日。一个月前老赵去世，他的孙子就此踏上了到北京的"复仇"之路。老邓后来特意返回贵州去找老同事和解，甚至在明知老赵孙子是犯罪嫌疑人的情况下，放弃报警，并去老赵家报信。但老赵的孙子依然因涉案被警察追捕，他在慌乱之中从楼上坠下。影片最终以悲剧收场。

《闯入者》这个名字，蕴含了多个角色的身份。老邓之于儿子的家庭是闯入者；红帽少年，老赵的孙子，之于老邓的生活是闯入者；而老邓回到贵州，也是闯入了老赵一家的生活。剧中的每个人，或许都是闯入大时代的一个个鲜活的个体。

电影的表达极具导演的个人风格。对于这部电影，观众有着不同的解读。而在我这样一个城市规划从业者看来，这是一个关于城市的故事。这不完全是职业病，而是城市永远与我们的生活密不可分。从这部电影中能看到很多城市人的生活：老龄化、计划生育与少子化，中产阶层家庭的内部关系，三线建设留下的工业城镇，当年政治运动对家庭命运的影响，还有社会上人际关系的微妙变更。

进入我们生活的闯入者，其实都是我们熟悉的陌生人。

全剧的核心人物，就是吕中扮演的老邓。老邓有两个儿子，可以看出他是"文革"刚结束那几年，计划生育刚刚开始时出生的。计划生育刚开始的阶段，还是二胎制，在20世纪80年代后逐渐变为一胎制。她的大儿子的孩子，则是一胎制背景下出生的。对于多数像大儿子这样典型的城市家庭来说，"421"的家庭结构不可避免的，这让人想到西方国家类似的故事。20世纪五六十年代的时候，一个典型的中产阶级家庭住一个大别墅，生4～6个孩子。而现在往往只有一两个孩子，或者不生孩子，但同样住着独栋别墅。人均住房面积更大，但城市的密度降低。紧凑的住房开发也抵不过人口密度更低的城市家庭结构。而小家庭的人口结构，同样也带来了我们户均人口的减少，进而是亲子关系的疏离。影片中老邓接上小学的孙子时与儿媳妇的口角，老邓随意进入两个儿子的家时产生的尴尬与冲突，都是日常生活中常见的场景。而她家墙上黑白照片里的四世同堂大家庭，在现实生活中越来越少了。在同一个屋檐下，持续的是人的离开。这就是我们的城市在物质与社会双重层面发生的深刻变化。

随之而来的是老龄化与养老难题，城市正被银发社会所改变着。独自居住的老邓，是广大空巢老人的典型代表。老旧的公房、单位大院的街坊小区，都是城市随处可见的生活空间。人口的流动不仅发生在区域层面，也发生在城市内部中。养老院则是社会变迁的隐喻。如果说三四线小城镇的养老院，主要是用来照料五保户的救助站，那么大城市养老观念的转变，已经让预约敬老院的人排起了长队。老邓常常去养老院看望母亲，也考虑自己去养老院养老。在养老院中的对话，反映出她和母亲的关系，不过是她和子女关系的另一种投射罢了。

老邓的二儿子是同性恋。哪怕在大城市，这类人也依旧是社会的另类群体。这里断然没有阿姆斯特丹和旧金山同性恋社区里的彩虹旗飘飘。对于诸多亚群体的包容，是城市多元化繁荣的重要元素。而我们的城市依旧是灰色的。在这样的背景下，电影的相关情节设置也和二儿子撩头发的手势一样，更多是一种刻意的表达。

影片的叙事主线，是老邓与老赵两家的历史积怨。老邓前往贵州与老同事的会面，或许是四十多年前那场轰轰烈烈的大规模城乡人口流动的回溯。三线建设，是特定历史时期中西部地区城镇化启动的动力。几十年后，工厂的变迁、工人的安置、厂区与城市关系的调整、跨区域的人口迁移，都在不断地修正这曾经的故事。同样是关于贵州，两年前北京中关村街头的公交车站竖起了广告牌"中关村走进爽爽的贵阳"。中关村贵阳科技园的跨区合作，开始了新一轮资源转移与输出的过程。这与当年北京知青从首都奔向三线建设的厂房，有着完全不同的剧情。

老邓重回贵州，与昔日的工友们相拥而泣。如今的飞机和高铁，极大地压缩了时空距离，但人们的心理距离是否同样拉近了呢？在那些西南山区常见的以红砖作为表皮的厂区居民楼里，曾经的老同事们依然念念不忘厂子的结局，希望得到一个说法。公平与正义，更是社会变迁中的一个持久的议题。

影片直到后半部分，才借大儿子之口说出了那段"文革"后的两家纠纷：为了回北京而产生的举报与揭发。政治运动让人流落边疆、户籍制度又让人天各一方。大儿子对小儿子说："如果不是因为妈（检举揭发老赵），你就不可能出生在北京。"制度的安排，深刻影响了人口的流动。即便是如今老赵的孙子去了北京，最终折腾一番还是回来了。外来打工人口，想留在北京还是太难了。而他的家乡，破败的三线厂区，尽管那里有着更好的空气质量，缺乏就业机会也让年轻人无处容身。

影片的镜头浓缩了时代背景下人与人关系的种种幻象：亲密与疏离，冲突与和解，流动人口的飘零，城市中产阶层的脆弱……大儿子在

电影《闯入者》剧照

高档小区的家门口被倒垃圾的一幕，更像是一次无关剧情的阶层的冲突。而老小区里带着执勤红袖章的大爷大妈们，不禁让人联想起当年上山下乡青年们的某些特征。但过去的许多故事，就像老邓和老赵孙子去寻找的那个生产洗脚器的小厂子一样，再也找不回来了。

　　这是一部昨日的电影，影片涉及的话题实在是有些沉重，这显然不像是伍迪·艾伦那样轻松的戏谑。而东方式的内敛与深沉，会在剧情设计中让红帽少年最后从高空坠下。戛然而止的故事，终结了破碎的、只言片语的臆想。

　　曾经的计划经济与政治运动，都给城市的物质环境与社会关系带来了深深的印记。那些过往的记忆，就像戴着红帽子的孩子的身影之于老邓一般，永远挥之不去。那些历史给我们的城市治理带来很多复杂的命题，而理解城市，必须理解这些历史渊源下的制度安排，以及不同年代的差异。城市的环境不仅是高楼大厦与车水马龙的街道，也不光是用地性质与容积率，也包括生活的点滴细节。城市的景观风貌，更多地体现在人际环境和人文生态上。城市不是纸上的画卷，不是凝固的雕塑，而是实实在在的日常生活。一个个鲜活的面容，才是实在的、具体的城市的展现。

电影《集结号》里，赵二斗劝谷子地时说："每个人都是一滴水，只能在时代里随波逐流。"不同年代的要素，都给我们的城市生活留下了痕迹。这不是平铺的千层饼，而是不断流淌的河流。我们注定无法与周遭的生活、曾经的历史彻底割裂。

所以《闯入者》这部电影，讲述的是城市中每个人的故事。每个人都是历史的旁观者、亲历者，甚至闯入者。长期以来城市化正如轰隆隆的工厂的流水线产出的产品。但城市的人与物，在时代的变迁下都纷纷变得与众不同。城市繁荣最终依靠的是个体的幸福。而长期作为生产空间的城市，在集体主义与效率的诉求下，给个体留下了相对单一的记忆。新时期真正以人为本的城市，又需要怎样的故事情节？

这真是个简单而复杂的问题。或许，我们只是需要和我们的城市和解，正如老邓一直在追求着一种和解那样。告别失忆与忽视，让我们去真正理解我们生活的城市。

战火中的城市

　　说起城市规划和战争的关系，可能如今规划从业者们大多会想到城市总体规划中的城市人防规划部分。城市人防规划内容包括：必不可少的地下设施及其防空通道、安全出入口等的布置，与地面以上建筑物及地下管道网的协调。

　　而事实上，从古至今，战争与城市的关系极其密切，不仅仅是停留在防御设施上。战争从物质空间到社会环境都深刻地影响了城市建设和发展。战争作为人类社会的冲突体现，也给城市文化和思潮留下了深刻的烙印。纵观人类文明史，战争史和城市史一直保持着错综复杂的关联。

　　首先，城市的起源就与战争密不可分。关于城市的起源学说有很多种，而最常见的两种论断就恰巧是城市两个字的内涵。"城"，就是城堡，就是说城市是起源于部落建设城郭形成要塞，建设城市是为了防御外敌入侵，保护自己人安全居住。"市"则是集市，就是说城市的形成是源自第三次社会大分工，商业活动的出现，导致了商业活动聚集的城市开始与乡村地区分离。战争，就是城市起源的这两种重要说法之一。

　　生活在和平年代，人们研究当今的城市很少会从战争防御的角度出发。但在相当长的历史进程中，城市的防御功能是其重要的甚至是首要的功能。因此，城市的建设首先要考虑战争防御。历史上无论东西方的古城，城墙、护城河、城堡、碉楼等工程都是出于防御的目的，也基于此形成了城市的骨架，延续至今。建筑师路易斯·康就认为，罗马、希腊的古城乃至中国的万里长城，其建筑空间的逻辑是一种叫作防御性的秩序。西方的城堡，中国的城墙，不仅长期以来影响了城市建设的布局，也形成了古城的重要遗迹，从物质空间上承载了城市的历史。

　　欧洲城市在历史上长期受到古罗马建城模式的影响。不同于古希腊的城市以市民活动的广场为核心，古罗马的城市是以凯旋门、纪功柱等公共建筑为核心，而这些都是帝王炫耀战功的建筑。罗马在许多被征服的地方修建了营寨城，许多欧洲大城市巴黎、伦敦也都是由营寨城发展而来。同时期，中国古代的许多城市选址除了考虑"风水"，战争防御也是重要因素。

　　在地理大发现后，西方殖民者在非洲、拉美和亚洲通过殖民战争征服了一系列的国家，并且留下了大量的殖民城市。殖民城市除了按照欧洲城市的布局来建设，还建有大量炮台和要塞作为战争防御的考虑。大量的殖民城市都沿海、沿江布局，并且建有军港，方便殖民国家的军舰进出。

　　现代城市规划的理论和实践产生于19世纪。在那个时代，城市已经不是战争的主要展开空间了。但作为城市规划实践的重要里程碑，豪斯曼的巴黎规划还是依稀能看到部分战争的影子。笔直宽阔的道路构成了城市放射性的轴线，既是法国长期以来强大君权的象征，也有方便军队快速进入市区的考量。毕竟，19世纪的法国，革命运动非常频繁，巴黎的各种暴动所引发的巷战，在那个年代并不是什么新鲜事。如果回顾冷战期间苏联军队对东欧国家的军事干涉，当时的坦克部队快速地通过那些笔直宽阔的主干道进入市中心，历史似乎产生了某种程度的巧合。

蔚县西大坪军堡

　　第二次世界大战是人类历史上最大规模的战争，也深刻地影响到了城市的建设。在"二战"的策源地德国，希特勒掌权后，把柏林、慕尼黑和纽伦堡等城市作为宣扬和展示法西斯意识形态的重要载体。在重点的公共建筑的设计中，希特勒大力推崇那种古典、威严的纳粹美学，而反对包豪斯的现代主义风格。希特勒甚至亲自参与了柏林的城市规划。在纳粹的计划中，战争胜利后柏林将成为世界上最宏大的城市，作为纳粹政治宣传的工具。希特勒的御用建筑师阿尔伯特·斯佩尔不仅主持了柏林城市规划，也设计了众多体现纳粹意识形态、威严古典的建筑。斯佩尔后来还成为帝国装备部长，直接参与了纳粹的侵略战争，并且在战后被审判为战犯。纳粹最终失败后，柏林长期被美苏分割为东西柏林两部分，城市发展受到严重限制。即便是重新统一后，柏林的规模也再没有恢复到"二战"前的顶峰。

　　而另一位在地理学和城市规划界知名的学者克里斯塔勒，也受命对波兰等占领国进行空间规划。克里斯塔勒于"二战"初期加入了纳粹，他提出的中心地理论，受到纳粹政府的青睐。克里斯塔勒在纳粹德国的规划与国土部工作，对德国占领的波兰进行了城镇体系规划。

　　在苏德战场，城市既是双方军队争夺的重点对象，也在一定程度上影响了战局。列宁格勒、莫斯科这样的特大城市的郊区，延缓了德军在战争初期的快速推进优势，城市成为拉锯战的空间载体。在斯大林格勒保卫战中，城市作为人造环境，以完全不同于自然环境的特点，形成了一种特殊的战争空间，有效抵御了德国机械化部队的推进。苏联红军让德军进入城市，继而展开巷战，使德军的机械化优势在城市的废墟中荡然无存。而苏联红军的反坦克手则藏匿于建筑物楼顶，从上向下攻击德军坦克，使德军损失惨重。而苏联红军的狙击手也利用废墟作为掩体，造成德军大量伤亡。斯大林格勒成为苏德战争的转折点，而城市对于德军机械化部队的阻滞，对于战局的改变有着重要意义。

　　而在亚洲战场，国民政府的陪都重庆受到了日军长达六年多的"无差别轰炸"。城市及其周边建设了防御设施，各种工事极大地改变了城市的格局和风貌，并且对战后1946年的《陪都十年建设计划草案》产生了重要影响。

受到大轰炸的影响，重庆进行了大量的城市功能和人口的疏散，这与城市规划中的有机疏散理论的出发点全然不同。这些向郊外疏散的措施，形成并强化了重庆"大分散、小集中、梅花点状"的空间布局。

战争也影响了城市深层次的社会文化意识。在"二战"中的亚洲战场，日本占领英国殖民的新加坡后，将其改名为昭南特别市，并将众多英国命名的建筑改为日本名称。比如为英国殖民者服务的拉弗尔斯饭店改为了只为日本人服务的昭南饭店。日本在新加坡进行了数年残酷的殖民统治，但也一定程度上冲击了西方人对本地人殖民统治的思想意识基础。李光耀在战争期间受到了日本人的虐待，他也是从那时开始了对殖民地政治的思考。

作为太平洋战争起始点的夏威夷珍珠港，在今天是游客观光的胜地。当年，日军在这里偷袭的美国太平洋舰队中，死伤最严重的是战列舰亚利桑那号。美国人在战后于这艘战列舰沉没的水面上建了亚利桑那号纪念馆。纪念馆同时也是国家陵园，是造访珍珠港的游客必去之地。

美国首都华盛顿与战争也有着不解之缘。华盛顿最初的城市设计方案，是法国人朗方完成的。朗方作为志愿者不仅参与支援了美国独立战争，也支持设计了大量有关的军事工程。"一战"后，日本人作为美国"一战"时的盟友，送来了樱花，种植于华盛顿郊外，成为城市著名的景点。但是"二战"时，盟友变成了敌人，日军偷袭珍珠港后，樱花树纷纷被愤怒的市民们砍倒。城市景观的变化也反映了以战争为主导的国际关系变迁。如今，到华盛顿的游客造访的热门景点，包括一系列纪念碑："二战"、朝鲜战争和越战纪念碑等。这些纪念碑作为城市物质空间重要的组成部分，都承载了城市对于战争的记忆。

战争摧毁了城市，新城才得以建设起来。"二战"后，欧洲大量新城是城市在被战争摧毁的废墟之上的重生，特别是德国和英国的城市重建。而战争中和战后，出于防御的需要，城市的布局也被相当程度地调整。比如苏联在战前，提前把重工业迁往乌拉尔山区，在那里建设了一系列工业城市。而20世纪60年代开始的中国的三线建设，也是出于防御战争的需要，这也对城市体系的布局产生了重大影响。

如今，另一种非对称的战争——反恐，对城市的规划提出了新的要求。华盛顿的首都特区的规划,《美国首都华盛顿城市设计和安全规划》(*The National Capital Urban Design and Security Plan*) 因为重点考虑了恐怖袭击和公共安全应对,而获得美国规划协会(APA)的特别奖项。著名的城市研究学者萨森,也在近年重点研究了以恐怖袭击为代表的非对称战争对全球城市规划的挑战。她认为,战争城市化成为一种普遍趋势,而谋求国家安全的战争,让城市变得不再安全。全球城市和区域面临着新秩序的重塑,而战争、资本与城市的关联将对城市空间产生新的政治诉求。

　　战争作为人类矛盾斗争最激烈的表现形式,不仅改变了大地景观,也深刻影响了人类最密集聚居的空间——城市。在城市发展史上,战争对城市有着宏观、微观多层次的影响。城市的性质职能、选址、空间布局、道路交通以至于具体的建筑形式,其实都或多或少地受到了战争因素的影响。而人口防护布局、掩蔽、医疗救护工程等,也一直是城市规划的重要组成内容。尽管避免战争、追求和平是当今社会的主流认识,但我们生存的城市依然在多方面与战争有着密切关联。城市作为人类历史重要的组成部分,也深深地嵌入了战争的基因。

电影中的城市：空间与叙事

1．电影艺术与城市空间

城市规划和城市设计源于建筑学，而建筑学和电影又都属于七大艺术。城市与电影有着密切的关联。城市空间是城市规划与设计的客体，又是电影中故事展开的舞台。

电影可以帮助我们认识和了解城市。没有去过某个城市的人，可以通过有关那个城市的电影对其获得感性的认识。而去过那个城市的人，则会通过电影对那个城市产生新的认知。电影也是城市研究者理解城市的一个窗口。电影的故事情节背后是对城市空间的逻辑解读。媒体的视觉表达，从不同角度展现了城市的功能布局、空间结构、交通组织和景观风貌等要素。

城市规划与建设进行了现实的空间的生产，电影则在文化意向上对现有的城市空间进行了再生产。电影以蒙太奇的手法，艺术性地糅合了个人的视角和体验。电影中的真实与虚构呈现模糊性，是融合实体体验、感知和想象的多维度的空间思考。正如电影《阳光灿烂的日子》中的画外音所说，在讲述曾经的故事时，往往分不清什么是回忆、什么是真实、什么是虚构，电影就这样造就了想象的空间。

那些广为流传的电影，通过对城市形象的刻画，深刻地影响了人们对于城市的认知意向：从宏观的城市整体形象，到微观的、具体的社区和街道。而能够传世的经典作品，必然能深刻地引起人们内心深处的共鸣，反映大众对城市空间的集体感受和记忆。

城市规划的场所理论与电影的空间叙事不谋而合。提出场所理论的城市设计大师舒尔茨认为，空间的核心是行为的场所。诸多建筑师也强调对于建筑空间的叙事性体验。安藤忠雄说，人对生活的体验和感知将成为自己的一部分。城市设计也强调对空间叙事性的研究，来设计高品质的城市空间。

2．电影中的空间要素

城市研究学者凯文·林奇的城市意象理论，强调了人们对于城市物质环境的主观感知，以及二者的相互影响。他首次从人的视角探讨了城市的空间组成要素，对于城市规划界从物到人的设计观念转变，产生了重要影响。

林奇提出了城市环境的五大要素：路径、边界、区域、节点和标志物。我们可以根据这五大要素的视角来考察电影对这些城市空间要素的表达。

城市意象五要素，来自凯文·林奇的《城市意象》

路径（Path）

路径是观察者的移动通道，如各种道路和交通线。作为参与者的线性活动空间，路径在电影的故事情节中往往和人们运动的情节有关，存在着连续性或跳跃性。而街道、小巷作为日常活动的主要环境，则是重要的叙事空间。特别是沿着道路的追逐戏，往往展现了连续的视觉变化，描绘了充满活力的街道。

电影中的街道展现了世界各地城市多样化的魅力。与之相应的是，城市规划学者阿兰·雅各布斯（Allan B Jacobs）在《伟大的街道》里论述道："最好的街道既是令人欢欣的，又是实际可用的。它们充满趣味，并且向所有的人开放，它们包容陌生人的相逢，也包容着熟人间的偶遇。它们既是一个社区的象征，也是社区历史的象征；它们代表着一段公共的记忆。它们既是一个用以躲避世事的场所，也是一个浪漫传奇的所在。"

电影《迷失东京》剧照

　　电影《西西里的美丽传说》的开头，少年们一路追着少妇玛莲娜，从郊外的滨海大道，一直追到老城区内狭窄的小巷。这段尾随的过程，既表现了怀春少年们对于性感少妇的渴望，也展现了西西里小城多样的道路和有机的路网，以及沿街的风情。

　　日本的城市传统是没有广场那样的公共空间，而街道则是人们交往活动的重要场所。在电影《迷失东京》中，男女主人公同为独在日本的美国人，两人在酒店相识后和几个日本朋友来到小酒馆。在发生争端后，他们和日本朋友一起跑出去，沿路狂奔。在一路奔跑的过程中，通过多种互动，两个异乡人融入了东京这座对他们来说陌生的城市。而画面的跃动也不断展现了东京的街道风貌特色。在影片的最后，两个人在东京的街头分手告别。他们走走停停，欲言又止，最后在街道上深情拥抱。电影以一个长镜头表现了两个人依依不舍的感情，又将这种情愫消融在街头的烟火人生中。

边界（Edge）

　　边界是两个部分的界线，是不同于路径的一种线性空间，如城墙和滨水区就是常见的边界。河边往往是电影中人物进行交流的重要场所。在英国电影《真爱至上》中，父亲和孩子坐在泰晤士河边聊天，深入地探讨对爱情的认识。而在《哈维最后的机会》中，男女主角在类似的地

电影《真爱至上》剧照

段驻足逗留，望着夕阳西下的泰晤士河，互相倾诉内心。两个人的感情也逐渐升华，逐渐产生情愫。在这个场景中，泰晤士河，烘托出了一种宁静又安详的场景，直指人物的内心。河对岸的古典建筑和现代建筑共同组成的天际线，也表现了伦敦这座城市的宏观背景。

　　尽管伦敦也有对城市中心区历史建筑的保护，以及沿河天际线的控制，但是巴黎更加完好地保留了塞纳河两岸的历史城区风貌。在电影《午夜巴黎》中男主角沿塞纳河漫步，就展现了身旁塞纳河与城市的关系：河流和城市相互依存并且紧密而不可分。二者相互渗透，共同呈现城市深厚的文化积淀。

　　沿街建筑的立面，不仅是重要的边界，也是外来者对于城市的第一印象。同样是在《迷失东京》中，女主角一开始从美国来到东京这座陌生的城市时，镜头巧妙地展现了坐在车中的她望着窗外大街的样子。繁华的商业街区的广告牌倒映在车窗上，女主角的脸被密密麻麻的广告霓虹灯包围，预示着她将迷失在这个和美国全然不同的异域环境中。这种场景也是西方人对于高密度的亚洲城市的一种常有的认知。

　　而在爱尔兰电影《曾经》中，来自捷克的女主角租住在都柏林市中心典型的乔治风格的住宅中。电影中反复出现乔治风格的沿街建筑立面，既体现出了都柏林城市的象征，也构建出一种外乡人在异国他乡打拼的背景。

电影《午夜巴黎》剧照

区域（District）

区域是城市内部中等尺度以上的分区，并且有被识别的特征。不同于展现城市整体风貌的城市宣传片，电影往往聚焦于城市一个特定区域。这片空间内部有同质性，因此存在鲜明的内部认同。而同时，进入这片区域时则能深刻地感到这片区域在整个城市中的异质性：它与周遭全然不同。电影《上帝之城》讲述了巴西里约热内卢贫民窟犯罪活动的历史。影片的主角与其说是各个黑帮头目，不如说是被称为"法维拉"的贫民窟本身。看过这部电影的人都对这个危险、混乱、贫困，各种犯罪活动滋生的贫民窟产生了深刻的印象。而电影《贫民窟的百万富翁》中的男主角从小也是和哥哥生活在印度孟买的贫民窟塔拉维。这个亚洲最大的贫民窟面积只有1.75平方公里，却容纳了超过百万的居民。

在两部电影中，随着人物不断穿梭于不同的城市区，贫民窟与外围的繁华城区呈现出巨大反差和对比，正如凯文·林奇对于区域这个概念的定义：区域的外部可以作为这一片区域的参照。电影中的人物在贫民窟和外围城市空间的生活对比，展现了发展中国家的社会空间分异：不同的社会群体集聚于城市不同的片区之中，并被阶层这一隐形的高墙所隔离。电影镜头也展现了贫民窟这一空间强烈的个性特点，通过对人们在贫民窟中的生活细节的描述，记录了这一特殊的空间。

节点（Node）

节点是指人们在城市中来往行程交汇聚集的焦点，具有较强的可达性和中心性。美国纽约的时代广场，号称全球人流量最高的节点，有着"世界十字路口"的称号。时代广场不仅是美国经济繁荣的一个象征，也是流行文化的一个重要符号。在众多关于纽约的电影中，时代广场都作为重要的场景出现。特别是新年时，时代广场的倒计时和庆典，成为电影的经典镜头，从《新年前夜》到《全民情敌》，不一而足。

在英伦三岛，城市中心区的公园往往是人们活动交汇之处，是公共空间的核心。深受英国影响的爱尔兰首都都柏林，市中心最大的公园圣史蒂芬斯公园具有典型的维多利亚时期的风格。这个公园在展现爱尔兰风情的电影《曾经》《闰年》等影片中多次出现。电影中的情侣一起在公园里散步、坐在草坪上晒太阳，以及在湖边喂天鹅，都和现实生活中的场景一模一样。

而在南欧的拉丁城市，广场则是市民公共活动的中心。在伍迪·艾伦的电影《午夜巴塞罗那》中，多次出现巴塞罗那不同广场的场景。剧中人在广场上喝酒、聊天，展现了南欧的闲适、热情和享受生活的氛围，成为电影进行文化戏谑的一个背景。

电影《午夜巴塞罗那》剧照

标志（Landmark）

标志是一种点状参照物，与节点不同的是，标志不能进入。作为一种突出的元素，标志在电影中具有强烈的视觉特征和象征意义。

在贾樟柯的电影《山河故人》中，多个场景都出现了一座古塔的背景。这个地标性建筑是汾阳建于明末的文峰塔，强调了山西的地域特色，成为这部以方言为主的电影的精神内核。这个地标贯穿了影片中1999年、2014年和2025年三个年代的故事。跨越不同时代，却依然有相同的标志，侧面反映了影片对于山河依旧在，而故人已经不再的感慨。

电影作为更加生动反映城市生活的媒介，能通过故事性在深度和广度上拓展人们对于城市空间的理解。除了凯文·林奇在《城市意向》中提出的五要素之外，电影对于城市空间的描述，还包括以下几个方面。

城市风貌

电影叙述的是流动的空间，因此也更多地从主人公的角度，以一种个体观察的视角来感受城市风貌。这种感知有时候是城市的一个侧影，有时候是艺术化的加工，但都能营造一种鲜明的意向。

电影《山河故人》剧照

　　在小津安二郎以《东京物语》为代表的一系列电影中，都对日本城市的风物进行了细致刻画。特别是电影开头习惯用空镜头的手法来展现城市的风光。从城市外围环境的山峰、海岸，到城市内部各种细节如小街巷、烟囱、墓碑、灯笼和屋檐等。通过全面的景别安排，细腻地展现了"二战"后日本快速城市化过程中城市风貌的变动。与小津类似，侯孝贤的《风柜来的人》《恋恋风尘》等作品，也大量展现了特定历史时期台湾城市与乡村的风貌，并以这种风貌烘托了电影的气氛。

　　从高处俯视城市，是电影常用的构图方式，并且画面往往会随着人的视角而移动，展现城市全景的风貌与鲜明的特色。在伍迪·艾伦的电影《爱在罗马》中，一对情侣站在高处俯瞰罗马城。千年古城的历史建筑保存完好，各个历史时期的建筑有层次地在画面中展开，让观众一下子就融入了被称为"永恒之都"的罗马，产生了强烈的代入感。

文化与社会

　　相比长期以来以物质空间建设为核心的城市规划，电影从诞生以来

电影《爱在罗马》剧照

就一直关注建筑与城市的社会性。而中国当代诸多城市电影，特别是第六代导演的电影，则反映了全球化和本土文化交汇，以及社会经济急剧转型下，城市人对于身份认同的焦虑。

电影《十七岁的单车》就展现了北京胡同里的本地学生小坚，和进城打工的农村少年小贵两个人不同的生活、学习和工作的场景。两个人各自的故事，以及不断发生的冲突情节，融汇了不同的社会空间，反映了不同社会阶层和文化背景的冲突。

而香港导演许鞍华的电影，则深刻反映了香港在历史变迁下的社会变动。《天水围的日与夜》的故事，发生在新界元朗区一个叫天水围的市镇，描绘了许多本地的文化习俗和风土人情，为我们展现了传统商业电影中灯红酒绿之外的香港。城市的文化肌理在影片中得到细致的叙述。这种郊区的围村或新市镇，是许多香港的外来移民和中低收入人群聚居之处，其历史变迁的各种细节，都能引起许多港人的共鸣。影片敏锐地抓住了时代巨变期，香港人的文化心理。这让我想起生于香港郊区围村的城市规划学者梁鹤年先生。他在关于个人学术人生的讲座中，首先提到自己小时候的成长背景。围村的贫困和自然灾害，使得他对城市开始有了新的认识。后来从事建筑行业的他，逐渐脱离了经济利益驱使的开发商，而基于内心对公众利益的追求，开始了个人的学术生涯，深入思考研究城市的社会问题。

精神与情感

精神与情感是游离于城市实体要素之外的内容。不是具体的区域或者是建筑所能体现的，而是一种模糊的、意向性的感觉。电影往往并不通过具象的事物表现对精神性的隐喻。作为这类电影的代表人物，王家卫在其电影中常常模糊故事情节，空间的叙事让位于感情的表达和渲染。其代表作《重庆森林》和《堕落天使》，以强烈的个人风格，对香港这座城市中的人际情感进行了后现代的刻画。在香港这座高度商业化和媒介化下的城市中，人们在碎片化和拼贴的场景中表现出感情的游离、迷惘和落寞。

电影中的具体的场景虽然是模糊的，但却能深深地令观众产生对香

电影《重庆森林》剧照

港这座城市的精神共鸣。什么人、在哪里，甚至发生了什么故事都不重
要。观众们都很清楚这是发生在香港的故事，更是香港这座城市的人的
故事。影片通过镜头和光影的变换，向观众传递了五光十色、意乱情迷
的意境，表达了复杂、暧昧的感情。

　　在德国电影《罗拉快跑》中，观众随着主人公罗拉沿着柏林的街道
快速运动。虽然很难分辨场景中的具体道路和地点，但是却给人带来十
足的柏林的感觉。沈祉杏在介绍柏林城市建筑的书《穿墙故事》中写道：
"（柏林）就像德国电影《罗拉快跑》里的罗拉，染着怪异橘红色头发，
长得不美不丑，也非有棱有角，身材虽高却不修长优雅，衣着既不时髦
也不复古，个性叛逆孤僻，表情冷冷，但意志力坚强，总想一再改写历
史。"罗拉以自身的特点和不断的快跑追逐，展现了城市的精神内核，引
发了人们对德国统一后的后现代柏林的共鸣。

　　而对于在海外的华人来说，唐人街也是一个独特的意象。美国纽约
的唐人街法拉盛，就在李安当年家庭三部曲之一的《推手》，还有近些年
华人导演伍思薇的《面子》中不断出现。法拉盛更多的不是以一个具体
的故事空间存在，而是以一种空间的元素弥散在电影的各种情节中。这
片空间是客居异乡的人情感的纽带，连接着特定的精神空间，维系着人
际关系，是新移民以及部分ABC们的情感寄托。

3. 向电影学习城市规划与设计

电影作为这个时代的重要的大众传媒，不仅为观众呈现了大千世界，也为城市设计者们提供了一个再次认识城市空间与形态的窗口。不同于地图和数据，电影以具象的画面，为我们展现了城市的地域文化、时代变迁、风土人情和社会面貌。故事片中人物的动作更能体现人和物质环境的互动。理解电影中的城市空间叙事，对于加深对城市的理解、推进跨学科的交流，以及优化城市规划中的视觉表达都大有裨益。

电影的艺术表现形式将拓展城市研究的广度。电影的创作思维和艺术效果更多地从人的视角和人的尺度来理解城市，强调城市的社会性。这一点有助于城市规划从对物质环境的重视，走向对人的感受的重视，从鸟瞰模型图走向人的视角。正如凯文·林奇在《城市意向》中写道："我们不能将城市仅仅看成是自身存在的事物，而应该将其理解为由它的市民感受到的城市。"从这个角度来看，杜可风的影片拍摄思路与林奇不谋而合。他用镜头敏锐地捕捉城市居民的细节感受。通过他拍摄的影片，我们往往能更深入地体会那种众人皆有，却难以言明的都市生活的细腻味道。

电影中的空间叙事充满跳跃，这种动态性也给城市规划与设计的静态蓝图的工作模式转型带来启发。电影强调时间性，而城市规划则重视空间性，亟须通过对城市空间的组织编排，使两者达到一种综合。

传统的城市设计偏重物质设计，漠视人的心理感受，也忽视地域性历史文化的传承。电影有助于城市设计者强化对于城市空间的生活体验，以一种新的空间模式推动设计视角的转型。通过对地域性和文化氛围的营造，为冰冷的钢筋丛林注入更多的人文内涵。

最后，商业电影作为大众传媒，其传播和营销的模式也有助于长期固化于精英模式的城市设计转向市民受众。通过大众传媒，积极引导公众参与城市设计，可以提升规划设计的合理性，最终营造宜居和谐的品质城市。

谍影城城：从雅典卫城到智慧城市

谍战片的最高境界是什么？

表现血肉横飞的惨烈，背叛与复仇的纠结，令人窒息的悬疑情节，或者是阴谋与爱情交织的人性？

其实都不是。你可能想不到，最高水平的谍战片，展现的是城市发展的历史。《谍影重重》三部曲曾创造了该系列电影的辉煌。在经历过九年的断档期后，马克·达蒙终于回归该系列电影。他再度参与拍摄了电影《谍影重重5》，再次引发了谍影系列在电影市场的火爆。

电影讲述了中情局系统被黑客入侵后，秘密的特工计划可能泄露。而同时中情局也发现了主人公杰森·伯恩（马克·达蒙饰）的踪迹，并且伯恩也被卷入了泄密事件。网络专家海瑟·李与大反派埃塞特一起到世界各地的城市追踪伯恩，伯恩也在反追踪的过程中寻找着自己身世的秘密。在干掉了这一切的幕后指使人、中情局高官杜威之后，他又和埃塞特进行了殊死决斗，最终，身披主角光环的伯恩自然笑到了最后。

大荧幕前，我们带着3D眼镜，跟着打不死的伯恩上天下海入地，在世界各地躲避重重追杀，干掉一个又一个反派人物。从开头到最后一秒，电影通篇高潮迭起，动作画面让人目不暇接。但是看下来之后稍加回味，就会发现这不仅是讲了一个谍战故事，还是一部城市发展史！

你若不信，且听我一一道来。

《谍影重重5》在全球多个城市实景拍摄。伯恩一行人从雅典到柏林，从伦敦到拉斯维加斯，让人看得眼花缭乱。这时空变幻速度，简直比我从回龙观去西三旗还快。但这么多城市，可不是导演随意挑选的。影片中所出现的城市，实际上精妙地串联成了一部城市发展史。

1．雅典：城市文明的开端

本片第一个高潮是伯恩在雅典宪政广场游行的人群中，一面设法与搭档帕森斯见面，一面设法躲避中情局的追踪。观众随着影片，在夜色中鸟瞰雅典，能够直接感受这座千年古城的魅力。

古希腊是西方文明的发祥地。谈论世界城市发展史，肯定绕不开希腊的首都雅典。古希腊的雅典卫城，位于如今雅典市中心的山丘上，是希腊最杰出的古建筑群，集古典建筑与雕刻艺术之大成。卫城最古老的建筑是雅典娜神庙，是作为宗教和政治中心的综合性建筑。卫城现存的主要建筑有山门、帕提农神庙、伊瑞克提翁神庙等。这些古建筑无可非议堪称人类遗产和建筑精品，在建筑史上具有重要地位。古希腊的建筑风格是追求和谐、完美与崇高。卫城的建筑群庄严气派、雄伟壮观，同时与地形紧密结合。卫城所在的山冈可以看作是建筑群天然的基座，展现了和谐统一的建筑序列之美。有人说，雅典的卫城是希腊的眼睛。那么透过这双眼睛，可以看到古希腊那辉煌璀璨的文明史。

在数千年后的20世纪，国际现代建筑协会（CIAM）又在雅典会议上制定了一份纲领性文件——《雅典宪章》。该宪章反映了当时"新建筑"学派，特别是勒·柯布西耶的思想，深刻地影响了随后世界各地的城市建设。影片中的宪政广场，更代表着如今的希腊。历史上宪政广场目睹了大量的希腊民族运动，象征着当代希腊的独立。而如今的经济危机，又让喜好游行的希腊人，再次走上了宪政广场。

2. 罗马：帝国的永恒

《谍影重重5》中，中情局的精英特工埃塞特在罗马的一个旅馆里，接到中情局高官罗伯特·杜威的电话指令，要他去雅典找伯恩。尽管这一段剧情只有一两分钟，但是也提醒着城市研究者：世界城市史怎能少了罗马？

罗马是古罗马文明和罗马帝国的发祥地，是西方文明史中继古希腊之后的第二个高峰。古罗马文化可以看作是古希腊文化的传承者。正如古罗马诗人霍雷斯所说，"罗马人征服了希腊，但是文化上却被希腊征服"。古罗马建筑继承了古希腊建筑柱式（多利克、爱奥尼克、科林斯），并在其基础上又创造了塔斯干式和组合式的柱式。此外古罗马还发明了拱券式的构造。多种柱式和穹顶的结合，成为古罗马建筑的最大特征。

西方有一句谚语，叫罗马即永恒。如今罗马保存了大量的古城遗迹，简直就是一座巨大的露天博物馆。在古罗马遗址上，至今依然矗立着帝国元老院、斗兽场、凯旋门、纪功柱、万神殿等著名古迹。此外，在中世纪之后，罗马与佛罗伦萨共同成为文艺复兴中心，现今罗马大部分城区依旧保留了丰富的文艺复兴时期的巴洛克建筑。对于球迷来说，罗马还是两支知名的意甲球队——罗马队和拉齐奥队所在的城市。不过在《谍影重重5》中，埃塞特在旅馆的电视里看的比赛貌似是意大利另一座城市米兰的同城德比。

3. 伦敦：现代城市化的序幕

在18世纪，始于英国的工业革命，带来了人类居住的变革。随着工业的发展，广大居住在农村地区的人们开始涌入城市，当今意义上的城市化正式揭开了序幕。因此，伦敦可以说是现代城市的发源地，也是第一个全球城市。19世纪末的伦敦，工厂聚集区和工人居住区的无序建设，造成了霍乱还有其他传染病的扩散。在随后的20世纪初，以伦敦为代表的英国城市，在城市卫生和工人住房领域的立法，标志着法律意义上现代城市规划的诞生。

电影中有一场打斗戏在伦敦展开。银幕上随处可见伦敦那具有代表性的维多利亚风格的建筑，以及许多现代主义风格的建筑。在"二战"

电影《谍影重重5》剧照：伯恩在雅典街头追逐

中，纳粹德国展开了针对伦敦的大轰炸，使得伦敦不少古典建筑被毁。战后许多现代建筑的建设，使得伦敦各类风格的建筑并存，让这座城市成为现代城市建筑史活的教科书。影片中能看到伦敦碎片大厦等地标建筑，以及它们领衔的丰富的天际线。

4．华盛顿：新大陆的巴洛克

美国中情局总部，坐落在华盛顿。全片大部分关于中情局内部工作的镜头，都是在华盛顿这个城市拍摄的。电影的最后，中情局女特工力邀伯恩回去工作，结果被他拒绝。

随着欧洲移民不断来到北美新大陆，美国的城市开始步入世界城市的主流。美国独立后，由法国军事工程师朗方设计了首都城市：华盛顿核心区的178平方公里。华盛顿的城市设计带有非常浓厚的巴洛克色彩：规整的方格网、宽阔的轴线、茂密的林荫大道、大面积的公园绿地以及突出的广场节点，等等；最终形成了一个宏伟的方格网加放射性道路的城市格局，体现了美国政治的三权分立与权力制衡思想。作为完整规划的首都城市，华盛顿与日后兴起的纽约、洛杉矶等美国大都会的风格全然不同。华盛顿采用古典的建筑形式，主要是希望学习古希腊的平等、民主的精神，体现了当时新兴国家的一种理想化的朝气。

影片结尾处，谢绝了中情局招安的伯恩，一个人走在华盛顿的公园小道上。最后的镜头给了远方高耸的华盛顿纪念碑。熟悉华盛顿的朋友绝对会对这个城市的地标印象深刻，这是一个引导整个城市视线的景观节点。

5．柏林：欧洲十字路口的冷酷

伯恩在柏林的出场并没有太多的内容，柏林这个城市在《谍影重重5》中占据的"戏份"不多，但短短的镜头也充满了这座城市冷峻的"德味"。

在19世纪末，德国抓住了第二次工业革命的机会迅速崛起，超越英法。处于欧洲十字路口的德国成为事实上的欧洲经济中心，柏林也开始迈向世界一线城市。不过由于"二战"的破坏和随后冷战时期东西柏林的对峙，柏林始终未能恢复元气，一直没能达到曾经的历史顶峰。但柏林在世界城市发展史上地位极其突出，因为这里可是享誉全球的包豪斯的发源地。这种实用、简洁的现代主义风格，在"二战"后逐渐填充了世界上所有的城市。此外，冷战后的柏林，则因为艺术家的聚集，成为世界"酷文化"的焦点城市。自由的生活方式和后现代的思潮，让来到这里的人随处可以感受到这里的酷劲儿。

6. 拉斯维加斯：城市蔓延与消费主义

影片最后的重头戏是在拉斯维加斯展开的，伯恩和大反派埃塞特在这里进行了终极PK：飙车、枪战加肉搏。拉斯维加斯无疑是最适合飙车的城市，因为它是"二战"后美国机动化城市的代表。这座建立在沙漠中的城市，其实也是一座汽车城。"二战"后，美国小汽车交通得到大力发展，城市随之低密度向外蔓延。城市蔓延与随后强调紧凑发展的精明增长，成为20世纪后半叶城市理论的两大模式。从卫星图上看，拉斯维加斯仿佛平地铺开的怪物：张牙舞爪、四处蔓延。

小汽车交通的发展，带来了很多交通拥堵问题和环境问题。特别是近些年，国内小汽车的快速普及，为城市带来了越来越多的汽车长龙，大家对此都深有体会。影片中，在拉斯维加斯大道上演的追逐戏里，大反派埃塞特开着抢来的装甲车，一路碾压排队的小汽车时，大家一定会会心一笑：这简直就是大塞车时，坐在车上焦躁的我们心里幻想的事。

电影《谍影重重5》剧照

　　这座城市充斥着赌场、红灯区、奢华酒店和夜总会，随处可见的灯红酒绿无时无刻不在提醒造访这里的人们，这是一座由消费主义和资本塑造的城市。这种城市风潮在20世纪80年代后席卷全球。文丘里的《向拉斯维加斯学习》批判性地论述了这个商业主义城市的建设模式。这本书也直接影响了库哈斯，随后他写的《癫狂的纽约》可以看作是像其致敬的作品。

7.雷克雅未克：可持续发展与新兴科技

　　电影一开始，黑客们在冰岛首都雷克雅未克的机房里，入侵中情局系统。起初我还有点纳闷，电影为什么把这个小城加进来？如果不上网搜索，很多人估计都会猜这个城市是在非洲还是拉美。一个人口不到12万人的小城市，还没我们的一个巴掌大的小县城大，凭什么和伦敦、柏林那些大名鼎鼎的世界城市放在一起？

　　后来一想，恰恰是这样的小城市，才代表了最新的城市发展潮流。雷克雅未克，作为全世界最北的首都，其实是北欧城市可持续发展的一个典范。整个城市能源主要来自于地热，没有污染，被称为"无烟城市"。另一方面，雷克雅未克也代表了新一轮全球化下城市的竞争力所在。虽然城市规模很小，但是其科技创新能力却在世界上遥遥领先。冰

电影《谍影重重5》剧照：充斥着涂鸦的柏林街头

岛在世界利用信息技术准备度排名中名列第二，其首都更是有着优越的数字基础设施。这就不难理解，为什么影片中的黑客组织要把基地放在雷克雅未克了。当今全球城市网络变得更加多元与扁平化。一些富有特色、包容和谐，又具有科技创新能力的小城市，借助信息流的关联，在世界城市体系中也能占有一席之地。雷克雅未克就是这样的例子。

8. 智慧城市：未知的未来

如果问到城市的未来会向什么方向发展，那么回答"智慧化的发展方向"，一定不会有争议。影片中虽然没有把一个具体的城市刻画为智慧城市的样本，但智慧城市的身影却无处不在。整个电影通篇随处可见智慧城市技术：智能摄像头与人像识别、网络安全技术、人群监控、预警和应急响应，等等，不一而足。

但是看过电影的观众，却在黑科技面前不得不深吸了一口冷气。影片展现了智慧技术阴暗的一面：信息被少数人垄断掌握，中情局可以实时对全球无死角地监控。在"老大哥"面前，个人完全无力对抗组织，除了伯恩这样打不死的"小强"。即便如他，为了躲避监视，也跑到了地中海偏僻的、没有信号的小岛上，并且只用现金交易。

在后斯诺登时代，网络对抗、政府监听、棱镜门等让人们对信息垄

电影《谍影重重5》剧照：拉斯维加斯，还可以看到川普大厦

断和个人隐私丧失忧心忡忡。信息技术如果只为少数人所用，只能称为信息之城，而不是智慧城市。真正的智慧城市需要以人为本，实现包容的发展。如何避免影片中的状况？那就需要通过数据众包和数据共享，实现信息公开，让数据从民众中来，再到民众中去。在现实中，美国的许多城市都建立了政府信息公开机制。只有这样，基于ICT技术的智慧城市才能真正造福普罗大众。

影片最后给了我们一个开放式的结局。伯恩去了哪里？下一步他会怎样？看来只有下一部《谍影重重》才能解答这些问题了。正如我们的城市一样，我们永远不知道城市的明天会怎么样。电影总是能展现一个光明的结局：好人胜利，坏人失败。尽管生活总比影片复杂得多，但人们总是能从电影中获得对未来的乐观期盼。要不我们为什么会一次次走进影院呢。

和谐动物城：冬季到春城来看鸥

　　曾经于一个冬日到春城昆明参加会议。会议在海埂会议中心举办，在会议的间隙，我偶然来到会场之外，穿过观景路，就到了海埂大坝（草海大堤）。我惊喜地发现，大坝上尽是与海鸥共乐的游人。无数的海鸥在滇池上空飞翔，还时不时飞到大坝上来到人的身边，人们纷纷对海鸥投喂食物，它们机灵地穿梭在人群之中，娴熟地叼走各种食物。有时它们会在大坝上稍事休息，更多的时候则在空中自由地舞动。当时正是夕阳西下，波光粼粼的滇池上有着若干帆船，远处的西山则雾气弥漫，加上在空中穿梭的海鸥，俨然一幅山水画卷，好似古装电视剧的场景，让人眼前一亮。耳边似乎也响起了杜甫的名句："飘飘何所似，天地一沙鸥"。

　　后来又找机会继续在昆明的几处水域观赏了海鸥，便越发感受到人与自然的和谐。在国内的城市里，有大面积的水域和大量鸟类的地方很少，而有能和人近距离互动的鸟类的地方更是少之又少。事实上，观鸥不仅成了这座四季如春的城市的一项旅游活动，而且也成为昆明的一个城市品牌，对城市的形象提升作用显著。每年都有不少外地游客，不远万里专程来看鸥。

　　昆明的海鸥，其是多是红嘴鸥，民间俗称为"水鸽子"。这种鸟的嘴和脚是红色，羽毛则大部分是白色。红嘴鸥广泛分布在世界各地的海湾和内陆湿地。那么昆明的红嘴鸥哪里来的呢？答案竟然是数万公里外：蒙古高原以及西伯利亚的贝加尔湖区域。对，就是李健的那首歌《贝加尔湖畔》的贝加尔湖。这些红嘴鸥每年初冬千里迢迢来到昆明过冬，而第二年春季又陆续返回北方栖息和繁殖。因此每年的11月到次年3月，是昆明观鸥的最佳时节。

　　有趣的是，红嘴鸥并不是一直来昆明过冬的。在历史上，直到1985年，红嘴鸥才大规模地来到昆明过冬。当时很多市民还都很惊讶，而那时的红嘴鸥们也很怕人，并不敢接近有人活动的区域。直到有科研人员从一些鸟的脚环上获得了一些苏联的记录信息，大家才意识到，这些来客竟然是来自遥远的西伯利亚。当时的背景是,昆明北边的巢湖、洞庭湖、鄱阳湖等湿地不断受到人工干扰的威胁,于是这种来中国过冬的候鸟就继续南下直至昆明的滇池。水鸟其实是对湿地环境非常敏感的动物,它们会为了寻找更好的栖息地而长途飞行。从那以后,这些鸟类每年都到昆明过冬,也反映了近年来昆明大力治理污染、改善环境的成效。

昆明市区和周边地区的数十个各类湿地,为大量的候鸟们提供了绝佳的生存空间。常年来春城过冬的红嘴鸥们,似乎已经熟悉了这里的人们,它们不再惧怕人类,而是主动飞到市民身边来求食。因此,在游客密集的水域附近,如海埂公园、草海大堤、翠湖、大观楼等地方,成了海鸥最密集并且最适合观鸥的场所。在海埂大堤上,随处可见卖海鸥食品的摊位。人们在这里买了海鸥食品,抛向空中,便能引来无数海鸥与人共舞。游客在此纷纷留念,不亦乐乎。看着这些整日吃喝无忧的海鸥,不禁让人猜测,它们会不会饮食过度?其实红嘴鸥一路跋涉来到昆明,已经消耗了大量能量。在越冬期间,也急需补充大量能量,以便来年再次踏上回到北方故乡的万里归途。同时在大坝上,也有一些高校的学生自然保护组织在这里进行科普和宣传教育。随着社会的不断进步,人们的环保意识也不断增强,这也是能让海鸥连年前来过冬的重要前提吧。

事实上,长期以来我们的生物多样性保护工作主要集中在自然保护区,大家普遍对城市范围内的生物多样性保护缺乏足够的认识。城市内的环境和物种常常被认为没有外围地区的重要。而事实上,城市的生物

滇池的鸥群

多样性有可能比外围地区更高。城市不仅仅是人类的生活空间，也是生物栖息的空间。城市内的生物多样性，不仅对生态安全格局有着重要意义，更是人居环境的重要保障，是居民直接接触自然的媒介，能有效提升城市居民的生活质量。从生物圈的角度来看，生物也是城市生态系统的重要组成部分。因此，必须基于城市生态，整体性来考虑，统筹城市生物多样性的保护。

而对于春城昆明来说，前来过冬的红嘴鸥，也打造了城市旅游的新品牌。冬季的昆明依旧气候温和，不仅吸引了大量的北方游客前来，更是大量候鸟栖息的家园。如今人们一提起昆明旅游，不再仅仅是滇池、民族园、石林等传统景点，观鸥也成了重要旅游活动内容。现在提起海埂，人们想到的不再仅仅是国足训练基地；提起大观楼，人们想到的也不再仅仅是以"四大名楼"之一而闻名的公园。这些地方都多了一层新的旅游内涵：人们与鸥共乐的空间。以翠湖为代表的市区内大大小小的众多公园，也都成了人与鸥和谐共处的家园。红嘴鸥点亮了城市的景观，丰富了城市的色彩，更是为市民的公共空间带来了别样的活力。

近些年，国外许多城市已经将城市生物多样性保护，作为生态城市建设和城市竞争力提升的重要手段。澳大利亚颁布了《国家野生动物廊道规划》，规划构建一个全国性的生态廊道网络，对于包括城市和外围地区的不同尺度的生态廊道建设进行了指导。公认的可持续发展的典范——温哥华，制定了《最绿城市行动规划》，提出了城市的鸟类战略、生物多样

性战略及重归野生行动计划，对都市内的各类生物资源进行保护。

与之相应的是，各地的城市纷纷在城市中为动物们建设设施，欢迎动物们的到来。在挪威首都奥斯陆，许多建筑师帮助城市里的鸟类设计了形态各异并颇具有美学价值的栖息场所，甚至有帮助鸟类过冬的特殊"住宅"。美国的西雅图在海滨通过一系列的工程建设，专门为三文鱼打造了一条"道路"：他们重新修复了三文鱼的迁徙路线，帮助三文鱼在复杂的人工环境中，顺利迁徙。西雅图还定制了海堤面板系统，通过促进海洋生物的生长，为迁徙来的三文鱼提供觅食场所。在中国，北京奥林匹克森林公园的"绿色大桥"则开创了我国城市生物通道建设的先河。这个连接南园和北园的桥梁横跨北五环，与普道的行人过街天桥不同，这座桥被各种绿色植物覆盖，不是为了美观，而是为了满足昆虫、爬行动物等小型生物迁徙，一定程度上维持自然生境的连续性。我在福州做城市生态规划时，也对城市内部的生态廊道进行了设计。在各个破碎的生态斑块（山体公园、城市公园绿地、小区绿地等）之间，规划了绿道、动物通道或生态桥梁，帮助植物、昆虫、鸟类和小陆生动物传播和迁徙，促进自然环境与人工环境的融合。

除了野生动物，现代都市人也越来越需要宠物的陪伴。像美国这样的发达国家已经有过半的城市家庭养有宠物。城市里不仅有为人服务的公共设施，也有许多如宠物医院为宠物服务的设施，甚至还有宠物学校——在德国，宠物狗必须要在宠物学校学习，通过培训，"持证上岗"。这意味着我们在城市中，将要与越来越多的动物共同生存。那么我们的城市，会不会像电影《疯狂动物城》里那样，为不同的动物提供不同尺度的街道、住宅和服务设施呢？

或许未来的城市，将会是人与动物们共同的乐园。而冬日的昆明，已经开始欢迎红嘴鸥这样的"动物市民"了。如果你有机会于冬日来到春城，不妨到几处水域的岸边走走，欢迎你的将会是一只只精灵般的红嘴鸥。它们是精灵，为城市带来了灵动和自然。让我们在城市中也放下人类自私的心，与万物同乐。最后，让我用韩松落在《怒河春醒》中的一句话来怀念昆明的鸥鸟："大群的白鸟飞起，胸怀一荡，半生的隐忍都有了着落。"

民谣里的城市

　　民谣是这两年最火的音乐流派。如果说摇滚乐手是曾经的撩妹达人，那么现如今拿把木吉他的民谣歌手，则成了姑娘们新的追捧对象。

　　自赵雷的《成都》火得一塌糊涂之后，人们忽然发现，原来城市是民谣如此重要的歌唱对象。大江南北的那些城市，或繁华，或凋敝，都在深夜里拨弄着文艺青年们的心弦，让他们久久不能自已，并为之深情歌唱。以城市名作为歌名，是最直接的表达对城市热爱的方式。歌如其名，歌者在表达时直抒胸臆，仿佛面对的不是听众，而是整座城市。

　　下面总结了一些民谣中歌唱过的城市。请允许我不能把所有的城市都一一道来，我知道，总有一首歌曲会让你对某座城市魂牵梦绕（当然这里的歌曲，也并不完全是严格意义上的民谣）。

成都：赵雷《成都》

　　和我在成都的街头走一走，喔哦！

　　直到所有的灯都熄灭了也不停留。

　　你会挽着我的衣袖，我会把手揣进裤兜。

　　走到玉林路的尽头，坐在小酒馆的门口。

　　曾在成都待过一晚上。一个在当地工作的师兄请我吃成都小吃。四十块钱，两个人的套餐，包含十几份小吃，每一份都那么少，但最终却撑得吃不完。成都，就像连绵不绝的小吃一样。不奢华，但好看又有味道。慢慢来，绝对让你吃到饱。

　　除了成都，你再也找不到如此有烟火气息的城市。它悠闲，它白得，它安逸，它巴适①。尽管被许多学者称为北京、上海、广州、深圳之后的中国城市第四极，它依旧是慢悠悠的。如果一座城是一个人，那么成都就是小酒馆的驻场歌手，拒绝与一切朝九晚五格子间的白领们为

————————
① 四川方言，很好、很舒服之意。

伍。如果城市是食材，那么成都就是盐巴，它卓尔不群，让一切食物有了味道。不只是歌曲里的玉林路，成都的每一条路，都会让你难以忘怀。正如春熙路美女来来往往，多少年来，她们都一直那样的美丽。

尽管这首歌已经在朋友圈刷屏，并被各地无数的学生们所改编。但你一定要听一听，再听一听，那里有着能直通你内心深处的共鸣。

西安：马飞《长安县》

> 长安县，那么些年。
>
> 长安县的天，是那么的蓝。
>
> 长安县，待哪都很舒坦。
>
> 长安县，妹子都不好看。
>
> 长安县，阳光就很灿烂。

最早知道马飞，是他的另一首歌曲《两个科学家吃面》。我第一次发现，民谣竟然能用西北方言这样唱出来，而且格外地有劲、地道。

长安县是个旧县名，现在是西安市的长安区。郑钧、许巍等摇滚歌手也曾让这座城市名声大噪。巅峰时，据说全城三分之一的男人在吼着摇滚。是的，吼，八百里秦腔就是这么吼出来的。摇滚与叛逆的基因，让《长安县》毫不介意表现城市"土"的一面，甚至敢唱"妹子都不好看"。

而在这个民谣的时代，这座雄浑的城市，也变得温柔。

郑州：《关于郑州的记忆》

> 关于郑州我知道的不多，
>
> 为了爱情曾经去过那里。
>
> 多少次在火车上路过这城市，
>
> 一个人悄悄地想起她。

作为亚洲最大的铁路枢纽，郑州是很多人坐火车时听到的一个站名。我也是在一趟从北京回郑州的火车上听到这首歌的。

作为一个新晋的移民城市，郑州脱胎于过去的郑县。许多第一代移民，包括我在内，对这座城市缺乏认同感。这座城市成长于乡土，精致与高雅完全不在它的概念之中。这里没有港岛妹妹的西班牙馅饼，这里有的是羊肉烩面：各种山野食材，统统烩成一锅。平实，是这个城市的灵魂，正如它的口头禅"中"一样。

这首歌据说是歌者去那座城市约会的产物。所以，你会发现，这首歌曲，只是披了一层这个城市名字的皮。你一定要去亲眼看一看这座城市，它远比歌曲本身丰富有趣。

北京：宋冬野《安和桥》

让我再看你一遍，从南到北。

像是被五环路蒙住的双眼。

"乘客请注意，开往安河桥北方向的列车即将进站，请大家做好上车准备。"在北京地铁4号线里，总会听到这样的提醒。安河桥，曾经象征着北五环外的荒凉。

我知道很多人会把汪峰的《北京，北京》列为歌曲库中的北京圣经。其实这首歌只能代表那个时代的北京，那时候汪峰还没有穿上皮裤，还没有成为音乐节目导师。那时候北京还是一个具体的城市，如今的北京则是一个模糊的存在。它变得如此巨大，又越来越高冷。它不再是一个整体，而是一个混杂的集合。只有天通苑，只有回龙观，只有"通利福尼亚州"，只有安河桥。

城市越来越大，房价越来越高。年轻的人们都被生活成本挤到了城市外围，郊外的五环也逐渐变成市中心。此时，安和桥更能代表这个城市发生的一切。

某论坛上，看到一个台北姑娘的帖子，她在网上憧憬着对岸："因为宋冬野，我想去北京，我想找个人，陪我去看看安河桥。"

北京：好妹妹乐队《一个人的北京》

许多人来来去去，相聚又别离。

有人在哭泣，在一个人的北京。

许多人来来去去，相聚又别离。

也有人匆匆逃离，这一个人的北京。

全国的歌手可谓分为两类：北漂的和其他地方的，而且前者是主体。北京汇聚了全国最多的文艺青年，但文艺青年们却从未有像如今这样的孤独。

20世纪初的电影《开往春天的地铁》，弥漫着当时的北京味。影片开头，男主角意气风发地说："我，建斌，和小惠一起来北京了。"话语里满是对这里的憧憬和年轻的朝气。而今天的北京，对北漂青年们愈发不友好。高房价、高房租，长途通勤，职场压力。诗情画意的时间都被早晚高峰拥挤的地铁所占据。越来越多的青年成为独身居住的"空巢青年"。

这是献给单身北漂青年们的歌曲。这座城市残酷地挑逗着他们的感情，他们仍然不放弃，他们偶尔想逃离。

大理：郝云《去大理》

是不是对生活不太满意？

很久没有笑过又不知为何。

大理代表着诗和远方

既然不快乐又不喜欢这里，

不如一路向西去大理。

北上广代表着中国城市的一极，而大理则是另一极。一对从北京迁居大理的小夫妻，写了本畅销书《逃离北京去大理》，代表了广大北漂青年们的梦想。苍山有采不完的菌子，洱海有看不够的美景。这里能让你重拾在都市失去的生活。

大理是树洞，你能向它倾诉你所有的秘密。大理是出口，能让你从"996"的加班生活中喘口气。大理教你做减法，大理教你断舍离。

而大理再往西的丽江，则城如其名，和大理的"嬉皮"比起来，丽江更为精致，多了些脂粉气，仿佛大型的南锣鼓巷。赵雷的《再也不会去丽江》这么唱道："再也不会去丽江，再也不会走在那路上。"

上海：顶楼的马戏团《上海童年》

上海哪能就让人噶欢喜？

从静安到杨浦还有浦东新区。

有辰光稍许让人有点惹气，

但是就算蹲一辈子也不会觉着厌。

尽管我一直认为最优秀的上海颂歌，当属说唱组合黑棒的《霞飞路的87号》。这座310城的傲娇让它与民谣无关，它是爵士乐或交响乐。民谣在这个城市是小众的、边缘的。不过或许有那么一个时刻，西装革履的老科勒们，从衡山路复兴路的花园洋房走出，伴着萨克斯的吹奏，在街心公园跳交谊舞。偶尔从路边打工妹开着外放的手机里，听到一首民谣，他会心生感叹："哟，哎有个样子的古啊，真似节棍①。"

兰州：低苦艾《兰州兰州》

兰州，总是在清晨出走。

兰州，夜晚温暖的醉酒。

兰州，淌不完的黄河水向东流。

---

① 上海话，好强、好厉害之意。

兰州，路的尽头是海的入口。

有人没去过兰州，但没人没吃过兰州拉面。民谣摇滚的开山鼻祖低苦艾，用这首如苦艾酒般浓烈的歌，向家乡兰州致敬。歌曲知名度不那么高，但应当重磅推荐。一般人认为民谣是柔软的、文艺的，这首歌会用它刚劲十足的深沉大气，洗刷你的认知。

摇滚乐的节奏鼓点，拨弄着这座位于中国几何中心的城市的心弦。黑白的MV，少不了兰州大桥。这座城市磅礴的钢铁之躯体，是如此的沉重又让人难忘。结尾处几个青年，每个人都倾诉着自己对于这座城市的感情。那一刻他们是那么的真实。我没有去过兰州，但因为这首歌，我会永远记住它。

石家庄：万能青年旅店《杀死那个石家庄人》

生活在经验里，直到大厦崩塌，
一万匹脱缰的马，在他脑海中奔跑。
如此生活三十年，直到大厦崩塌，
一万匹脱缰的马，在他脑海中奔跑。

石家庄是中国的摇滚之乡（Rock Home Town），这里有摇滚青年们的圣经《我爱摇滚乐》，这里有冀中南遍地开花的重化工厂。工业和雾霾，让这里足够朋克。遥望着京城的繁华而不可得，华北平原上长年吸着工业废气的青年们，组建了这个乐队，用摇滚表达着乌托邦梦碎后的愤怒。

如果你想知道什么是真正的朋克精神，请到石家庄，请听这首歌。

乌兰巴托：左小祖咒《乌兰巴托的夜》

乌兰巴托的夜啊！
那么静，那么静。
连风都不知道我，
不知道。

这首歌，由贾樟柯填词，左小祖咒演唱，是电影《世界》的插曲。实际上这首歌在蒙古国传唱已久。乌兰巴托，这座城市，离开中国并

乌兰巴托郊外

未超过一百年。蒙古国在我眼中算是极其另类的亚洲国家，谜一样的国度。乌兰巴托的夜，那么静，但是让人感到未知的、逼人的寒气。我们熟悉的，来自西伯利亚和蒙古高原的冷空气，夹杂着漠北的极度寒冷与荒凉。很多人去过内蒙古的乌兰浩特，有些人去过俄罗斯的乌兰乌德，只有极少的人去过乌兰巴托。

南京：南游记乐队《你不在南京》

> 在这座古老的城市里，
> 我静静呼吸，你轻轻沉溺。
> 在这座宁静的城市里，
> 我疯狂肆意，你撕心竭力。
> 在四月的梧桐雨季里，
> 流淌的记忆，深埋在这里。

南京曾经被媒体评为最伤感的城市。六朝古都金陵，曾经风流无限，也历尽凄风苦雨。对于在南京待过的人来说，这个繁华过又颓废过的城市，冷眼看透历史，让人有穿越时空的惆怅："眼见他起高楼，眼见他宴宾客，眼见他楼塌了。"

同时，这里也是一座大学城。校园里的青春，似乎总是与感伤为伴。这座历经沧桑的城市，用柔情似水的日日夜夜，给予了学子们独属那个年岁的抚慰。但人与城市的情感，最终还是被离别的感伤所淹没。"乌衣巷、秦淮河、栖霞山、梧桐、雨季、枫林"，寥寥数语，这首歌便唱出学子们对这座城市的回忆，充斥着满满的少年气。然而这更像是我们的一场成人课，离开这座城的我们，终究成为随风而动的浮萍。

南京是广大文青们的精神故乡，爱到深处是无言。这首歌让你知道，怀念城市就像怀念人一样——愈失去，愈思念。

曾有文章，用大数据分析了众多民谣歌词，发现高频的词语是北方、小镇和姑娘。不难发现，歌唱城市的民谣，多以北方城市为主，向南方拓展艰难，除了大理、丽江这样的"文青"圣地，也只能勉强进入长三角，或者是同为北方官话区的成都、武汉。再往南，就没了，那里大概都忙着赚钱了，"东西南北中，发财下广东嘛"。北方的许多城市，从《定西》到《安阳安阳》，被这个市场经济的时代甩在身后，但却在民谣界成了中心。它们享受着民谣音乐人的朝圣与膜拜，承接着那悲天悯人的情怀。

有人说，歌谣的最高境界，是一种无法描述的苍凉感。而那种苍凉感一定在北方。那里的黄土地，或贫瘠或肥沃，盛产历史，也盛产苦难。那里有着煤矿，有着无数的烟囱和重度的雾霾。呼啸的北风像刀子一样割人的脸，远方永远是一片灰蒙蒙的天。隔壁的邻居晚上又在吵架砸盘子，有时能听到一个妇女在墙角号啕哭泣。

有多少辉煌，就有多少失落；有多少是非，就有多少领悟。民谣在此刻脱离了小清新的俗媚，继承了摇滚乐的灵魂。人们对那些城市的热爱、渴望的感情，得以通过民谣歌曲表达出来。走过岁月，走过彷徨。城市也因此在咏唱和叹息中，得以不朽。

如果鹿晗来做城市规划会怎么样？

　　春天的上海外滩一带，人们在排三种队：慢悠悠地排队买时令食品，是老派有闲阶级讲究生活品质的标志。于是春日的福州路上，以杏花楼的青团为终点，排着一条长队，简直把一个街区围起来了。上海国拍大楼，也在福州路上。为了拍沪牌，人们也不得不来排队买标书，其中不乏"黄牛"——这个行当正是从上海滩发育出来的，只有上海才有这样的土壤。这个长队足有一公里。最后一种队是之前没有出现过的——排队去和偶像合影过的邮筒合影。虽然粉丝是年轻人，但规规矩矩，拍照有序。这一公共场所的排队行为，或许也是一种自我印证：鹿晗粉丝数量之多令人咋舌，为了给偶像增光而非抹黑，不因人多而乱，"鹿饭"们都自带了很强的自律意识。

——澎湃新闻导语

一个邮筒引发的话题

　　关于"上海外滩一邮筒被鹿晗摸过成网红，粉丝排长队合影"的新闻，最近大量刷屏。4月8日，鹿晗在自己的微博，发布了一张在上海外滩和邮筒的合影。结果邮筒迅速成为网红，路人纷纷在此拍照留念，更有大批粉丝特意排着队前来与邮筒合影。

　　鹿晗是谁？想必年轻人没人不知道这个名字。这位1990年出生的男星，已经成为中国新生代的大众偶像，当今流行文化的一个符号。百度在几年前的一个"男星品牌数字资产"大数据分析报告中，基于内容量、关注度、参与度等领域的综合评估中，鹿晗在所有明星中排名第一。同样在那一年，这位时任EXO组合主唱的一条微博，也创造了微博评论量最高的吉尼斯世界纪录。以他的粉丝数量，引发一个邮筒观光的热潮并非难事。

流行文化、明星与城市景点

"邮筒合影事件"也许令人诧异。但流行文化的明星们，一直以来都在塑造着城市文化景观。譬如，披头士作为摇滚乐的里程碑，在利物浦和汉堡留下了大量足迹。这两个城市不仅在旅游方面大力宣传披头士元素，并且设计出许多当年披头士乐队演出和排练场所的旅游路线。

在爱尔兰首都都柏林，游客最为密集的圣殿酒吧区，一面名人墙把包括U2、西尼德·奥康纳（Sinéad O'Connor）、男孩地带（Boy Zone）、罗里·加拉格尔（Rory Gallagher）等诸多爱尔兰知名音乐人的大幅照片展现给路人，成为著名的旅游景点。

而在都柏林的老城区，有着大量乔治时期风格的建筑。这些并不起眼的老房子，也因U2的一首歌曲而重获新生。在U2的经典歌曲*Sweetest Thing*的MV中，主唱波诺坐着马车，一路从菲茨威廉路①经过菲茨威廉广场到菲茨威廉上街，穿过了乔治时期建筑最具代表性的地区。从那以后，乔治时期风格的建筑成为都柏林的城市象征。还有不少旅游公司推出了一些城市旅行的产品，带着游客重走U2的MV中出现过的地方。

对流行文化的受众来说，偶像在特定空间上的活动，大可造就一幅他们心中私人的城市文化地图。大众明星们留下足迹的地方，得到粉丝的青睐，这样的故事并不仅是今天才发生。

当我们拿着旅游指南，到国内外的景区进行旅行探索时，多半会被带到这样的景点："郑和当年出海的地方""李白当年醉酒的地方""武松当年打虎的地方""西门庆当年勾搭潘金莲的地方"，等等。诸如此类的景点，都反映了一段文化印记。

从这个角度看，那些因历史上的文人骚客而得名的经典，和上海外滩的那个邮筒，并没有高下之分。这种名人文化，一直是某个特定地点的品牌宣传撒手锏。君不见，各大饭店，都要把到那里吃过饭的名人照片摆在大堂显眼的位置。

---

① Fitzwilliam Place，爱尔兰都柏林街道名。

爱尔兰的流行音乐名人墙已经成为都柏林市的旅游地标

如今，影视剧更是对景点传播起到了推波助澜的作用。有不少游客带着"甄嬛传地图"游故宫。而京郊灵水村这样的景区，纷纷打出"'爸爸去哪儿'外景地"作为宣传语。影视传媒深刻影响旅游景点宣传的案例，数不胜数。

移动互联网与Z世代

不过，这次的故事有所不同，当今的科技创新与新生代人群的密切结合，对以往的明星模式进行了颠覆性的改变。

大众文化、流行文化是一个时代社会思潮的缩影。文艺复兴时期的巨匠达·芬奇说过："艺术借助科技的翅膀才能高飞。"当今流行艺术借助以移动互联网为代表的新一代信息技术，深入渗透社会生活的方方面面。与此同时，90后、95后乃至00后开始上向历史舞台，成为流行文化传播的主力军。特别是世纪之交出生的Z世代（generation Z），更天生就是移动互联网世界的居民，有着与前辈们截然不同的代际特质。在新的时期，正如吴晓波认为的那样，"新的互联网造星模式开始冲击中国的娱乐经济"。作为移动互联网的原住民，90后们则深度参与了这一历史进程。

在新生代推波助澜下，文化产业与移动互联网深度结合，产生出新的用户消费习惯。城市空间同样被纳入移动互联网这一巨大的系统，不可避免地被打上时代烙印。一种反精英、去中心、个性化的文化消费，开始在城市领域涌现。通过线上线下的相互渗透，流行文化将对城市空间展开更多塑造。明星借助互联网传媒，在城市文化空间和旅游景点上将产生新的IP价值。

城市：媒体与信息的舞台

在新的时期，城市的空间价值将面临全新的变革。未来，粉丝经济、圈层定制、垂直社交、用户体验、跨界营销等电商领域的词汇，将大举入侵城市领域，并将产生全新的价值流和产业链。流行文化将借助新媒体的力量，重新塑造城市社会。正如凯文·凯利所言："没有哪一家媒体能够作为孤岛存在……媒体又会逐渐构成一个类似'生态圈'一样的生态系统。"

信息技术和流行文化的互动，将为智慧城市的建设提供更多素材。唱片时代的娱乐界是一种信息流的单向互动：信息从四五十岁的唱片公司老板、三四十岁的制作人、二三十岁的歌手一直流向更年轻的听众。而在当今移动互联网的时代，信息流将通过粉丝的反馈实现双向而多维的互动。科技创新将助推文化创新，流行文化将通过明星与粉丝的时空互动，产生大量闭环数据，而这些数据将在城市空间的定量研究、信息化管理和智慧旅游规划中产生巨大价值。

半个世纪前，著名的城市研究学者简·雅各布斯提出了"街道芭蕾""街道眼"等一系列概念，从人的个体行为角度，来分析城市街区活力、激情、生命力和安全感的根源。她的研究对城市规划的范式转型产生了巨大影响。受到其理论影响的城市规划师们，一直把城市空间的活力当作规划重点。

但如今我们发现，一些吸引人流、充满人气的城市空间或设施，正如鹿晗的邮筒一样，都不是被规划出来的，而是基于大众传媒和网络技术自发生长出来的。不知规划师是否会困惑：费尽心思规划设计一个城市热点地区，竟不如鹿晗露个脸来得快？那么，如果让鹿晗来做城市规划，会是怎样一番状况呢？

　　这个假设很难实现。不过我们需要关注这种空间演变的趋势。尽管空间属性长期以来忽视流行文化，但城市文化空间将极可能成为流行文化和大众传媒的下一个热点。与流行文化的潮流迭代一样，这种趋势无可抵抗。城市创新与商业模式创新一样，势必要站在最新的风口，把握住最新的趋势，才能把握住未来。因此，在关注科技创新的同时，城市研究者们需要关注日新月异的流行文化，以及深入了解新生代人群。不仅要研究简·雅各布斯，还要研究"wuli①"鹿晗和吴亦凡。

---

① 流行语，意我们。

时间难倒回，空间易破碎

　　每次听《广岛之恋》这首歌，就心生感慨：张洪量才真的是城市领域的专家啊！你看这个歌词"时间难倒回，空间易破碎"，真是精准地从时、空两个维度，描述了城市发展史。后来在一个城市规划研讨会上，又被一位技术男的感性的话给震撼了："人之所以相遇，从地理学角度来说，是时间和空间的双维同步，也是不易啊！"

　　城市是空间的故事，而时间的维度，又给它增加了变化的魅力。从小到大，我经历了众多的城市，我常常觉得，时空变幻下的一座座城市，似乎都是上帝为人类带来的多彩梦境。正如卡尔维诺在《看不见的城市》里写道："城市就像梦境，是希望与畏惧建成的，尽管她的故事线索是隐含的，组合规律是荒谬的，透视感是骗人的，并且每件事物中都隐藏着另外一件。"

　　我记得幼年时，在华北平原的小村村头，有卖豆腐的老头吆喝的声音。买了豆腐的村民们，拿着自家的碗，蹲在路边，边吃豆腐边拉家常。我记得在参加一位同学的婚礼后，和大学同学一起去北京三里屯的夜店，彻夜喝酒跳舞，醉了之后中英文掺杂地和各国人聊天。最后醒来时，是在同学家的床上，他们说我断片了。现在想来，这些场景，都有一种未曾发生的不真实感。我记不清具体的时间，只是记着一些情节。我想起卡尔维诺的另一句话："城市就像一块海绵，吸汲着这些不断涌流的记忆的潮水，并且随之膨胀着。"随着空间的变换，我们在不同的梦境中来回穿梭，不断找寻世界与自我的关系。人对空间的体验很是奇妙，有时候在完全不同的地方，甚至会产生不相似的幻觉，好似《让子弹飞》里面那句，"此时此地，恰如彼时彼地"。

　　人对城市的初恋，往往比人与人的初恋发生得更早。我最早对城市生出情愫，还是十二岁时从黄河以北的新乡，搬到河对岸的省城郑州。新的城市有新的房子、更高的楼、更宽阔的马路，以及更繁华的市中心。但我的内心一直是对此抵触的，一直到十八岁。年少时很难表达出那种无端的惆怅，但于我而言，世界变了。黄河两岸的两个城市是平行的空间，互相遥望，并无交集。后来在郑州，曾无数地回想，这座城市究竟与新乡有什么本质的不同？坐在在宽阔的马路边上，看着川流不息的车流，始终想不明白。可能城市和空间也是有人格的，你被一座城市完全接纳后，也许就很难再轻易地移情别恋。

城市是世界的缩影。《圣经》告诉我们世界是怎样发展的："它以一座花园开始，一座神圣的都市而告终。"上帝造人时，同时给予了人类理性和感性。工程是理性的，用来改造世界；情绪是感性的，帮助我们和世界互相接纳。在《未来简史》中，赫拉利提出一个公式：知识＝体验×敏感度。作者说，在这个没有宗教信仰的现代，想要寻找人生的意义，就得有体验和敏感度。我觉得正是那些敏感的、感情充沛的人类，在对世界的探求过程中，不断获得新知，感悟着自己的人生，也不断塑造着丰富多彩的城市。

城市总是有让人不经意间感动的通灵术。前两年去沈阳参加会议，尽管我之前从未和这个城市发生过交集，但漫步在这个城市的大街小巷，却不断地产生莫名的感动，好像我以前长期在这里生活过一样。在上海读大学的四年，对那座城市并无感情。后来有一次重返上海，发现"魔都"实在是魔力十足。路边的馄饨店里，放着圣诞歌曲*Jingle Bell*，却毫无违和感。这座城市能在江南烟雨欲拒还迎的小闷骚，与高端大气上档次的国际范儿之间切换自如。此刻，它让人体会到了都市生活莫大的趣味。

酒不醉人人自醉，城不动人人落泪。城市仿佛一个充满魅力却不自知的人，往往用某个细节，并不刻意地戳中了我们内心深处。正如阿兰·德波顿在《幸福的建筑》里所说："当我们称赞一把椅子或是一幢房子美时，我们其实是在说我们喜欢这把椅子或这幢房子向我们暗示出来的那种生活方式。它具有一种吸引我们的'性情'，假如它摇身一变成为一个人的话，正是个我们喜欢的人。"

本科毕业前，我曾经自己一个人漫步苏州的平江路。那晚的月色清朗，走过小巷子，影子被忽明忽暗的灯光拉得很长。听到一个独居的大爷在家收听广播的声音，依旧是平日里经常听到的越剧《桃花扇》。夜里有些清冷、幽寒。然而那一瞬间会突然恍惚，觉得某时某地遇到过类似的情景：一个人在课堂上发呆，一个人躺在宿舍的床上，一个人钻进了被窝里。

我曾经造访过许多欧洲城市，对每个经过的城市都念念不忘，后来终于想明白，我为什么那么喜欢欧洲。因为在那里生活，有一种活在文艺电影里的感觉。一直以为很遥远，很不真实，过于完美的场景，在那里竟能真的身临其中。那种感觉，很温暖，很自然，又难以言明。

因为工作原因，有很多机会参与不同城市的研究和实践项目。工作经历的丰富，更让我加深了对城市的感情。在不同的城市中奔波，仿佛作家在世间流浪。每当飞机起飞和降落时，我都会仔细俯瞰城市：资本密度、城市蔓延、场所塑造、城市风貌，你选择看到什么，城市就是什么。城市，是人们欲望的合集，是权力与资本的角斗场，也是情景剧的舞台。每天你都会和许多认识、不认识的人擦肩，只是太匆匆。这城市因此比我们想象的更迷离。

城市是物质环境和人类活动相互作用的结果。双向的互动，或许是创造空间功能的合谋。人类塑造了城市的景观，城市景观又塑造了都市人。我们所处的建筑物，无非是在雕琢那光影的魅力与疏离。城市建筑的轮廓，是人类和天空对话的语言。建筑师设计了城市，更剪裁了我们的视野。

时间让城市更有魅力。钢筋水泥重塑了大地景观，不同年代的建筑类型，构成了地貌的多个图层，地质年代被时空压缩，变成了社会文化的断代史。在我看来，建筑学就是记录这种时间魅力的艺术。当年漫步在罗马古城废墟上，就感觉到震撼：我们的阿房宫，宫阙万间都做了土，而这些同一时期的城市轮廓还立在那里。那是第一次让我感到建筑是有生命的，就像细胞和组织一样承载着城市的记忆。建筑让城市千百年的岁月终于有了可以镌刻的空间。罗马即永恒，世事白云苍狗，不再忽然而已。

如果说空间是建筑师和城市规划师所能干预的，那么在时间面前，任何人都是如此无力。记忆往往被时间的洪流抹去。每次在老城区漫步的时候，就会发自内心地感受到，好的城市不是设计出来的，而是由旧时光和原住民们创造出来的。所谓文脉，就是让人造空间的灵魂与情感，可以有所附丽。只是，在时间流逝中我们大多当了观望者。

在古都开封的人造景区——清明上河园，我曾经问一个当地朋友：宋朝的开封在哪里？他用缓慢的语气告诉我："就在咱们脚下，往地下二十米，就是当年的皇宫。"他的声音平和，却让我感受到厚重。皇天后土的深度，在于历朝历代泯灭在层层的黄土之中；地上的文化遗产，只是通灵感知到的海市蜃楼。

在一定程度上，城市不是我研究的客体，而是我体验生活的方式。在时空交错的城市中穿行的间隙，我总是试图寻找回城市之于我的意义。读了那么多书，做了那么多项目，却依然觉得，我们无法从根本上了解城市，正如我们无法真正了解这个世界。

最近印象比较深的一件事，是在一次从深圳回北京的飞机上。三个小时的飞行中，我仔细地读完了胡成的蒙古国游记——《我甚至希望旅途永无止境》。出发前，我还在犹豫是否要带上这本两三斤重的书。没想到，旅途中它的魔力让人灵魂出窍，整个人都融入了戈壁滩上的字里行间，眼前尽是无尽的草原和沙漠。窗外是无边的黑暗，仿佛沙尘暴下的蒙古国戈壁。一瞬间，我终于意识到，走过了那么多的城市和乡村，蓦然回首却发现，漫漫人生路只是世界尽头的一粒尘埃。

科技与人：谈谈城市的未来

　　在法国导演吕克·贝松执导的电影《超体》中，斯嘉丽扮演的露西，被迫成为用自己身体来运输毒品的人。而当露西体内的毒品包装破裂后，特殊的毒品进入体内，使她获得了各种超能力，包括心灵感应这样的特异功能。影片中随着她对大脑利用程度的不断提升，超能力也不断得到加强，最终当她对大脑使用达到100%时，她与世间万物融为一体，自身则化为一个记录了人类所有信息的U盘。

　　这部科幻电影剧情的展开是建立在这样一个论断上的：普通人的大脑仅仅开发利用了10%。这当然是一个缺乏科学根据的传说。生物学和临床医学的实验都证明了人脑并不是有90%的细胞是闲置的。尽管我们也总是能听到人类大脑只开发了多少的说法，但有一点是公认的，人类大脑是不断进化的，而人类思考的深度和广度的拓展，也成就了科技的不断进步。

　　人类史和科技史密不可分，人类社会不断进步的过程中一直有着科

电影《超体》剧照

技的推波助澜。科技改变了人类社会乃至人类本身，更改变了我们的城市。

城市是人类密集聚居的空间。从城市最初形成的时刻开始，人类就通过对城市的建设和经营，体现了自己的空间智能。美国心理学家霍华德把空间智能、语言智能、数学逻辑智能、身体运动智能、音乐智能、人际智能、内醒智能，以及自然认知智能等归纳为人类与生俱来最重要的八项智能。这是公认的人类在数百万年进化过程中获得的能力。从单体建筑到整个城市乃至城市群，人类千百年来建设的物质环境都体现了人类这种感知空间的能力。

科技在不断进步，也改变着人类认知空间的方式。工业革命是人类发展史的一次突变，而后的历次科技变革都带来了人类社会发展的跃迁。工业革命带来的城市的发展在人类的历史上是前所未有的。城市在短短两三百年的时间内，急剧扩张并快速演变。城市空间和形态、城市的经济社会结构，以及城市居民的文化、生活方式和价值观都发生了剧变。从蒸汽时代、电力时代到如今的互联网时代，科技从建筑、交通、能源、环境、基础设施以及文化传播等各个领域塑造着日新月异的城市。

但是我们的城市有没有变得更好呢？如今城市中随处可见的轨道交通、摩天大楼、智能手机、平板电脑，等等，都远远超出19世纪时儒勒·凡尔纳还有其他科幻作家对于未来世界的想象。但是我们的城市规划和设计师们却反复地把几百年前建成的欧洲城市作为范例进行宣扬。那些小尺度、功能混合、步行友好、文化气息浓郁、富有活力的怡人老城，不仅仅被游客们所追捧，也被城市研究者们奉为圭臬。当人们度假时，会选择去欧洲的历史古城或者小镇，或者是亚洲的传统村落，没有人会去巴西利亚那样的城市。然而这个被现代主义理念规划出的城市尽管脱离了人的尺度，却获得了城市规划的大奖。

为什么科技进步没有造就更美好的城市？在那些有着千百年历史的老城，大部分建筑并非出自建筑师或者城市规划师之手。正如那本书《没有建筑师的建筑》所论述的那样，历史上大部分建筑都在正统和贵族建筑之外，属于大众建筑，这些大众建筑承载了无穷无尽的艺术。而历史上大部分的人类聚落、村庄和城镇也都不是规划出来的，而是自发生长形成的。这些自发生长的城市，却往往表现出了多层次的和谐：其自身内部空间尺度的和谐，以及与周围自然环境的和谐。早期的城市居民，并没有先进的科技，但是创造了精美、和谐和高质量的城市空间。而在现在科技发达的年代，我们可以造出汽车、飞机、手机，但同时也制造出了大量的平庸、无趣、不宜居的"千城一面"的现代城市。

许多并不具备智力的动物，如蜜蜂、白蚁等，能建造出规整、完美的蜂巢和洞穴。这说明生物体的基因就镶嵌了对空间的认知能力。普利兹克奖得主奥托，毕生都致力于通过计算机技术，模拟生物体来设计建筑的结构，以实现自然的和谐。而在20世纪的日本新陈代谢运动中，丹下健三和黑川纪章，也提出城市像细胞一样有丝分裂生长的理念。

事实上，人类对于空间的智能体验，并不局限于建筑与城市。有的足球运动员在罚任意球时，就是根据身体对风速的感受，来进行球路的预判。这是一种高强度训练下产生的肌肉记忆。而无论科技进步对于人类大脑的影响有多大，这样的空间感知在历史上一直存在。古代的能工巧匠可以凭借积累的经验，以手工造就一些精美的艺术品或建筑。科技进步给了人们更多的选择、更强大的生产能力，但对于个人的空间体验却很难进行大规模灌输。

工业革命以来的技术进步大多是基于功能性的。以非常明确的功能提升为目的，以线性思维改造了我们的空间，较少尊重并忽视了长久以来人类对于空间既有的感知能力。科技更加注重物理效率，而非人类的心理空间认知。因此科技并不一定能很好地考察人类的非理性基因。信息经济学、实验经济学乃至脑经济学，一直都在致力于在经济学的理性人假设之外，考察人的非理性的一面。信息技术与仿真可以不断地模拟人类的理性行为，但是人类的感性因素，能否模拟？这就像诗歌写作软件可以帮助人们顺利写作一些作品，但是却很难取代作家一样。现实生活中人类的复杂性往往导致次优解，而非理论上的最优解。这种经济学中理性人的悖论，也是20世纪60年代地理学的数量革命没落的重要原因，人类社会的复杂系统终究不是单纯的数学模型所能模拟的。

对于城市来说，如今大部分的城市都是现代主义的产物，正如勒·柯布西耶所设想的那样，标准化构建与生产的机器。物质性的建设造就了生产的空间而非生活的空间，工业园区就是最典型的例子。今天的新经济变革、建筑信息化、大数据与数据增强型设计，都在塑造着变革中的城市。从广播、电视、个人电脑和互联网，人们接受信息的方式也在日趋改变。碎片化和扁平化的信息流，更多地证实了列斐伏尔在考察新技术改变人们对空间的看法时的担忧：人们的空间意识变得越来越平淡。信息技术对城市空间加以影响的过程中，人本身是城市活动参与的主体，而非人工智能。在互联网时代，虚拟城市代表着另一种尺度的心理空间。对于人类社会来说，建筑和景观都必须有人的参与，否则那是无意义的环境。人类社会又是极其复杂的，文化传统、社会制度和情感需求，等等，线性的科技干预很难通过单体复制的形式达到建成环境的和谐。

　　长期以来，通过技术改造社会的倾向，根植于人的理性主义之中，也带来了自上而下的决策方式。新一代的技术革命，必须强调自下而上的变革。这意味着对传统技术主义所代表的精英主义一元论的反思和变革。随着科技的发展以及科技与人类社会关系的不断演进，在信息时代，现实世界与虚拟世界逐渐融合，城市学正体现出越来越多的复杂性。就像建筑学既是工程学，也是艺术一样。而城市规划作为公共政策，意在避免理性人造就的囚徒困境与公地悲剧，这与企业生产产品和提供服务的决策有着本质不同。纵观历史，城市规划的发展史就是社会权利斗争的历史。人类城市的发展就是人类理性和感性相融合的产物，或许从达尔文的进化论的角度上看，是人的基因的不断继承、进化与突变的结合。

　　而现在，人们也越来越意识到科技改造世界的局限性。就像技术可以带来食品的量化生产，但是最好的寿司依然来自于蕴含了情感的手工制作。技术主义往往在为人类塑造着全知全能的上帝形象，但事实上，人类本身并不是这样的。科幻电影里一直以来的一个主题，就是未来世界中，少数人或机器人对全体人类的强权控制。科技进步带来的是更强的管制、普通人自由的丧失和加强的集权。这总让人联想到，在智慧城市发展的过程中，遍布街道每个角落的摄像头和传感器，会不会让"老大哥"更细致地看着我们呢？海量数据和计算机的深度学习，或许会暴露出人类本身更多的不安全感。

信息技术的非均衡传播也在文化的属性上对人们的空间认知造成影响。曼纽尔·卡斯特在《信息时代》中指出，信息网络需要有文化层面。而目前城市的文化被英语世界的霸权所控制。互联网上超过90%的信息是英语，其中大部分来自美国。大众传播与网络文化改变了世界各地的人们对城市空间的理解：大车大房子的美式生活成为快速传播的标准生活方式。欧洲很多国家有着更加可持续的城市和社区，但是由于语言的局限，其产生的影响力非常有限。

复杂科学和混沌理论，或许可以帮助揭示传统科技发展模式对人类空间认知的扭曲。或许城市的文脉可以这样定义：空间智能与建成空间的延续性，而城市学最终会走向多元并存。城市研究会涉及越来越多的自然工程和人文社会学科，各学科八仙过海但又殊途同归，都是试图对人类本性进行深入考量。人类本身在这一认知过程中，会更加理解自身的伟大之处。正如电影《超体》结尾的画外音一样："生命是在10亿年前被赋予我们，现在你知道能用它做什么。"

第二部分

城市规划师的
自我修养

相比其他行业，城市规划从业者
往往有着更多的对城市的热爱与
情怀，拥有着堂吉诃德挑战风车
的勇气。他们一边面临着群众的
质疑，一边毅然决然地投入跨行
交流的暴风雨中。

一个城市规划师的自我修养

1. "海天盛筵"上背黑锅

做城市规划师的这些年来，第一次感悟到自己职业的意义，还是在某高端酒会上。

当时跟随一个在金融街工作的同学，参加了一个据说汇聚各行业精英的高端酒会。到场的人一个个西装革履、礼服长裙，男的叫Kevin，George，女的叫Rachel，Emily。作为整天和政府部门，特别是乡镇干部打交道的城市规划师，我很少有机会来到这种场合。一时间诚惶诚恐，我问同学是不是走错地方了，这里该不会是海天盛筵吧。同学说，别紧张，虽然这里应该没有你们同行，不过应该会有一些对你们的业务有兴趣的人。果不其然，但凡席间遇到的人，只要一听说我是城市规划师，就都马上显示出强烈的兴趣，一边递上名片一边问我："城市规划是什么呢？听起来很高大上啊！"不过当我略微解释后，接下来便是接受质问的时间："北京那么堵，是你们的责任吧？""城市里雾霾这么重，你们怎么解决？""那个立交桥，简直是迷宫啊，每次开车到那里都迷路啊。""地铁太拥挤了，你看怎么办？""我家那一片房子都盖得那么丑，是不是你们行业审美不行？"这种态度变化的落差让人尴尬。

我对于那次酒会中和别人聊了什么已经没有印象了，只记得对我而言可谓是一次"批判大会"。但我深刻地意识到两个问题：第一，城市规划确实与每个人的日常生活息息相关，大家实际上都对这个领域挺有兴趣的；第二，城市规划确实一直在背黑锅，但同时规划从业者们的关注点也一直局限于自己那阳春白雪的小圈子，距离大众非常遥远。

特别是近几年，随着城市问题的不断涌现，城市规划作为一个不那么主流的行业，至少话题热度得到了提高。不过由于行业并没有很高的技术门槛，所以谁都可以随意谈论。例如，我们和政府开会时，总会有领导喝一口茶水，清清嗓子说，"你们这个城市规划我不懂，我就在这简单说两句"。基本上两个小时后，他还是在那里滔滔不绝。我想，如果换成是集成电路或量子力学，外行人怕是不敢这么说了。

城市最终成为我们眼前的这个样子，涉及规划、开发、建设、运营和管理，等等一系列复杂的过程。但城市规划总是像一个过于显眼的靶子，成为众矢之的，完美掩护了其他领域的撤退。因此城市规划师，也成了职业背锅侠，这让人多少有些尴尬。

我想起周星驰的电影《喜剧之王》中，主人公尹天仇是个跑龙套的小演员，不受重视，总是被拒绝，但是却一直珍视自己的职业理想。在受到质疑时，他也总是能坚定地说，"其实，我是一个演员"。

城市规划师也同样重视自己的职业理想。特别是相比其他行业，城市规划的从业者往往有着更多的对城市的热爱与情怀。一位资深职场顾问说过，"别跟年轻人谈经验，也别给外行人讲专业"。可城市规划师，却拥有着堂吉诃德挑战风车的勇气，一边面临着群众的质疑，一边毅然决然地投入跨行交流的暴风雨中。

或许这都是源自那个充满情怀的词？

那个词，叫作公众参与。

此中有真意，欲辩已忘言。

2．浓缩咖啡与亢奋的城市

如果用一种咖啡来形容我们当下的城市。我想，那应该是星巴克的浓缩咖啡。你可以想象出众多白领们手里拿着这咖啡，步履匆匆地走进写字楼的样子：标准化、简单、高效又直接。这与欧洲人在咖啡馆慢悠悠地待上一个下午，享受悠闲时光的节奏全然不同。

类似的，我们的城市化历程，也将欧美上百年的剧情浓缩在短短的几十年间。这种高速的节奏，让人很难三言两语将个中情节说个明白。在我并不算很长的从业期间内，已经目睹了太多乡村的凋敝、人口的迁移、园区的圈地、新区的疯狂扩张和老城街区的瓦解故事。

我清楚地记得，在做一个园区规划的项目时，开车经过华北平原上一片待开发的土地。农地上的庄稼已经被收割，土地已经被平整，偶尔能看到路边的几棵树。远远望去这里好似非洲一望无际的草原。视野之内空无一人，除了一个放羊的老大爷。随着汽车行驶，最终他孤零零的

伴随着大规模工业化的快速城镇化历程

身影消失在雾霾之中。那片土地即将用于一个数千公顷的产业园区建设。巨大的工业怪兽瞬间吞噬掉了农业文明的空间，并将其转化为现代城市的一部分。这种变化有如地理学上的海陆演替，只是时间被压缩在了一个规划期内。

后来参加了这个园区和一个企业的对接会。在会上园区领导向企业老总介绍我们团队，说我们这个规划设计单位在全国行业内领先。当时我心想，岂止是全国，在世界都是领先。因为欧美早已没有像我们这样大规模的规划建设实践了。

那个企业的老总听了这话，马上对我们大为夸赞，然后说希望与我们合作愉快，尽量配合我们的规划工作。接着他拿了一包速溶咖啡倒进了装满热水的杯子里，一边快速搅拌，一边介绍自己公司在园区内的项目意向。

我看了一眼，那是一包雀巢浓缩黑咖啡，高热量、低胆固醇，提神醒脑，足以让人亢奋一个下午。

3. "向权力讲述真理？权力根本不理你！"

上学时，一个学公共管理的同学对我说："我这专业啊，理论上说对社会非常重要。但真想要实现专业理想，最合适的工作是当市长。"后来我发现，其实这个论断对于规划师来说同样适用。学院派的规划师总爱居高临下、一本正经地说一些大词儿，尤其是总体规划和战略规划，动不动就是发展、目标、战略、抓手、愿景、路径、行动计划……但规划成果，却总是沦为"纸上画画，墙上挂挂"的摆设。于是乎，往往一厢情愿地把自己的理念融入规划，却往往"用力过猛"。好比挖空心思写一封情书，结果只是感动了自己，最好的结果也只是让人"十动然拒"。

而市领导们，则在"城市建设，规划先行"的语言中挥斥方遒。大手一挥，上百平方公里的宽马路、高楼房、大广场的崭新城区不断涌现。

规划界流行的一句话是"向权力讲述真理"。一位朋友戏言："向权力讲述真理？权力根本不理你！"而我想到的另一个重要的问题是，我们讲述的真的是真理么？

城市其实是有机的生命体，看似杂乱无章，实际上是两种力量复杂交织下的自组织。政府领导要出看得见的政绩、开发商需要真金白银的回报，谁都没耐心慢慢等。规划师夹在中间，扮演着尴尬的角色。再加上城市规划本质上是公共政策，但规划师又得靠编制规划吃饭，于是只好在情怀与现实之间纠结反复。

著名旅美规划学者张庭伟说，美国的规划师是这样一个平均状态：白人男性，42岁，中等收入。而我们的二三十岁的年轻人，就能对着一张A1的纸画出城市的总体蓝图，指点江山激扬文字，个个看上去都像"老司机"一样。

但现实却往往给年轻规划师当头一棒。这绝非一个轻松的行当：加班多、压力大、频繁出差，项目反复折腾，收入却比较呵呵。规划师们白了头发弯了颈椎，为事业付出了那么多，最终结果却还是背黑锅。能从事这个行业的，多半有些理想主义，但是现实往往没效果图那样的美妙。

这真让人感到沮丧。规划师的吐槽和牢骚，往往是爱之愈深，责之愈切。这些老司机们常常一言不合就想转行，但再仔细想想，还是放不下自己的初心。

现实中的城市是如此宏大又如此复杂，远非硫酸纸上画的快题所能表达。

于是，懂得那么多道理，却依然过不好这一生。

4．规划师"陈奕迅"

　　刚入行时，在一次行业大会上认识了某同行单位的陈哥。他小眼睛、自来卷，文艺气质十足，据说又是个"麦霸"，于是江湖人称"陈奕迅"。那一阵子我很喜欢和他聊天。一方面能从这个规划老兵身上学到职业经验，另一方面又很欣赏他的快人快语。因为工作中有时不得不说些言不由衷的话，因此"陈奕迅"的实话就显得特别有魅力。

　　"过几天我要去南方一个城市做生态规划。你说我住在这么不生态的城市，还要去给那么山清水秀的城市做生态规划，是不是有病？"

　　"我一个师弟做建筑的，最近在设计一个高档别墅区。一个住天通苑群租房的人，去设计高档小区，去考虑高端人群的生活需求，概念又是法国普罗旺斯又是意大利托斯卡纳。你说搞笑不？"

　　"我给你说我们专业的学生啊，进大学时数学都是最好的，大学毕业时数学是最差的。虽然号称是工科，可是数学课是和艺术生一起上的啊。"

　　"给你说一下哥的辛酸房事吧。刚毕业那会和你嫂子去亚运村看房子，觉得太贵没买；第二年去看望京，还是觉得贵；第三年只能去看回龙观了，正准备出手，结果被限购了。到如今，只能去昌平县城（区）了。你说哥当年可是专做居住区规划的啊，规划了那么多小区，自己却没地住。"

　　"陈奕迅"总是能点破我们行业的尴尬。让我有时觉得我们这行就是做时尚杂志的，整天策划出高端洋气新潮奢华的内容，自己却完全和那种生活绝缘。

　　"好在还有对于明天的幻想嘛。""陈奕迅"说。可不是嘛，规划不就是基于不满意的现在，去畅想美好的未来么。但如果规划的内容到了明天不能实现怎么办？那就做个评估，然后再做规划修编，或者做一个新的规划嘛。业务不就这么来的。

　　"你说为啥我总是对现状不满，但是却总还是对未来抱有强烈的期盼？就像刚被一个项目虐了千百遍之后，马上就又憧憬下一个未知的项目？"有一次"陈奕迅"这么问我。

　　"因为，得不到的总是在骚动。"我这么回答他。这话不是我说的，是真的陈奕迅在歌里唱的。

5．三个老头的总规课

多年前参与过中部一个县的总规。当时的项目负责人突发奇想地搞了几百份调查问卷，让我们在县城大街上发放，并对居民们做访谈。

在某个路边的麻将桌上，我找到了几位打麻将的大爷，给他们分发问卷并且解释我们工作的目的。第一个大爷迅速浏览了问卷的几十个题目，然后把问卷还给我，对我说："你们整的这都没用啊。我看你们这么年轻，还是学生吧，等你们毕业进入社会了，就都知道了。"

第二位大爷倒是认真填写了问卷。在我们问他对于规划有什么想法和建议时，他说："你们能让涨点工资么？"接着他对我们诉苦，说他在一个学校看大门，但是好多年都不涨工资了。我们刚一解释规划其实管不了这么细的问题，他有点疑惑地说："你刚才不是说你们这啥总体规划还管社会经济？经济不就是钱吗？"

第三个老大爷则悄悄把我拉到墙角，对我说他在乡下某村的亲戚因宅基地纠纷和村里人打起来了，问我认识县政府的什么人，他想找人解决这事。我说其实我不是这里的人，也不在政府工作，他有点不高兴地说："你们干的不就是政府的事吗？"

几位大爷的话让我一时语塞，脑海里想到的是小品里，赵本山拉着崔永元问"来时的火车票谁给报了"的情节。小品是搞笑的，但是现实工作让人笑里带泪。

那次调研让我第一次真正体会到了"无力"这个词的感觉。看过几百本专业书籍，在全国各地积累的职业经验，以及汇报中侃侃而谈一两个小时的语言表达能力，在这几个普通的居民面前，竟显得那么"无力"。

规划与普通人的生活息息相关，但生活中有太多的事情还真不是作为规划师能解决的。在出规划图时，我们潜意识里总把自己想象为无所不能的上帝，可现实中，我们的图纸有时是多么的苍白无力。城市总体规划看似无所不包，社会空间全部覆盖，但在普通市民的具体生活感受面前，则并不是我们所想象的那个样子。

现实中城市发展的过程更像是一个"黑箱"，有着太多复杂因素，远非规划可控。但自从那次访谈之后，我对于规划的宏大叙事不再像曾经那样热衷。调研时首要关注的也不再是某领导的讲话，而是基层干部、民营小老板、厂弟厂妹、建筑工人和普通农民这样的鲜活生动的案例。听他们讲自己的人生历程，那就是一个个生动的、人的城镇化的故事。城市是他们选择的人生舞台，作为外来者的我们，远没有他们感受得真切。

在这样的过程中，更让我着迷的，是那些基层人民虽身处底层，却积极乐观、活力蓬发的生命力与烟火气。在所谓的城里人为城市病而抱怨时，他们正在通过自己的努力，尝试着改变自己的人生，并在不知不觉中塑造着我们的城市。这种笃于实践、入世奋斗的浮士德精神，恰恰是这些年城市化翻天覆地改变的根本力量。

同样在《浮士德》中，还有这样一句台词："理论是灰色的，而生命之树常青。"

6. "你们搞城市规划的赚钱多吗？"

我不是最正统的工科规划专业出身，因此有时可以以一个跨界的视角，冷静远观这个行业的生态。

金融街的同学曾问我，干嘛不和我一起做金融啊，你们搞城市规划的赚钱多么？他不知道的是，前些年城市建设最为火热的时候，很多规划院都是通宵应付忙不过来的项目。彻夜灯火下带的收入，也在各行业中名列前茅。但随着城市扩张的放缓，地产市场的冷却，城市规划行业也进入了冬天。

其实城市规划整个行业规模很小，全行业的年产值也就200个亿，而一个"滴滴打车"的市值就200亿，还是美元。这话我没对那个每天都在忙着处理十几个亿业务的同学说，反正他们圈里也不会有做城市规划行业研究的。不过尽管我和他的行业截然不同，但我们这两年也都谈几个相同的词，比如"新常态"，比如转型。

我想起十年前，我和他都在学校选过一门叫转型经济学的课程。当时的老师给我们推荐了吴敬琏的《当代中国经济改革》那本书。我清楚地记得那本书封底引用了狄更斯最著名的那段话："这是最好的时代，这

于云南某村庄调研时访谈的哈尼族大妈

是最坏的时代；这是智慧的时代，这是愚蠢的时代；这是信仰的时期，这是怀疑的时期；这是光明的季节，这是黑暗的季节；这是希望之春，这是失望之冬；人们面前有着各样事物，人们面前一无所有；人们正在直登天堂，人们正在直下地狱。"当时我们都是以这样一种批判的视角来研读中国经济的转型。现在回过头来想想，其实这句话同样可以理解城镇化的发展历程。

或许，这就是我们这个世界原本的样子。

7. 故乡到底在哪里？

在国外时，一旦遇到有人问我家乡在哪里，我会觉得不知所措。籍贯、出生地、户籍所在地、居住地等中国特色的概念，有时会让人满腹乡愁却无处诉说。就拿我自己来说，生在农村，又经历了从小镇到小城市、大城市的一路移居。自己的人生也就是国家人口城镇化大潮的一个缩影。

中国人一贯是安土重迁的，但是如今却在城市中进行着如此宏大的人口集聚。我常常想，我们这代人，乃至我们的父辈，在这场人类史上最大规模的迁徙中，一个个生命是怎样的颠簸与飘零。或许每个人都只是一滴水，随着时代的大潮向前奔涌。

而与之相对应的，是西方社会有很多在小城市和乡村世代居住的居民。曾经参加过国外一个小城的社区规划研讨会。社区里的居民对规划非常热心，积极参会，踊跃发言。给我留下最深印象的是一个老头，他说自己爷爷那一辈就移居到这里，自己的孩子和孙子也都居住在附近。他能记住社区的绝大部分人和这里的每一棵树。那种对乡土的热爱和眷恋让人动容。

因此在规划工作中我更喜欢与基层的乡镇干部和村干部打交道，因为他们都是"本地人"，有着本土的情结。对乡里乡亲的眷恋，会让人培养出一种在地营造的哲学。就好比搞装修的人，即便装修遍了全城的房子，再回到家整理自己的房间的时候，还是会投入不一样的感情。

其实对家乡的眷恋深藏在每个人心底。每到年底时，同事们总会在微信上晒一下航旅纵横，秀下本年度又出差了多少里程，都去了哪里，然后又毅然地踏上回家过年的路。

行走那么远，终究是为了让自己不忘故乡。

8. 让人血脉贲张的中国式奋斗

在这个加班是家常便饭的行业，常常晚上很晚才回家。坐夜间公交车到达城市外围居住区时，路两边灯光暗淡很多，高楼大厦消失在黑夜中。而某某村、某某店、某某营的站名，告诉你在空间上已经经历了一段城乡的变迁。这时候车上基本是两类人：戴着耳机盯着手机追剧，同时手里还拿着编程书籍的"码农"和叼着烟头、露出胳膊上文身的城乡接合部杀马特青年。

在这个夜深人静的时候，反倒让人有心情仔细打量公交车站的广告。许多广告牌都展现着各创业公司的"中国式奋斗"。一般这样的广告都是几个西装革履的白领，举起握紧的拳头，做出奋斗的姿势，在他们背后是拔地而起的摩天大楼。这类广告总让我想起路过一些地产中介的门店时，看到店长带着店员们一起跟着动感的音乐，振臂高呼本季度要完成的业绩口号。这样的广告如同咒语一般，让一个个忙碌了一天的青年人再次充满鸡血。城市正是凭借着这样的年轻人源源不断地前来，而得以维持繁荣和不断扩张。

　　如果说后工业化和逆城市化的欧美像个成熟的中年人，快速城镇化的中国则依旧是个热血青年。诺贝尔经济学奖得主斯蒂格利茨曾经断言，影响人类21世纪的两件大事，一是中国的城市化，二是美国引领的新技术革命。这些年中国钢产量持续保持世界第一，近三年水泥用量就超过美国整个20世纪的用量，而当前世界大多数新建摩天大楼都集中在中国。

　　这些数字听上去真让人热血澎湃。中国的城镇化，就像一辆动力十足的火车，轰隆隆地呼啸而来，张牙舞爪，让人血脉贲张。每个人都按捺不住自己那颗不安分的心，在人山人海中涌入这辆开往远方的列车。我们也概莫能外地随着人潮被挤进去，并和车上的每个人一样幻想着下一站的梦想。尽管车厢中无比拥挤、摇晃且喧嚣嘈杂，有时候也难免磕磕碰碰，但内心深处总有一个声音在对自己说：其实，我是一个城市规划师。

城市规划师的自我修养（第二部）

称呼

规划师的甲方主要是政府，因此和政府官员打交道不少，也算对官场略有了解。在步入这个行当之前，印象中总是以为称呼领导都是"王局""刘处""张科长"之类，参加工作后才知道，称呼领导，最"In"的方式，是不叫姓，只叫名字+职务。

以前感觉生活中，长辈称呼晚辈才叫名字。工作后每次做规划，都要仔细研究各种政府文件、会议纪要，发现里面称呼大领导，总是叫"某某书记"、"某某市长"。不由得感慨这种称呼的艺术，简单地叫名字，却显示出同志般的亲切。2017年火得一塌糊涂的电视剧《人民的名义》，更是把这种称呼作了普及，"达康书记"简直是老少皆知的网红了。

而规划师们呢？最常见的是叫"工"："张工""李工""吴工"……工，意为工程师。其实入行前我总觉得这怪怪的，从小到大，印象中工程师都是玩机械、电子那种硬科技，不是在实验室就是在厂房里，而规划院里那些用马克笔画方案，对着ppt大侃城市战略的人，总觉得是玩艺术和语言的，怎么也成了工程师？

还有一种工，叫高工。高工，一般不是指姓高的工程师，而是高级工程师的简称。类似的，教授级高级工程师，就被称为教高。近些年，随着80、90后们纷纷成为规划院的主力，行业流行的称呼也与时俱进：男的叫某哥，女的叫某姐。自己人在一起这么叫，轻松愉快，不过出去做项目时，对外还是不太敢这么称呼，毕竟显得不够专业。

当然，等各位"工"们混上了领导，就纷纷改叫"总"了。总，不是总经理、总监、总裁，而是总工。总工程师，或者总规划师，听起来相当威武霸气。当然，最知名的总规划师，并不是专业城市规划出身，而是那位在南海边画了一个圈的老人——改革开放的总设计师。

要说显得专业，那还得说是外企。记得第一次和一个外企地产商打交道时，客户对我说"你好，我是某某部门总监Jason，这位是Emily，

那位是Tony。"当时我一愣，心想我是不是应该说"Nice to meet you，I'm Li Lei"。

说实话，英文名字有英文名的好处，既洋气又简单，不用叫什么工什么总，大家都互相直呼其名，领导和员工，一视同仁。想象一下，开会时叫"Jason，来开会"；下班后一起出去吃饭叫"Jason，你买单"；周末团队建设活动叫"Jason，出来玩"。这种感觉很轻松，特别是犯了错，被老总骂，感觉也是一个叫Jason的老外在挨训，简直和我本人没半毛钱关系。

轴线与权力

有一次出差，和规划界的前辈B哥住一个房间。白天的工作结束后，晚上我俩躺在各自的床上聊天。

"B哥，你做规划经验丰富，你说说，为啥一个城市的空间结构，一定要提出几轴儿带？这种传统最早是怎么来的？和凯义·林奇的《城市意象》里的城市五要素有没有关系？"

"这个嘛，其实最早还是欧洲大陆的城市设计嘛。巴黎豪斯曼的规划，城市都有放射性的宽阔马路，连接主要建筑物。归根结底，是一种权力的象征。"B哥点了一支烟，慢条斯理地说到。

"法国那是为了展现国王的王权，那我们故宫的中轴线，也是皇权的体现吧。"我举一反三。

"皇权至上，以及大一统思想的标志嘛。"B哥说，"整个老北京城的中轴线，从南到北，都是突出"正"和"中"的意思。"

"B哥你对轴线这么有研究，看来没少在方案中画轴线啊。"

"其实，我非常厌倦画这个……"B哥这么说。

"为什么？"

B哥紧皱眉头，一言不发。然后深深地抽了口烟，再慢慢吐出，说："因为我画了那么多权力的象征：几轴几带几中心。自己却一直是被甲方和领导指挥着改方案，改来改去，没有一点自主的权力。"

屋子里烟雾缭绕，我开始止不住地咳嗽。

打扮

和大众认知中西装革履的白领形象不同，规划师们的穿着往往比较随意，除了拍职业照，平时根本没人穿正装。

一方面，规划脱胎于建筑，建筑脱胎于美术，因此规划师骨子里有那么点艺术家的基因。不邋遢点，怎么对得起这点"艺术细菌"？

另一方面，规划项目的甲方多是政府，规划师和各级领导干部打交道的多。因此，也受到机关干部们的影响。领导们向来艰苦朴素，几十年前是人民装，后来穿得最多的也就是夹克。特别是基层干部，上山下乡干工作，解决老百姓冷暖，哪里有心思顾得上穿衣打扮？自然和上海陆家嘴、北京国贸的那些外企白领们不是一个路数。在一篇讨论规划师格调的文章下，有人留言："规划师都是泥腿子，还讲究啥子格调。"

曾经见过一个外资投行的美女，穿着干练，气场十足，尽显外企"白骨精"（白领、骨干、精英）风范。因为业务关系，她对地产和城市规划略有了解。在聊起穿衣打扮这件事情上，她心直口快地对我说，"地产商穿衣相对凑合。不过你们规划师，穿着打扮都很土哎！"

我顿时心头一紧。

"不过，都土得很可爱。"她又温柔地补充到。

文件列表

　　资深规划师老张离职了，刚接手老张负责的项目时，我浏览了一下他的一个文件夹，里面有全部的汇报ppt文件。张工办事严谨，看了他的文件目录，简直看透了他为项目操劳的一生：

　　📄 20080701项目前期研究.ppt

　　📄 20080802初步方案.ppt

　　📄 20080809根据所主任意见修改.ppt

　　📄 20080812根据所长意见修改.ppt

　　📄 20080830根据院总工意见修改.ppt

　　📄 20080913第一次汇报.ppt

　　📄 20081011县长意见.ppt

　　📄 20081019书记最新指示.ppt

　　📄 20081111规划范围调整.ppt

　　……

　　📄 20090413第二次汇报.ppt

　　📄 20101213新县长来了.ppt

　　……

　　📄 20110509新县长汇报.ppt

　　📄 20110623对接开发商××.ppt

　　📄 20110718上专家会.ppt

　　📄 20110819专家意见修改.ppt

　　📄 20111119行政区划调整（哭）.ppt

　　……

　　📄 20120324上四大班子汇报.ppt

　　📄 20120608上市里汇报.ppt

　　📄 20120711市里意见修改.pptx

　　……

　　📄 20130303项目终于又启动了.ppt

　　📄 20130617新项目修改.ppt

📑 20130802刘县长你怎么才来就调走了啊.pptx

……

📑 20140731无力修改.pptx

📑 20141021再这样修改我就要跳槽了.pptx

📑 20161212离职去地产公司前最后一次汇报.pptx

开心就好

曾经有一个同事，是重点大学城市规划专业的本硕博，根正苗红，专业标兵。工作后一帆风顺，三年就当上中层领导。

但他却并不快乐。有一次出差时，晚上他拉着我出去喝酒。聊到工作，他一肚子牢骚。其实也都是职场那些常见的事：工作压力大，钱也没那么好赚，自己的理想得不到发挥，等等。我说，这些都是司空见惯的，还有别的不爽吗？

"有，最最关键的，是不感兴趣。"他跟我说："当时考大学填报志愿，两眼一抹黑，对什么专业都不了解。数理化呢，是绝对不想学了，中学时已经被榨干了兴趣。电子和机械呢，听起来毫无感觉。计算机和信息工程呢，听起来好像是烂大街，蓝翔也有这专业。偶尔从招生指南中看到这个城市规划，觉得酷，虽然完全不了解，也稀里糊涂地报考了。后来一路上学、考研、就业，也都是中规中矩地按照模范学生的路子走的，习惯了嘛。"

我跟他说，他这情况我见多了。我听过一段评价中国人的话："大多数中国人，都是读了不怎么喜欢但也能凑合的学校，学了不怎么喜欢但也能凑合的专业，干着不怎么喜欢但也能凑合的工作，找了不怎么喜欢但也能凑合的另一半，过了不怎么喜欢但也能凑合的一生。"

"但我不想这样了，尽管我已经三十多了。"他回应我："我想选择真正属于自己的生活。"

因为这句话，我觉得他迟早会离开这个行业。职场都是相同的，当你不满意时，选择无非是"忍、狠、滚"三条路。敢于跳出行业的，最需要的是勇气。从他那句话，我感受到了他的勇气。

后来他果然离职，去做私募了。再后来有一次，我又碰到了他，他却依然不是那么高兴。他说，当初想干金融，还是自己知道自己不想干什么（城市规划），但却还找不到自己想干什么。做金融，钱很多，但还是提不起太多兴趣。

"既然看钱，就别看兴趣了吧。大家看到你很会赚钱，就觉得你应该是开心的。"我说。

他摇了摇头，"千万别做没兴趣的工作，要么就一直装糊涂别醒来，否则会很痛苦。"他说他还会继续人生的调整，但目前还不知道自己最在乎的是什么。

对于这样一个理想主义者，我实在不知道该说什么，但我想他最终会找到真正快乐的人生。后来我脑海里不知道怎么的，冒出来一句TVB经典台词，于是决定把这句话送给他："做人嘛，最重要的是开心。"

何谓"初心"

某一段时间，发现很多同行的微信签名都有"不忘初心"这几个字，一些同事在工作总结时也总提到这个词。我不由得疑惑："初心"到底是什么？

规划师是个充满理想主义的职业。在这个时代，天下熙熙，皆为利来；天下攘攘，皆为利往。选择赚钱并没错，不过在城市规划这个行当总是能看到不少更看重理想的人。很多人从大学时选择这个专业开始，就抱有改造世界的理想。自己辛苦工作，是为了让城市更美好。不瞒你说，真的有不少年轻规划师是这样想的。

当然，时间总是能改变人。在经历了不少挑灯夜战的日子后，最终结果未必如当初所愿。理想主义多多少少会被现实的残酷所侵蚀。也许某一天，你会觉得，我们都是时代的一滴水，绝大多数挣扎，都是随波逐流。折腾青春之后，终于发现，我们最终并没有改变潮水的方向。是我们改变了世界，还是世界改变了我们？

在两年前的城市规划年会上，何艳玲教授的演讲"大国之城，大城之殇"火爆全场，一石激起千层浪。何教授提出的以人为本、关注弱势群体的一些观点，想来似曾相识。但是显然，她的演讲引起了轰动是因为我们内心都产生了感触，那些看似稀松平常的话语，也表达了包括规划师在内的每一个人，作为城市的居民与社会的公民的点滴感受。何教授的观点难免不让人联想起简·雅各布斯，她们都有一些共同点：城市规划行业外的认识、人本主义视角、社会科学的逻辑、对大拆大建的批判，以及她们都是学界占少数派的女性。

她强调在现实的困境下，坚持我们对城市的理想与真心。让我们再次回味一下她的一段呼吁吧："成为更加天真的城市从业者。天真，即有立场、有情怀、有坚持。城市从业者，包括城市管理者、城市规划师、城市研究者，我们都可以更天真点，回到初心。我的学生告诉我，'他很幼稚'。我告诉他：'曾经的幼稚即是当下的初心，当下的初心即是未来的回忆。'也经常有人和我说，现实太复杂了，如何能有初心，我并不是不知道现实的复杂性，我只是想说在这个社会，在这个时代，总要有一些人要坚持一点什么。回到我自己，这个社会如果知识分子都不天真点，还可能变得更美好吗？"最后，她强调说："一个真正强大的国家，公民生命体验能够影响国家制度设计；一个真正繁荣的城市，市民生命体验能够影响城市制度设计。"

作为非规划从业者，她的演讲打动了所有的规划师。或许，这就是我们所说的初心吧。

黄金时代

中国刚进入21世纪的头十年，城市化快速发展，到处都是城建项目，那十年被称为地产行业的黄金十年。作为地产的上游行业，城市规划行业也急速膨胀。在那十年里，各种规划院如雨后春笋般冒出来，各个单位的大楼经常彻夜灯火通明，规划师们忙着做项目不亦乐乎。按一位前辈的话说："那时候项目真是好做，批量出活啊。各地大搞建设，真是钱多、人少、速来。"

在进入第二个十年的时候，行情急转直下。经济进入"新常态"，城市建设前些年摊得太大，如今地产纷纷要去库存。地产行业不景气，城市规划也随之受到影响。规划设计单位还在不断增加，但是活却越来越少了。规划师们这个着急啊，眼瞅着早入行两年的师兄们，借着黄金十年都纷纷住别墅、开豪车，衣食无忧，自己彻底沦为"规划民工"了。

其实城市化的过程和人一样，步子太急了，也需要缓一缓。而在黄金十年里疯狂接项目、疯狂赚钱的业务模式，也让人心浮气躁，急需静一静。波动和不确定性，越来越成为时代主题。在翻云覆雨的时代面前，有人洋洋自得，有人妄自菲薄。而对于我们绝大多数人来说，都无法左右时代的大趋势，我们都是时代的稻草人。时代的风往哪里吹，我们就跟着往哪里摇摆。

刚入行那两年，我也和很多人一样，为黄金十年的消逝而痛心不已。在某个焦躁不安的夜里，不经意间翻看萧红当年的文字，她在曾经给萧军的信中这样写道："床上洒满着白月的当儿，我愿意关了灯，坐下来沉默一些时候，就在这沉默中，忽然像有警钟似的来到我的心上，这不就是我的黄金时代吗？此刻。"

于是发现，真正的黄金时代，只存在我们心中。

内心的平和，才是永远。

隔壁老王

对规划师来说，建筑师简直就是隔壁老王，让人羡慕嫉妒恨。不仅收入更高，而且形象好。主流的影视媒体，已经把建筑师的西装革履又有文艺气质的形象塑造得深入人心。从美剧《越狱》到国产电影《致青春》，男主角都是自带光环的建筑师。更遑论那些偶像演员了，吴彦祖、约翰·德普等一众演员，竟都是建筑系毕业的。

虽然说干建筑也更累，但是这点累对规划师来说算得了什么呢？

而规划师呢？不是形象土，而是根本就没有形象！这个职业的形象始终是个模糊的存在。就连电视剧里都是"达康书记"等领导们，拿着城市规划图，挥斥方遒，指导城市百年大计。而那些在领导背后熬夜画图的规划师，则一直不为人知。

规划师就纳闷了：在大学里，城市规划和建筑往往都是一个系的，怎么毕业后进入职场，形象差距越来越大了呢？

于是规划师对隔壁的建筑师心生嫉妒。有一次，我们和一个建筑设计院合作项目，几个建筑师来和我们开会，气场极强，在我们眼里简直是趾高气扬，不过也有一个看上去非常平易近人。会后我们和他聊起来，问他怎么和别人不一样。"哦，不好意思啊，我不是搞建筑设计的。"他挠挠头，略有羞涩地说。"啊，那你大学时是学城市规划的吗？""不，我是学暖通的。暖通男，简称暖男。"他更加不好意思起来。

意思意思

难缠的"甲方"永远是规划师的噩梦。其实不怕甲方折腾，就怕甲方不知道要什么。

有一次，经验丰富的高工（真的姓高）、小刘，以及初出茅庐的小王一起去给甲方汇报方案。小王慷慨激昂挥汗如雨地讲完之后，对面的甲方开发商却连连摇头，但说不出个所以然，只是一根接一根地抽烟。

在回去的车上，送我们的一个甲方年轻人说："我觉得啊，我们领导的意思是，这方案也不是太差，但总感觉，少了那么点东西，需要再提升的意思。"

小王毕竟太年轻，冲动之下竟然忘了"甲方是上帝"的职业道德，一直说："我已经做得这么好了，还要怎么个提升'意思'？"

年轻人说："我不是那个意思。"

"那你是什么意思？"小王咄咄逼人。

车上打盹的高工被吵醒，赶紧向年轻人表示"我们回去一定修改完善，提升提升'意思'"。然后扭头就对小王说："你这样说就没意思了。怎么能和人家吵架？还想不想混了？"同时赶紧对年轻人道歉："我这同事还小，不懂事，实在不好意思。"

"没事，简单修改一下就行了，意思一下得了。"甲方年轻人又风轻云淡起来。

魔幻饭馆

周末去胡同里参与一个旧城保护的论坛，论坛主题是如何调动本地居民的力量，去保护胡同和四合院这样的旧城文化遗产。

会后和一个朋友吃饭。平日里蜗居郊区，难得进城，于是决定吃顿好的，找了个号称老字号的羊肉泡馍馆。在这个二环内的小饭馆里，听到一个胡同大妈和一个大爷聊天。

"周末怎么不和你儿子一起吃饭？"

"他周末不在北京，在房山办事呢。"

"你这周帮他卖的那个四合院，卖了多少？"

"六个亿吧。"

"什么时候移民国外啊？"

"年底吧，澳大利亚那边房子已经看好了。不去不行了，女儿在那边生了三个娃了。"

短短几句，囊括近期所有热点：房价、首都、移民、生育……朋友对我发感慨：虽然全听得懂，但总感觉说的这些，离我等无房无车无户口的单身人士太远，颇有魔幻的感觉。

我摸了摸口袋准备付钱。心想这四十五一碗还吃不饱的羊肉泡馍，要让我那位从不下馆子的奶奶知道了，她恐怕不只是觉得魔幻，而是觉得这是个神话故事。

理解，万岁

城市规划很有意思的一点，就是能广泛、深入地接触到社会。目睹这个时代发生的巨变。你会发现，面对同样的一个事情，不同的人的感受和观点大不相同。

曾经因一个历史城区保护的项目，去胡同里调研，四合院的住户听到我们是做城市规划的，马上就问："什么时候才拆我们这啊？"还有一次我们在老城区拍摄老房子的照片。一个当地居民就冲着我们嚷嚷："有啥好拍的啊？这里脏乱差，老房子连个厕所都没有，洗澡都得去澡堂。你们还来看笑话！"我们带着情怀来，却被他们给泼了凉水。

而胡同和老城区之外，则有很多非城市规划专业的人，也热衷于旧城保护。他们不但呼吁保护老房子，更是呼吁让本地居民在此居住。因为理论上讲，有人住，老街区才有活力，文化才能传承下去。

可对于这些老宅子里的居民来说，这里居住条件不好，生活不便。眼瞅着邻居们拆迁暴发了，自己也想早日拆迁，带着钞票搬进新城区。他们的想法，也无可厚非。

那么到底谁对谁错？我只能说，他们都有自己的理。社会问题，很

难像自然科学那样非此即彼。很多教科书上的经典论断，在复杂的现实生活中，可能就不是那么一回事。规划师的工作就是平衡利益的艺术，越是没有标准答案，就越有挑战性。

或许，让每个人都能够发声和表达，是解决问题的一种方式。每到此时，常常想起八九十年代影视剧里经常出现的一句话："谁都不容易，理解万岁吧。"

"假规划"

曾经在一个聚会上，遇到一个在北京工作的美国人。对于工作的人来说，聊天时总是三句话就能谈到工作。久居职场的职业病，在中外都是相同的，休闲聚会顿时成了职场交流沙龙。

当她知道我是城市规划师后，没有像很多人那样，面带疑惑地问我那是做什么的，而是露出那种激动和赞美的表情，就像电影里那种傻白甜的美国大妞一样，"Wow, so cool"她告诉我说，她很了解城市规划。在她读大学时，隔壁楼就是规划系，她有好几个同学毕业后都当了规划师。

所以我就和这个了解城市规划的美国人，愉快地聊了起来。

"你们的工作，可以设计城市啊！"她说。

"对啊，你这都知道！"我略洋洋得意。

"你们总是很忙，一天到晚都是。"

"对啊，你这都知道！"

"你们参与城市公共事务呢，好棒！"

"对啊，这你都知道！"

"你们整天和普通市民打交道，天天都在忙着开各种工作坊。"

"这……"我顿时语塞。这项工作，的确过于"美式"。美国的规划师确实天天在社区开展活动，这也是为什么，国外的规划师大部分都是本国人，尤其是本地人。规划师对国际学生语言要求极高，更要求懂得本地的法律法规、风土人情和本地情况。一个规划师天天要下社区开展活动，和社区领袖差不多了。因此，在国外留学学习城市规划，留下来做规划师的国际学生凤毛麟角，而且这些人也只是从事技术支持的工作。

于是我告诉她，我们在国内的规划项目，更多是和政府打交道。当然，随着经济社会的发展和城市的转型，规划中公众参与的分量也越来越多。我们的规划，长期以来都是自上而下的精英式的规划，但现在也在快速转型。而且国情不同，美国已经进入后城市化时代，而我们还处于快速城镇化时期。因此，我们的规划，既有物质建设的内容，需要画图和设计，也有给社会规划的内容，例如公众参与。也就是说，我们的规划可能涉及的内容更多，公众参与只是其中一部分，而不是我们的主要内容。

好久没说英语了，一口气用英语对她说了这么多，又有点回到当年在国外读书时课堂讨论时的状态。

"哦，如此不同，原来是这样！可能我的那些朋友们，读的是'假规划'。"听完我的解释，她用不太流利的汉语说。

不过，一场生活

在南方的一个山地小城做项目时，有一次和两个当地人一起去现场调研。路上聊天时发现，我们竟然同岁。司机小王，小学毕业就去混社会了，饱尝人间冷暖，干过最久的工作还是建筑工。科长小刘，当地的一个普通大学毕业，学的是工业与民用建筑。他从小学到大学再到工作，都是在那个小城里，按他的话说，"人生半径不超过10公里"。而我则是读了所谓的名校，然后国外国内都混过，在他们看来是"高才生"。这个城市建设的项目，把我们三个聚到了一起。

一般在这样的场合，陌生人之间的对话，往往都聚焦于各种身份标签上。在当前，身份的认同往往会触发各种焦虑和争议，形成最火爆的社会话题。"打工仔""公务员""中产阶级""北上广""蚁族"……每个人都被赋予了很多标签，有的时候都忘了最真实的自己。司机小王问我在北京是不是收入很高，科长小刘则给我解释外人所不知的公务员的内幕。小刘说他还没结婚，在体制内的同事们眼中是个另类。而小王则笑着对我们说，他的两个孩子都已经快上小学了，"你们知识分子，都是晚婚晚育啊"。你会发现，每个人都是一个不同的世界，大家都在以自己的方式窥视着对方的世界。

在返程的路上，我们还在欢快地聊着，司机小王却突然冒出了豆大的汗珠，紧张地对我们说，车的刹车失灵了。这是最后一段下山的路，我们都紧张得不行，脑海里瞬间飘过了许多个念头。小王不踩油门，完全靠下坡的引力制动，然后飞快地转动方向盘，最终，车平安地走过了山路来到了平地，停在了路上。

我们三个都说不出话来。在生命面前，在人生意义中，我们身上所附带的那些标签是多么地渺小而无意义。

经历了这次生死劫，我们晚上决定一起去大排档吃烧烤，喝酒。那一刻我们都由衷地体验到人生的快乐，好似电影《肖申克的救赎》中，安迪在为工友们争取到啤酒之后，众人在楼顶喝酒的欢乐时光。大排档在一个山坡上，远远能眺望繁华的市中心。华灯初上，夜色阑珊，伴着醉意，我们就这样看着烟火人间。"高才生，你喝醉了啊，我送你回去吧。"小王对我说。而我当时脑海中想到的，则是小学生人手一本的《新华字典》中的一个例句："张华考上了北京大学，李萍进了中等技术学校，我在百货公司当售货员：我们都有光明的前途。"

装老

规划这个行当，非常讲究资历。从某个角度上讲，和城市规划这个行业差异最大的是娱乐业。娱乐业要扮嫩，城市规划要装老。

刚参加工作那几年，出去和甲方接洽，总会被质疑：你们是大学生来社会调研么？当时我那个团队成员普遍都长得年轻，因此常常不被甲方信任和重视。这引起了领导的不满：甲方是我们的上帝，上帝不满意怎么行？于是经协商，果断借来C哥加入我们团队。

C哥是85后，但由于自幼生活艰辛，又是少白头，看上去一脸皱纹，无比沧桑，比吴秀波更具大叔气质，据说在大学时就得了一个外号"老专家"。每次他和奔五的领导一起出去，甲方见了也是先握住他的手亲切地说"您好您好，可把您盼来了。"

C哥进入我们团队后，每次去和甲方接洽，必定要带上C哥，哪怕他并不是做这个项目的。他只要一去，什么都不用说，只是坐在那里，在甲方点评汇报方案的时候，时不时点头示意。如此这样几次，项目都能顺利做完。

老司机出马，带我装老带我飞。

漫漫自由路

不久之前，在城市规划行业里影响力颇大的自媒体"国匠城"，发起了一个"选择城市规划的理由"的问答。看到这个问题时，一时激情涌上心头，用手机打了几百字。现在看来，依旧为当时的热血所感动。下面是当时的回答：

"我觉得选择行业，首先还是应该以自己的兴趣为第一出发点。如果不考虑换行业的话，一个人一辈子花在职业工作上的时间比做其他任何事情的时间都多。所以为了自己的生命质量，最好还是能够顺从自己的内心，做自己最喜欢的事情。热爱，是人类最根本的行为动力。

"这个行业当然不完美，或者与其他行业相比，有着更复杂的状况。有时候对其批评也是爱之深，责之切。与建筑学类似，这是既能体现对世界美好的热爱，又能通过自己的思想对世界进行改造的一个工作。但是由于其公共政策性更强，因此自由发挥的余地更小，往往要戴着镣铐跳舞，但你会因此懂得更多的平衡之道。你会更加认识到世界的不完美，你也会更加向往人世间美好的那些光辉。理论是灰色的，生命之树常青，这也是我之所以一直致力于城市领域创新工作的原因。这个行业

最本质的意义是什么？我觉得有一句诗可以最简洁地概括一切：'人，诗意地栖居在大地上。'这是所有人的共同向往，正如电影《勇敢的心》里华莱士'Freedom'那句怒吼一样，直击人心，不可抗拒。

　　"最后，引用一句网上流传的话作为结尾。'如果天总也不亮，那就摸黑过生活；如果发出声音是危险的，那就保持沉默；如果自觉无力发光，那就别去照亮别人。但是——不要习惯了黑暗就为黑暗辩护；不要为自己的苟且而得意扬扬；不要嘲讽那些比自己更勇敢、更有热量的人们。可以卑微如尘土，不可扭曲如蛆虫。'这句话来自凤凰卫视的编导季业，而并非网传的来自曼德拉的自传《漫漫自由路》。这句话里有的，我们的城市都有，这句话里没有的，我们的城市里也有。谨以这句话献给我们的城市，和热爱城市的每一个人。"

富士山下

　　大D是个极富追求的规划师。他的人生理想，不是能有多高的地位、多少财富，而是希望城市能够按照他设计的蓝图建成。我一直觉得他应该做建筑师，因为对建筑师来说，自己设计的图纸，很容易就能成为现实；而对规划师来说，就没有那么简单了。从城市规划到基础设施建设，再到建筑设计和修建，中间涉及太多不可控的因素。除了几个硬性的指标，很多东西并不是一种终极的蓝图。所以规划项目的效果图，很多都是示意性的。但大D则比较个性，不仅在做项目时固执己见，而且项目结束后，还常常自带干粮去看他所设计的城市和城区，看看那里究竟变成了什么样。

有一次和大D一起出差，坐飞机经过一个城市时，他俯瞰窗外的城市，然后很激动地告诉我，有一片城区正在建设，从路网来看，就是按照他做的控规建的。我清晰地记得，那一刻他正如小孩子得到了心爱的玩具一样，眼神里满是最纯粹的激动和快乐。

不过这样的例子终究太少。后来他主要做城市战略和城市设计等非法定规划，设计的成果主要是给地方政府一个参照性的建议，而不具有强制性。就好比你是一个出主意的人，你给客户出了一个好主意，但人家未必按照你的主意去做。所以，过于执着如大D，总是为此闷闷不乐。

于是我只好安慰他，给他听林夕作词，陈奕迅演唱的歌曲《富士山下》。并且告诉他，这实际上是劝导人们放下执念的歌。正如林夕的"富士山爱情论"所言："你喜欢一个人，就像喜欢富士山。你可以看到它，但是不能搬走它。你有什么方法可以移动一座富士山，回答是，你自己走过去。"

爱情如此，很多事情亦如此。有时候，经历过，便已经足够。

语言艺术

作为跨专业的规划师，当初一心想入这行，是源自从小对地理和地图的兴趣。没想到进来之后才发现，地图不是规划的唯一内容，某种程度上讲，文字内容更为重要。这里面道行就深了：规划是一门语言艺术，讲究的是"说学逗唱"。尤其做总体规划、战略规划的，做了几年规划，各种"专业术语"张口就来："打造、高举、推进、贯彻、落实……宜居宜业、产城融合、三生空间、生态低碳……发挥龙头引领作用、打造创新升级示范、构建均衡发展的服务体系、优化城市空间结构、推动传统产业转型升级……"

总的来说，这些话都不难懂。当然，如果听多了，就会知道我们这不少词语是来自官方，多少有点《新闻联播》的感觉。相比之下，建筑学的语言水平可是相当高了，一般人根本看不懂。曾经应邀参加一个建筑界沙龙，不得已，去之前请教一位玩跨界的"大咖"。"大咖"说，就说点难懂的词语，一般人越听不懂，他越觉得你水平高。于是泡了一天图书馆，临时突击各种建筑理论，学习其高深晦涩的语言。最后，绞尽脑汁准备了这样的开场白："我关注可居性构筑物的Ad Hoc建造步骤的实验性尝试和通过物质空间转译的流行政治与当代亚文化公共领域在地郊野主义冲突的图解式分析以及多孔运输扭曲混凝土在后殖民主义语境下映射出的不完全性合谋的Gothic Revival……"

买房

"经济学家不会炒股，城市规划师不会炒房。"

城市规划师小王在行业微信群里看到这么一句话，随手发了两个字回应，"呵呵"。

小王躺在刚搬来的新家里的大床上，看着属于自己的精装修房子，心里对这样的言论表示极为不屑。

这时候，电话响了。小王接听电话，原来是以前的同学小赵，准备买房，向他进行"专业咨询"。

"这房子啊，还是很重要的。你看我现在也有房了，要不怎么能算得上是中产呢?"小王号称对于买房颇有研究，特别是基于自己丰富的城市规划理论和实践经验，对于城市每个地段的发展潜力都颇有心得。

"买房子啊，要看的因素还是地段、地段、地段。所以，这是一个空间问题。别看你们"码农"这两年挺光鲜，但谈到对城市空间的理解，那还得是我们搞城市规划的。你看前两年我指点北京的小张买通州，指点上海的小王投资苏州，那不都赚翻了?

"我给你说啊，你在的某某城，当年就是我参与做的城市总规，后来我对你们那几个片区的控规和城市设计也略有了解。你别听开发商的忽悠。你要去研究你们那里的城市规划，看看你的购房意向区域将来会承担什么样的城市功能，交通条件如何，配套公共服务设施怎么样。看楼盘得看容积率、建筑密度、绿化率……

"我给你说啊，刚需，一定要早点买。以后需要投资的话，也要找我，给你免费咨询。全国的主要城市，我都门清①。不用谢，不用谢，一定要看城市规划……"

放下电话，小王想到自己的专业技能又帮助了朋友，自豪感油然而生。躺在床上，正乐悠悠地准备入睡，却突然被隔壁房间的声音吵醒。"再也不和人合租了，下次一定自己租一间一居室。"小王暗自下定决心。

---

① 北方方言，意一清二楚。

如何向他人解释城市规划行业？

对于城市规划从业者来说，总会遇到这样一个烦恼：每当和其他行业的人聊天时，就得费好大劲解释自己从事的行业。

比如规划师小王回家过年时，大舅问："对了，你是干啥工作的？"

规划师小王说："哦，我做城市规划的。"

"城市规划，是个啥？城管？"

小王赶紧把教科书里的定义奉上："城市规划，是研究城市的未来发展、城市的合理布局和综合安排城市各项工程建设的综合部署，是一定时期内城市发展的蓝图，是城市管理的重要组成部分，是城市建设和管理的依据，也是城市规划、城市建设、城市运行三个阶段管理的前提……"

"哦，城市管理，还是城管啊。那你们一个月拿多少钱工资啊？"

"不是城管，城管是归城市管理行政执法局管，我们是和规划局打交道。城市都需要先规划后建设，我们做的城市规划，是城市综合管理的前提……"

"哦，那你们当城管一个月开多少钱工资啊？"大舅抽了口烟，接着问。

"我……"小王无言以对。

这些场景，对于规划师来说并不陌生。规划师们往往愤愤不平：凭啥别的行业都被大家所了解，偏偏我们行业解释起来就这么费劲？人家政府、金融、IT领域的人就不说了，就连咱们隔壁的建筑师，公众认知度都不知道比我们高到哪里去了。别看建筑设计行业这两年比我们规划好不到哪去，但还是有《咱们相爱吧》那样的电视剧，向社会大众传播建筑师那衣装光鲜的形象。规划师别说没有什么高大上的形象了，关键人家都不知道你是干啥的。

按理说一个行业不被理解也不是什么大不了的事情。比如研究微电子的、搞核物理的、造宇宙飞船的，大部分人也都不理解。但城市规划则有两点原因还真脱离不了大众。一是门槛不高，谁都能说两句。领导就经常说：你们这个城市规划我不懂，我就简单说两句。基本上两个小时后还看不到他结束讲话的迹象。另一个是城市规划确实关系到普通老百姓的方方面面，住房、交通、环境、服务设施，等等，哪一项不是需要规划的？这都是和市民日常生活分不开的。更何况这个行业还有个名词，叫公众参与。公众参与，那不就是让大家说话吗。

城市规划关系民生，但城市规划行业却是个小众行业，从业人员不多，受众面又窄。一般在向其他行业人员解释城市规划时，规划师往往说得头头是道。但对方却无动于衷："哦，啊，哈，这样啊……"一般听不了几句，对方就主动把话题转移到别处了。可一旦有了城市问题，第一个被骂的就是城市规划。所以难以向其他人解释这个行业，成了"背锅侠"们在加班多、要账难、改方案之外，面临的第四大痛点。

作为在规划界也算混过几年的老司机，我对此深有体会。经历得多了，也摸索出一些经验，在这里和大家分享。首先这种需要向他人解释行业的场合，一定是非正式场合。要是学术交流研讨会，就是刚入门的学生也不会让你解释这个行当。那么非正式场合可能是家里闲聊、饭桌上侃大山，也可能是聚会或跨行业的洽谈。在这样的场合，如果能做到以下这几点，不但能让对方轻易理解城市规划行业，而且能够增进友谊培养感情。

第一是简单，简单就是力量。解释城市规划行业，能用一个字千万别用两个字，能用一个词千万别说一句话。比如解释城市规划这个概念，千万别像背书一样，像百度百科、维基百科那样的解释。我是这么解释的："这么打比方吧。建筑设计，就是设计楼房的；那么城市规划，就是设计城市的。"简单明了，老少皆宜。

举个例子，随便摘抄一段城市规划文件："鼓励开展城市设计工作，通过城市设计，从整体平面和立体空间上统筹城市建筑布局，协调城市景观风貌，体现城市地域特征、民族特色和时代风貌。单体建筑设计方案必须在形体、色彩、体量、高度等方面符合城市设计要求。抓紧制定城市设计管理法规，完善相关技术导则。"这段话给人解释，就可以这么说："你觉得咱们的城市美不美啊？""不够美。""所以城市也得打扮得漂亮啊，做城市设计，就是把城市打扮得好看。""哦，原来是这样子啊。"

第二是低姿态。千万别追求高大上的格调。尽管你平时总是规划几十平方公里的城区，乃至一个城市、一个省，但普通老百姓和你聊，也就是想了解和自己生活有关的身边事。这时候就得放低姿态，千万别当自己是精英，当自己也是个普通市民。什么是公众参与？就是用老百姓的话讲老百姓的事儿，做到了这个，就离真正的公众参与不远了。

第三是通俗。这一点尤其不容易。我们入这行之前说的都是大白话，但是入了这行当，说话就文绉绉起来。于是潜意识里形成了习惯：越不通俗的词格调越高。特别是隔壁行业建筑学，人家写的那些文字：解构主义、广普城市、波普艺术、拓扑关系……根本看不明白。所以从业者心态上很难改变：我们好不容易入了这个玄妙的门，你让我们再改回去？哪那么容易！但在实际交流中，必须得通俗，要从群众中来，到群众中去。群众路线是我们革命胜利的重要保障，要想解释清楚这个行业，必须要重拾这个法宝。

举个例子，村长问你海绵城市是啥啊，你说咱们村东头不是挖了个沟蓄水么，那就是海绵啊。居委会大妈问你为啥区位重要，你就给她解释买房就看区位啊，那都是白花花的银子啊。走通俗路线，千万别怕低俗，没事多想想人家白居易。他每写一首诗，都要争取让不识字的老太婆能听懂，但这并不妨碍人家诗歌万古留存。

第四是要形象生动。都说"无图无真相"，形象的东西，最能直观解释问题。早几年曾经很火的电视剧《奋斗》里，陆涛的父亲带他上了高楼楼顶，俯瞰水泥森林，讲解自己在地产界的奋斗史，让陆涛这毛头小子醍醐灌顶，步入地产界，走上人生巅峰。

对规划师来说，如像雨后春笋般出现在各个城市的城市规划展览馆，就是展现行业风采的绝佳场所。在饭局之后，对各个老总、CＸO、投资人和网红们说："最近风头紧，咱们也别去俱乐部会所了，就到城市规划馆散散心吧。"他们必然对你刮目相看。在规划馆里，指着地图挥斥方遒，那是规划师最擅长的事情了，没准聊着聊着就聊出新项目、新业务了，城市相关领域的投资也就搞定了。你看看，一举多得。要是相亲也安排在规划展览馆，那么TA必定对你仰慕有加，人生大事也轻松解决了。

第五是勇于接受批评。规划师一定不能像小孩子一样，非此即彼，非黑即白。且不说城市规划本身就不是1+1=2那样严格的自然科学，城市本身就是一个复杂的系统，很多问题都存在争议。因此，谈论起城市规划，一定要心平气和地允许"外行"们有看法，不要对"背黑锅"过于敏感。允许大家批评，这样才显得高风亮节，虚怀若谷嘛。在这个网红时代，如果无法避免被黑，那就善于主动自黑。

很多的非正式场合，其实"背黑锅"也都是一种玩笑式的聊天，大可不必认真。比如过年回家时，如果和亲戚聊起来，二舅说天天堵车、房价暴涨、下水道漏水这些事情时候，往往喜欢顺便说一句"咱们这城市规划就是不行"。这时候一定不能说"这个黑锅，我们搞规划的不背"。正确答案应该这样说："二舅啊，您说得太对了。下次我就给规划局的刘局长反映一下问题。这问题不解决可不行啊。到时候一定请您去指导工作。"你要问如果到时候他惦记着这事怎么办呢? 赶紧给他敬酒啊，二两酒下肚，兴许连你名字都忘了。

与其被黑，不如主动自黑。与不同行业的人交流时，自黑更是能快速拉近距离。听了你的"黑锅"经历，搞IT的小张和做金融的Mary，也会纷纷表示：嗨，你们行业原来是这样啊。其实大家都一样。于是各自扒各自行业的皮，一起开心玩耍。

总之，一定要简单、直白、通俗。别担心没有技术含量的问题，世界上的事情，往往越简单越深刻：大道至简，大象无形，大音希声，大雪无痕，大鱼海棠……如今互联网都提"屌丝经济"了，规划师在公众宣传领域，怎么还好意思走精英路线? 去大街上随便找个人问问，他喜欢听费玉清，还是周杰伦? 他肯定回答喜欢凤凰传奇啊。规划师往往是通才，所以肯定能文能武，能雅能俗。所以如果能做到这几点，一定能轻松给人解释出城市规划是个啥。以后对他人也不用花时间去费心解释这个问题，节省出的大把时间，就可以投入加班之中了。

附录：城市规划Q&A

Q 城市规划是什么?

A 类似建筑师造房子前要设计图纸，我们造城市前也要设计城市的图纸。

Q 为什么要做城市规划呢?

A （内心：不做城市规划我们怎么赚钱?）简单地说，城市自发生长可能会有很多混乱的问题（脏乱差的城乡接合部），所以从一百多年前开始（从那时全世界的人们大规模从农村搬到城市），世界上大多数城市都是先规划，后建设的。

Q 城市建设是什么程序?

A 城市规划师先做城市规划，政府再根据规划出让土地，开发商拿地，盖房子，市民们纷纷做房奴……城市就不断建起来了。

Q 普通人了解城市规划有什么用呢?

A 方便你买房，知道哪里是洼地，哪里未来能升值……其实不止这些，了解一些城市规划，就能戴上一副进入另一个世界的神奇眼镜，你会重新认识我们身边的城市。城市规划，其实是为麻瓜的世界带来了魔法。

Q 为什么你们城市规划还能做农村的项目?

A 城里套路深，我要回农村。在城里搞装修的，同样也能回乡干活啊。在高校里，一级学科名字都变成城乡规划了。

Q 大学里学城市规划这个专业怎么样? 有前途，还是有钱途?

A 有情怀。

Q 那要不要建议亲戚的孩子报考这个专业呢?

A 这个要分情况讨论。比如，如果这是个熊孩子的话，还是可以让他报考的。

Q 什么样的城市，规划是比较好的?

A 领导满意的……不，一般来说，市容比较整洁、居民生活比较便利、交通比较畅通、生态环境比较好的城市，应该都是规划得比较好的城市。简单地说，人们愿意移居去那里的城市。

Q 举个例子?

A 欧洲大陆的很多城市，亚洲的新加坡等。

Q 那些"搞城市规划的"都是什么人?

A 政府里规划局的公务员、城市规划院的规划师、地产公司也有规划设计部门。当然，还有我们给城市顶层设计的书记市长们。

Q 规划院是什么？

A 多为事业单位和国企，省有省规划院、市有市规划院，不少高校规划系也有一些。除此之外，还有一些外企和私企。

Q 关于城市规划，你还有什么想说的？

A 这可能是最有趣的工作了，真的。

城市规划师情话

1　"约吗，下周?""约，周三过来吧。"挂下和甲方的电话，规划师小刘陷入了深思：为啥约甲方汇报项目还相对容易，约小丽出来怎么就那么难?

2　这么些年我给领导和专家做了那么多次汇报，练地在谁面前都能滔滔不绝，可为什么在你面前却依然开不了口。

3　他们说"甲方虐我千百遍，我待甲方如初恋"。这么多年经历了无数个甲方，却只有你一个初恋。

4　话说咱们虽然很多地方不同，但有一点还是挺相似的。比如你的宇宙中心是三里屯，我的是三里河。

5　他们都说我这个人挺有原则的，经常是甲方对方案提出要求，我都据理力争。可为什么你一提要求，我就什么原则都没了呢?

6　张书记问我如何理解新型城镇化中的"记得住乡愁"。我没告诉他，对我来说这个世界只有一种乡愁，就是没有你的时候。

7　这个月，我负责的一个投标成功，两个项目的尾款顺利收回，还有一个项目得奖，我又顺利拿到了注规证。可是我一点也不开心，因为你离开了我。

8　规划局的刘局说他批过的一书两证多得数不清，我多么希望他也能批个咱俩的结婚规划许可证。

9　这些年写了这么多文本、说明书和专题报告，可是再也写不出年轻时那样的情话了。

10　跟我在一起，你应该特有安全感。我们做规划的，都特别善于对未来做出合理的安排。

11　建设项目选址意见书，比不上给你的情书；建设用地规划许可证，比不上咱俩的结婚证。

12　难怪我接的业务不多。这么多年了，我只有你这一个甲方，却从不肯换。

13　放射型路网最好画了，最简单了，只要想象你在中间，那么所有的路都通往你的方向。

14　城市总体规划的期限是20年，如果非要给咱俩的关系设个规划期限的话，我希望是一万年。

15　每次做你所在的城市的项目，我就特别来劲。感觉不是在做规划，而是在装修咱俩的家。

16　领导训我，为啥道路规划设计了那么多单行道。没办法，因为画图时，满脑子都是你最喜欢的那首王菲的歌："走破单行道，花落知多少。"

17　找我们搞规划设计的，你就绝对放心吧。如果没回家，那我唯一的夜生活就是加班。

18　他们说，三百六十行，行行出情话。但我明确告诉你，只有我们干规划的才有这三宝：空闲少、脾气好、全心全意为领导。

19　专家问我，我设计的新城方案，市中心在哪里？他不知道的是，我一直觉得，岂止是市中心，你在哪里，我的世界中心就在哪里。

20　我想评上高工，我想当上总工，但我最想成为你的老公。

21 我们规划城市时，都在畅想明天的理想生活。比如，优美清洁的
    环境、包容和谐的社会、繁荣发达的经济、幸福生活的市民，喜
    欢上了我的你。

22 不喜欢你对我发脾气，不喜欢和甲方在一起，最不喜欢你对我发
    脾气并且不和我在一起。

23 设计了那么多城市，没想到最后，你还是去了他的城市。

带你去看花花世界

　　我对城市规划的兴趣，来自于从小对地理的热爱。小时候，我妈是一个初中地理老师，家里就有一些中学地理的教材和地图册。翻看这些书籍，是我的一大乐趣。记得那时我妈给我一个礼物，就是中学的教具——中国地图的拼图，一个省级单位是一块拼图。这还是很早以前的行政区划，不仅没有重庆市，而且海南还是广东的一部分（拼图上两个省是一块）。当时我拼这个图非常快，比一般的初中生还要快一些，而且自己也喜欢比着地图册手绘地图，感觉自己对这个领域很有天赋。

　　尽管在很多人看来，课堂上学的地理就是死记硬背，但对于我来说，看着一幅幅精妙的地图，心里那种感觉，就像是初恋时喜欢姑娘一样，甜蜜又带有一丝感动。兴趣是最好的老师，在小学和中学时，我不但经常当地理课代表，考试基本上都是满分。世界降雨最多的地方是印度的乞拉朋齐，降雨最少的地方是利比亚的阿齐济耶，最冷的地方是俄罗斯东西伯利亚的奥伊米亚康。教科书里的这些拗口的名字，至今我还记得。在压抑苦闷的高三，晚自习时无聊就翻开地图册，憧憬着在多瑙河上泛舟，在瑞士少女峰看雪山，去巴西亚马孙雨林探险，在斯里兰卡躺在沙滩上吹着热带季风，在加拿大中部大草原寻找红河谷，在非洲撒哈拉的夜晚看星星。多年后翻看一本书，书名《让我去看花花世界》一下子打动了我，当年我翻看地理教材时，就是这种感觉。

　　但考大学时，自己又不敢报考地理系，因为听说地理是冷门专业，难就业，要么进地质队，要么读师范进中学教书，显然没有金融、计算机那么高大上。当时还完全不了解与地理学关系极为密切的城市规划专业，一看专业介绍是工学，以为是市政工程那样全是管线什么的，因此没有产生兴趣，稀里糊涂地去了别的所谓热门专业。后来上了大学，在图书馆翻看城市规划的教材，发现这不就是高中地理学中人文地理学部分衍生出来的么。高中地理教科书里有居民楼的日照倾斜角度、城市文化的传播、北京西站的选址争论、山水城市等内容（当然都是选修的），其实这些都是城市规划所涉及的范围。于是我发现，自己还是放不下喜欢地图的心。经过几年的兜兜转转，最终还是做了和地理相关的城市规划行业，每天的工作也离不开地图，也算圆了儿时的梦想。

曾经有机会在欧洲一所大学的地理系当助教，有一次和当地一个老师一同带着大一的本科生们去田野考察。路上我和那个老师闲聊，问他地理系大概有多少学生？他说，每一届大概都有六七个班，每个班三十个人左右。总的来看，是全校最大的专业了。我有点好奇地问，为什么学生这么爱读地理专业？他眨了眨眼，微笑着说："因为地理学多有趣啊！"

这话一点也不假，在我看来，那些学生都是真心喜欢地理学的，每当学生和我聊起来各种地理问题时，能看到他们眼睛里闪烁着那种纯真的、愉悦的、求知的亮光。

但在中国，地理学着实是个尴尬的学科。按照中国的学科划分，自然地理应当是理科，人文地理是文科。但是高中阶段，地理这个科目是算文科，不过高考时各大学地理系招收的则是理科考生。高中喜欢地理课的人，考大学时却无法报考地理专业，这真是叫人尴尬。

地理是什么？对很多人来说是虚无缥缈的一个学科名词。很多人的印象也就是中学地理课背书的那些考点。应试教育让我们忽视了，地理学就在我们身边，关乎我们生活的方方面面。每个人都应当懂得一些地理学知识，这不仅对我们的日常生活颇有帮助，而且也非常有趣。

地理学是古老的学科之一，这门科目充满梦想又饶有趣味。人类生存在地球上的时空中，如果说历史是研究时间的学问，那么地理就是专注于空间的学科。古人说，上知天文，下知地理。地理，实际上是博学的代表，包罗万象，关乎我们世界的方方面面，许多我们平常生活中关注的话题，其实都是地理学研究的范畴：买房看区位是地理学，移民选择国家是地理学，人口从农村向城市迁移是地理学，沙尘暴和雾霾是地理学，交通拥堵是地理学，五花八门的台风名字是地理学，世界各地的旅游名胜是地理学，全球气候变化是地理学，等等。

毛泽东早年在给萧子升的信中，论述了这样一段关于地理的话："观中国史，当注意四裔，后观亚洲史乃有根；观西洋史，当注意中西之比较，取于外乃足以资于内也。地理者，空间之问题也，历史及百科，莫不根此。研究之法，地图为要；地图之用，手填最切。地理，采通识之最多者也，报章杂志皆归之。报章杂志言教育，而地理有教育之篇；报章杂志官风俗，而地理有风俗之章。政治、军事、产业、交通、宗教等等，无一不在地理范围之内，今之学者乡不解此，泛泛然阅报章杂志，而不知其所归，此所谓无系统者也。"[①]

这样重要的学科，却长期被我们所忽略，这和我们的地理学教育特点有关。我们的小学、中学地理学教育，往往强调死记硬背，过早地让人失去了对这门学科的兴趣。而国外则更强调思辨能力的培养，通过这样的教育方式，让学生知道，地理是有趣的，更是有用的，可以帮助我们认识这纷繁的世界，帮助我们解决现实的问题。从中学开始的地理课，就不强调背诵，而强调思辨，考试不是考死记硬背的知识，而更多以写一些论文的方式来考核学生的思辨能力。上课也是课堂讨论和小组讨论为主，积极的发言和独立的思考能力，都在成绩中占相当比例的分数。

一本国外的地理通识教材中，就向读者介绍了地理学专业的职业发展路径。学地理，能做什么职业？其实可选择的就业门路非常广：例如地图学与地理信息系统（GIS）：联邦政府各部门或者私营部门的制图师、地图管理员、GIS专家、遥感分析师和测量师；自然地理学：天气预报员、户外向导、水文学家、海岸管理、土壤保护与农业推广等；经济地理：企业和工业选址分析师、市场研究员、房地产评估师、经济开发研究院等；城市与区域规划：城市与社区规划师、交通运输规划师、住房、公园与休闲规划师等；其他诸如区域地理学、地理教育、文化地理学等分支不一而足。

这样的教育，也使得欧美的高中生在就读大学的时候，大多都了解各个专业的职业发展，帮助他们更理性和精准地，依据自己的兴趣爱好和未来发展选择专业。在这方面他们对自己的人生把握，比我们的学生不知道成熟到哪里去了。我们的高考生们，都是高考之后填志愿时，看

---

① 毛泽东 1915 年 9 月 6 日致萧子升信见《毛泽东早期文稿》，中共中央文献研究室，中共湖南省委《毛泽东早期文稿》编辑组编，湖南出版社，1990 年。

着大学的那么多专业名称发蒙。听着老师家长的忽悠,选了完全不了解的专业。就像旧社会结婚后入了洞房,掀盖头才知道自己老婆是谁一样,实在是太草率了,简直是对自己生命的不负责。

在清朝末年,魏源提出破除闭关锁国的限制,去"开眼看世界"。他编写了《海国图志》,系统地向国人介绍世界各地的风土人情,成为中国现代地理学发展史上的里程碑。地理学,作为任何一个时代中最重要的通识教育内容,是我们开眼看世界的必然选择,能拓展我们对世界的认知。

洛夫克拉夫特说过:"我们都是广阔空间里的流浪者,漫长岁月中的旅行家。"尽管我们被城市的钢筋丛林所束缚,但有空时不妨翻开书卷,通过地理学,去看看那绚丽缤纷的花花世界。

去看一看这花花世界

我的写作之路

这些年，零零散散地在各处发表了一些关于城市的文字，获得了一些关注。甚至有人称我为"城市规划圈第一写手"。也经常有人向我请教写作心得和技巧。其实我知道自己距离大家的期望还太远。曾经被邀请参加一个电台的谈话节目，分享写作心得。主持人构思了很久，想出了那期节目的题目叫《最难的是下笔的那一刻》。其实，写作对我来说，从来不是简单轻松的活。我很羡慕那些能够用清晰、透彻、有温度的文字，酣畅淋漓地表达自我的人。他们往往用简简单单的话语，表达出了那些我有所感触但却无论如何表达不出来的情绪。每当看到这些人的作品时，就发自内心地想：能够靠写作吃饭的人，都不是普通人啊！

中学时最喜欢的两门课，一是地理课，二是语文的作文课。前者是因为有我喜欢的地图，后者是应试教育下少有能自我表达的窗口。我比较喜欢写文章，但作文成绩一直也不是最好的。我从小就很喜欢读书，家里藏书又多，后来又在网上看各种文字，输入着实不少，只是没想到，要过了许多年，才开始慢慢有些输出。

我想用文字记录下城市各个角度的故事

后来入了城市规划这行，发现虽然规划师的职称是工程师，但大家其实都挺能写的。一个从业若干年的规划师，特别是做城市总体规划的，写过的各种规划文本、说明书、专题研究，各种会议和期刊论文，全都加起来，弄不好可能都有数百万字。不过写的越多，越感觉很多时候都是在用文字表达别人的想法，或者是局限于八股的文案写作，很缺乏自由。对于各行各业来说，专业性写作都是有本行业的规矩的，出于职业的严肃性，也必须遵守。所以我就利用业余时间，开始试着以非学术、非专业的语言，来表达自己对于城镇化方方面面的理解和感受。

这个行业虽然辛苦，但有一个好处，可以有机会去看各地的城市。走过很多城市，会觉得或许除了影像，文字就是承载城市记忆的最好载体了。千百年的城市史，是人类与时间反复纠缠的作品。历史抹平了一切，最终只留下建筑和文字。那些不同的城市，都有着各自的魅力，让人震撼，让人迷醉，让人难以忘怀。我决定用文字去歌颂它们，记录它们。城市为我们提供的不仅仅是居住与生活的空间，更多的是让我们跳出此生，去眺望星辰大海。而写作也是如此，因此我们可以用文字延伸自己生命的厚度。正如王小波说："一个人仅有此生是不够的，他还要有诗意的人生。"

一位职业作家说过："写作是一门艺术，文字魅力使得人们竞相追随，却很少有人能将其彻底参透。"在阅读中，我折服于文字的魅力，正如我在现实中为城市的魅力所倾倒那样。之所以选择城市规划这个工作，是因为我觉得它有趣，寄托了人们对理想生活的渴望。在电影《死亡诗社》里，已故去的罗宾·威廉姆斯扮演的基廷老师的一段话，让我印象深刻。他给学生们讲述怎样阅读一首诗："我们读书写诗，并不是因为它的灵巧，而是因为我们是人类的一分子，而人类充满热情。医药、法律、商业、工程，这些都是高贵的追求，足以支撑人的一生，但是诗篇、美好、热情、爱，这些是我们存在的理由。"

写作并不难，可以说是最没有技术门槛的手艺活了。常常听到环游世界的旅行达人说，其实环游世界挺简单的，只要迈出上路的第一步。写作也是这样，再多的构思和想象，只要不落笔，好文章永远是空中楼阁。在刚开始写作的时候，我总是焦虑文章思想是否深刻、语言是否有趣、结构是否合理，往往迟迟无法落笔。后来写的多了，才发现，真正的好文章，是写出来的，而不是想出来的。要勇于落笔，然后平心静气地组织好逻辑，一步步地将几个点的构思扩展为段落，不断地练习，慢慢地就能提高写作水平。

什么样的文章是好文章？我一直觉得，好文章最大的特点，是自由、顺畅的表达。文字语言不躁动、不功利，完全顺从自己的心意。尤记得中学语文老师在作文课上说，写作文不难，重要的是要做到"我以我手写我心"。当时我对于这句话不以为意，直到进入社会后才发现，我们平时言不由衷的话是那样多。每个人仿佛都是演员，有时候入戏太深，反而忘了自己的真情实意。写作也是一样，有时候我们提笔，就不由自主地想象谁会读自己的文章，别人会如何评定自己。于是就不由自主地用浮夸的话语来炫技，用枯燥无味的内容来代替自己内心深处的真实感受。真正好的文章，一定是从内心最真实原始的想法出发，一步步自由地、不受拘束地发展而来。平和而洗练，通透而不做作。仿佛涓涓溪流，自然而然地汇聚成大江大河，一路或蜿蜒曲折，或激流澎湃，最终平静地流入大海。

写作是个性化的表达，本质上是在探讨个人与世界、个人与自己内心的关系。这种驱动力，来自内心对世界的投射。正如丘吉尔心中的黑狗，冯唐心中的大毛怪那样，对我来说，关于城市的写作，是我体验世界的方式，我希望能够通过文字，与我周边丰富多彩的城市形成互动，而不是单向的记录。因此书写城市，成为我的一种生活方式。

写作的终极意义在于自我的追寻。我们可以用写作，来寻找自我的意义。这里用赫尔曼·黑塞的一段话，作为本文的结语："我常常幻想未来的景象，梦想自己可能会成为的角色，或许是诗人、预言者、画家，等等。然而这些都不算什么。我存在的意义并不是为了写诗、预言或作画，任何人生存的意义都不应是这些。这些只是旁枝末节。对每个人而言，真正的职责只有一个：找到自我。无论他的归宿是诗人还是疯子，是先知还是罪犯——这些其实和他无关，毫不重要。他的职责只是找到自己的命运——而不是他人的命运——然后在心中坚守其一生，全心全意，永不停息。所有其他的路都是不完整的，是人的逃避方式，是对大众理想的懦弱回归，是随波逐流，是对内心的恐惧。"

当我们在谈智慧城市的时候，我们在谈什么？

"智慧城市"绝对是近年来新闻上频繁出现的热词。不少人觉得好奇，城市怎么就能像人一样，变得智慧呢？也有人以为智慧城市可能就像科幻电影里那样，科技高度发达，各种人工智能产品智能地为人们服务。事实上，新一轮科技发展与城市建设的融合，衍生出的智慧城市内涵非常丰富：它整合了技术、人才和城市发展工具等多种要素。各地政府纷纷开展电子政务、信息技术和新媒体领域的创新，以提高城市智慧化发展水平。

智慧城市这个概念，最早源自于IBM的"智慧地球"的理念。2008年IBM在纽约的外国关系理事会上，提出了"智慧地球"的理念，随后基于这一理念而生成的"智慧城市"概念席卷全球，已经成为公认的城市发展的方向。中国有超过一半的城市，都从不同领域开展了智慧城市建设。

人本主义

尽管这场智慧城市建设运动如火如荼，但在相当长的时期内，中国的智慧城市发展却经历了曲折的探索过程。无论从理念还是实践，无论是从政府官员到普通市民，对智慧城市的认知，都被局限于物联网、云计算、移动互联网等基础网络的布局与建设。实际上这是对智慧城市的一种误解：以为通过投入更多的资金，建造更好的信息基础设施，城市就能实现智慧化发展。现实中，有些地方的基础设施超前发展，但是老百姓的民生问题依旧有待解决。现在很多城市的发展模式并不是在建设真正的智慧城市，而只是将"高楼大厦、宽马路、大广场"的物质建设型城镇化模式进行了信息化升级，聚焦的核心依然是物，而非人。

长期以来，我们的城市建设过于强调技术逻辑思维，工具理性大大压过了价值理性。这种发展思路让我们建设了大量崭新的城区，但在很多领域并未有效解决城市问题。对技术的过于依赖，导致了城市建设的公共属性的偏离，也造成了价值判断的模糊。发达国家在第一轮以技术为主导的智慧城市发展浪潮退去后，也开始了相关的反思。《智慧城市》一书的作者，硅谷未来研究所主管安东尼·汤森在书中提出："仅仅采纳任何一项技术本身，不管其多么优秀，都不能解决城市问题。"住建部前副部长仇保兴的一段话，就代表了中国曾经对智慧城市的曲解："'智慧城市'是IBM提出的营销概念……让我们国家走了一个极大的弯路，任何一个新的科技的应用，或者新概念的推广必须是能解决问题，但是我们相当长的一段时间被'智慧城市'的概念所误导。"

仅仅依靠信息基础设施，并不能真正带来城市的智慧发展。在城市信息化发展领域不断探索的学者们，如今都更加强调以人为本，让技术更好地为人服务。很多人把城市发展史看作是技术进步的历史、城区不断扩张的历史、农村人口不断向城市迁移的历史。其实归根结底，城市历史应该还是人的自由度与幸福感不断提升的历史。我们聚集于城市，是为了更美好的生活，是为了满足从低层次的基本温饱，到高层次的自由意志实现的多种需求。那么在这个视角下来看，智慧城市实质上是信息时代借助技术手段实现的城市发展转型：以信息通信技术支撑的人性化的城市发展模式，来不断实现人的需求向高层次跃迁。

莎士比亚戏剧《科里奥兰纳斯》中有一句著名的话，"城市即人"（What is the city but the people）。在莎翁戏剧上演几百年后，英国伦敦出台了智慧城市规划《智慧伦敦2020》，其中第一句话就是"伦敦市民是核心（Londoners at the core）"，并指出"要成功，'智慧伦敦'必须把市民和企业放在中心——这样伦敦市民才能驱动那些让伦敦成为一个更伟大的城市的创新"。同样，中国的新型城镇化也强调通过人的城镇化，实现城镇化由量的扩张向质的提升转变。一些公共政策中习惯于将智慧城市置于单独技术支撑的章节，将其局限于城市规划信息化这一狭窄的概念，这实际上缩小了智慧城市的内涵，也弱化了"数字红利"可能带来的巨大潜力。只有以人为本，智慧城市才能融入城市建设的方方面面，才能更好地实现人性化的城市发展路径。新时期，城镇化将更加聚焦于人而非物，城市的全体居民，则是智慧城市的建设主体以及服务对象。智慧城市将引领城市的智慧化发展，而其最重要的目标，就是不断提升城市人性化的水准。

在信息技术的大潮下，勿忘"城市即人"

因此，智慧城市发展路径实际上是对技术帝国主义价值观的拨乱反正。我们的城市是一味地依托技术来追求更高、更快、更大，还是利用技术来完善民生服务，更好地实现人文关怀？显然，真正的智慧城市发展目标是后者。智慧城市的建设与人的福祉息息相关。每个参与智慧城市建设的工作者，都需要以人为核心，从人的需求出发，从微观的个体视角来考量智慧城市建设的作用和价值。

公平正义

人是城市的灵魂，是城市发展动力；城市发展的历史，就是人性化不断提升的历史。在城市智慧化发展中，实现以人为本，说起来容易，但做起来并非易事，这需要我们在智慧城市建设中重视信息时代的公正和正义。

在历史上有这样一个故事。曾经有人问柏拉图："一个贫穷的国家为什么也有富人？"柏拉图回答他说："如果你把一个国家当作一个纯粹的国家那就大错特错了。因为任何一座城市都是两座城市：即富人的城市和穷人的城市。"可以看出，城市是富人的，也是穷人的。但需要注意的是，除了理想的共产主义社会，富人永远只是一小部分。因此，城市需要以普通大众为本，而不应单纯聚焦于政治、经济地位上的强势群体的利益。还记得2011年发生在美国的"占领华尔街"事件么？群众走上街头，打着牌子写着："99%对抗1%"。即便繁荣如纽约这样的国际金融中心，依然存在着社会的割裂。

科技会不会让城市更平等？还是会制造更加为权势阶层服务的城市？这些忧虑一直是科幻小说的一个重要主题。2016年获得雨果奖的科幻小说《北京折叠》，就虚构了这样一个场景：三个阶层在一个城市中进行着残酷的时空折叠。这是一个极端的情景，在不明年月的北京城，城市的空间分为三层，三个阶层的人分别占据着不同的空间，也按照不同的比例，分配着以48小时为周期的时间。第一空间有500万人口，占有24小时，他们沉睡后，城市折叠出另一个空间。第二空间有2500万人口，大多是白领，占有16小时。当他们睡了之后，城市再次折叠，第三空间出现：这5000万人是清洁工和个体户，只能生活8小时。简单地说，就是富人占据着更好的空间和更多的时间。小说中的主人公是一个叫老刀的垃圾工，处在底层的第三空间中。他一个月能赚一万块，但是一顿早饭要花一百块。老刀希望糖糖——自己捡来的孩子，去上一个月学费一万五的幼儿园。为了实现这个心愿，他宁愿冒险去其他空间送信来赚外快。这也是对城市最为残酷的隐喻了：未来的城市形成了不同社会阶层在物理空间上的隔绝，穷人直接被折叠掉了，连被剥削的价值都没有。

在信息时代，学界用"数字化差距"来描述这一现象。富有阶层占有更为便捷的网络基础设施，并且能更加直接地接触基于网络的、新兴的潮流文化，这些资源进一步强化了他们在经济基础上的强势地位。这些人会用互联网迭代升级自己的知识，积极学习各种高效工具从而不断强化自己的竞争力。而从事简单重复性劳动的人，在网络世界则更加吃力，少有的接触网络的机会，基本上也浪费在休闲娱乐上，在工作技能上反而被时代甩得更远。

智慧城市的建设更需要避免信息社会中不同人群、阶层差距的拉大。部分智慧城市建设项目虽然没有明确地针对某些人群，但只面向高端社区或办公楼，实质上忽略了那些在社会上处于劣势，而可能无法与其他人一样享用这些服务的人群。在智慧城市的建设上，政府不应该忽略那些处于劣势的人群，而应该拿出具体的措施，让其能更充分地享受信息时代带来的各种便捷。

因为正如简·雅各布斯所说："城市能为每个人提供其所需，是因为，且只有当每个人都参与了城市的创造。"智慧城市建设过程中应始终以所有人为本，而不仅仅是为优势人群提供高端的设施和服务。随着对智慧城市概念理解的深入及实践经验的丰富，中国一些城市也已经出现了针对弱势群体的建设项目。各地城市也应针对自己的现状，拿出有针对性的具体的政策和方案让处于劣势的人群也能享受到智慧城市建设带来的福利。

社会治理

好的智慧城市，将会是面向全体市民的城市，这也需要更多利益相关主体的参与。通过公私合作与多元参与，实现自上而下与自下而上两种城市发展模式的结合，改变传统的政府主导的单一建设模式。

任何学过世界和中国近代史的人，都会对18世纪中后期，分别在中国和日本开展的洋务运动和明治维新印象深刻。清朝的洋务派，只学习西方先进技术，但依旧维持封建传统体制，并没有拯救国家于水火之中。而日本明治维新则从技术和机制两方面入手，破旧立新，实施改革，实现了国家的崛起。早期的互联网泡沫，也是在缺乏机制建设的环境下，任由技术野蛮生长最终造成破灭。真正的智慧城市不仅仅是ICT技术在城市发展中的应用，也涉及城市生活方式的转变，以及城市管理理念的转变。智慧城市仅靠实物的建设是不能实现的，机制的建设至关重要。

城市规划与每个人的生活息息相关，交通、住房、服务设施等，这些细节无不关乎每个市民的幸福感。城市问题往往涉及复杂的利益相关方，各方的诉求又各不相同。在信息社会，ICT技术可以帮助市民和社会团体，对涉及的城市问题进行充分地讨论，对各自的利益诉求进行表述，管理部门可以综合各方需求后得出解决方案。在这样的情况下，城市的人性化发展，要求智慧城市建设从实际问题出发，变目标导向为问题导向，推动多方参与和社会共治。智慧城市需要解决一个个市民面临的具体的城市问题，而非为城市预设一个宏伟蓝图。通过对公共服务（智慧教育、智慧医疗等）的智慧化引导，智慧城市将更好地服务市民的需求。从实际出发的智慧城市建设将更加多样化和多元化，通过多元的参与和协同，为我们提供更加科学的解决方案。

　　智慧城市是我们的城市现代化发展的重要组成部分和支撑力量，将有力地推动城市规划、建设和管理模式转型升级。一直以来，我们都在探索：好的城市究竟是什么样子？智慧城市或许不能带来一个现成的答案，但是它能通过人性化的顶层设计、以人为本的投资建设与运营，使得城市居民的福祉不断提升。在这一过程中，技术不再是冰冷的目的，而是柔性的、有温度的手段，来实现城市对人的关怀。如果说霍华德的田园城市和柯布西耶的光辉城市主导了20世纪全球的城市化大潮，那么以人为本、人性化发展的智慧城市，代表着今后城市发展的方向。

　　城市是人类文明在空间上最为集中的体现。美国现代哲学家路易斯·芒福德说过："城市是一种特殊的构造，这种构造致密而紧凑，专门用来流传人类文明的成果。"如今的智慧城市，就是集合了在信息时代的人类智慧之大成的产物。智慧城市的建设，最重要的不是追求一种或几种技术的落地，而是要基于人类的智慧思考，树立一种面向未来的、更加成熟的城市观。因为我们有什么样的城市观，就会有什么样的城市。在电影《海街日记》里有这样一段话："每个人大概都会经历'人生很美好啊，人生很不美好啊，人生即使这样也还是美好啊'这样的三个阶段吧，而每一个阶段的感悟都仰仗智慧开悟。"城市的发展也是一样，其智慧化的发展不是简单的线性增长，而是螺旋上升的，要经历从单纯的依赖科技，转向人文和社会的"智慧开悟"。我们不能期待智慧城市这个新生事物，在短期内帮助我们解决一切城市问题。但是只要我们能够以人为本，重视信息社会的公平正义，将智慧城市由单纯的IT技术向综合的社会治理拓展，那么智慧城市也将让我们更接近一直以来的本真埋想：城市，让生活更美好。

　　人生的智慧如此，城市的智慧亦如此。

到底谁是潘金莲？

周末看了《我不是潘金莲》之后，感觉这部电影余音绕梁，让人回味无穷。影片中，范冰冰饰演的农妇李雪莲，为分到单位的房子和丈夫假离婚。没料想弄假成真，丈夫找了新欢。李雪莲就像《秋菊打官司》里的秋菊一样，倔强地层层上访，告了十年的状，也没讨到什么说法。最后她的前夫意外遇难，才为这段折腾的经历画上了句号。影片中，各个角色走马灯般地出现，每个人都是只想维护自己的利益，和李雪莲相互利用。

其实这部片子豆瓣打分不高（只有6.7），如果我没有在工作中和政府打交道的经历，也不会给它过多好评。但正因为有这些经历，所以很多情节和场景让人倍感熟悉。影片里，从乡镇干部，到县领导和市领导、省领导，再到中央首长们，所展现的工作语言和官场生态，不断让人想起做规划时，和政府官员打交道的经历。

首先让人想到的，是中国的政府组织体系：自上而下的层级体系。上级任命下级，下级落实上级的指示。自己参与过很多为政府做咨询服

电影《我不是潘金莲》剧照

务的城市规划项目。一般来说，规划项目是本级政府负责编制，上级政府审批。因此一个县、城市的项目，也就牵涉一两级政府。而省域城镇体系规划，是规划全省的城、镇的布局，所以牵涉的层级更多。李雪莲的上访历程，俨然让我重温了一次做省域城镇体系规划的全流程。

以我参与负责过的N省城镇体系规划为例。首先，省人民政府办公厅印发了一个关于成立省域城镇体系规划编制工作领导小组的通知，启动了规划编制工作。随即成立了调研组，考察了各个地级市和县。而后省住房和城乡建设厅，组织我们规划编制单位，开展对现版城镇体系规划实施评估工作。然后就实施评估报告征求了省里各部门意见，并上报国家住房和城乡建设部。住建部同意修改后，正式启动规划编制。在随后的三年里，经历了省内审查、审议，部际联席会审议，中间穿插了向省里各领导和部门的汇报，以及上专家会等。感觉经历了万水千山，才最终做完这一个项目。

可以看出，做规划耗时长、程序多，与上上下下、方方面面打交道。从纵向的国家、省、市、县，再到横向各个职能部门：市政、城建、交通、环卫、文体、发改、工信……仅仅在调研阶段，就有好几十号人兵分两路，花了大半个月调研全省各个城市。因此，我更能感受到，片子中的李雪莲的层层上访，也绝对是折腾的历程。这绝对是个个性不是一般地强、脾气不是一般地倔的人。否则普通人，根本没有可能以一己之力去折腾那么多层级的政府。

其次，非常让人有感触的一点，是官场生态。各级政府官员讲话，都非常有讲究。影片中，贾聪明和郑县长的对话颇为精彩。

"郑县长，我以我的公职担保，这件事情绝对不会出岔子。"贾聪明信誓旦旦。

"你在暗地里做这工作，图啥子？不会纯粹是为领导分忧吧。"郑县长颇为不解。

"我就纯粹是为领导分忧的……"贾聪明说，"当然啊，就是，我小贾呢，帮组织解决了这么大一个困难，我也肯定是希望组织能够关心关心我。"

"你说，你说。"郑县长挥挥手。

"我也是有进步的想法的……"贾聪明身体前倾，向郑县长表达诉求。

"小贾啊，你帮助组织做了一件大事啊……你的要求，等这件事情结束之后，组织上，是会考虑的。"郑县长回应道。

后来，马市长和郑县长谈话时，说："这样让我们的工作很被动……"这些表达方式，总让人感到并没有说什么，但实际上又什么都说了，耐人寻味，尽显含蓄。

规划师在工作中也能感受到这种官场的含蓄。有时候项目汇报，甲方领导点评时，并没直接批评你这项目，但你也知道问题很大，需要修改的很多。经验少的人，乍一听还以为领导在夸你。曾有一个同事说，他在学校读书时，一个博士师兄去某地规划局挂职。后来他们去那里做项目，和师兄重逢在酒桌上。师兄对他说，在官场久了，才了解到，酒桌上的每句话，看似随口说来，实际上每一句话都有深意，都有所指。同事经验少，无法深入那个语境，很多谈话，就理解不了。后来他说，和师兄交流后才发现，仕途或许不适合他这样头脑简单的人，他还是乖乖地去公司赚钱吧。

特别是城市总体规划、战略规划等偏宏观政策规划项目做得多了，对官方术语就有了更深的体会。入了这行，不这么说，显得不专业。"推动、落实、培育、鼓励、发展、打造"等常用词语，也是信手拈来。特别是对"抓手"这个词印象深刻，这个词总让人感觉怪怪的，让人联想到"把柄"。有时候甚至是觉得自己不再是设计师，而是通过语言游戏搞出花来。福柯认为，权力空间存在和作用于人类社会的一切领域。有时候就是这些语言，产生了自上而下的力量，在潜移默化之中，改变着塑造着我们的城市乡村。

同时，这些语言并不是一成不变，而是与时俱进。随着时代的发展，很多新词和新说法，都会不断出现：新常态、"一带一路""供给侧"；"新常态"下，"三期叠加"（增长速度换档期、结构调整阵痛期、前期刺激政策消化期）的说法，据说就是某智囊团的专家提出的。一次出差时，领导对我感叹："你看这个三期叠加，提的真有水平啊。提出这个说法的人，真不简单啊！"

另一件有趣的事情是一把手的气场。每次和官员们座谈的时候，总是发现在座的职务最高的人，往往讲得最多，气场最足。见过的一把手，总是给人强势、挥斥方遒的感觉。其实每个人天生性格各异，但一把手们的个性风格如此类似，看来也是后天环境的影响。基辛格曾经在回忆录里写到，当年他于"文革"时访华，发现周恩来单独见他的时候，往往神采奕奕，反应敏捷，是个十分了得的政治家。但如果毛泽东也在场，周恩来言谈中就会相对内敛一些。

官员的行为，深刻地影响着社会网络的运行。这并不是中国特色，而是放之四海皆准的规律。其实国外的政治圈，也是有自己的特色交流方式和人际规则的。按照吴思提出"潜规则"的定义："一个不成文的又获得广泛认可的规矩，一种可以称之为内部章程的东西……支配着现实生活的运行。"那么国外的这种官场规则在某种程度上，甚至要比我们更复杂。而且国外政府报告和城市规划的文本，也是不断创造各种语言，有些相当艰涩生僻、拗口难懂。相对而言，我们的报告和规划文本，还是更加通俗易懂的。

最后，影片让人颇有感触的是，官民有时候缺乏相互理解。其实，和政府的干部们打交道越多，越能感觉到，他们往往并不是像外人想象得那么轻松。而是整日忙于各种工作，有些地方甚至是"五加二、白加黑"的模式，极少有像反腐剧里贪官懒政的场景，绝大多数干部是踏踏实实干事的。精英式的选拔制度，有考核、有竞争，能者居上。进官场的人，大多也都是有政治抱负和理想追求的，不做出点成绩，怎么一步步向上提拔？我接触的干部们，大部分也确实是为人民做实事的。发展型的治理模式下，他们整日到处招商引资，抓基础设施建设，保障项目落地，取得的成就也是有目共睹的。

当然政府的考核制度和提拔模式，也决定了每个人都不希望自己负责的工作出纰漏，成绩不能少，错误更是不能有。因此电影中，李雪莲被踢皮球，我们工作中有时候找各个部门沟通也不是那么顺畅。电影里演的那样，其实每个个体都不坏，每个人都很努力，但是最终对于这件事情还是无能为力。这不由得让人想到王菲在歌曲里唱的词："我也不想这样反反复复，反正最后每个人都孤独。"折腾来折腾去，谁都不是潘金莲，可最终大家都承受着共同的无奈。

第三部分
乡愁与城愁

那时候我认为这里或许就是城市里最乱的地方了，盼望着有朝一日能从这里搬走……我想起加缪的话："或许每个世代内心都怀抱着要改造世界的理想，我的世代知道在这个世代是无法做到的，而这世代的任务或许更大，就是在于阻止这个世界的崩解。"

城中村：另类的都市遗产

对于城中村，我是有一些发言权的。因为在少年时，我有一段在城中村居住的经历。在小学六年级时，我父亲从部队转业到省城，我们家一开始是租住在一个朋友家。那时候还没开始住房制度改革，朋友家也是单位的公房，不让对外出租。每天进院子的时候，我都提心吊胆，怕被看门的人问到。一旦问到，我只能说某某是我的亲戚，万不可把私下租他们家房子的事情透露出去。

后来我们家还是搬了出去。那时候商品房还比较少，房租都比较贵。而我父母那时工作还不稳定，租房压力较大。后来在一个城中村找到一个两居的房子，一个月才两百块，于是就直接搬了进去。那时候我的心情很激动，感觉就像是终于结束了漂泊，有了一个家一样。许多年后读道格·桑德斯的《落脚城市》，对里面的论述深有体会。城中村就是这样一种非正规但廉价的城市空间，为我们这些迁居到城市的人们提供了最初的落脚之处。

俯瞰广州最大城中村——石牌村（摄影：岳大羽）

入住之后，才开始慢慢体会到生活的不易。我们的房子是在三层楼的顶楼，城中村自建的房屋隔热效果做得比较一般，一到夏天屋里就变成了蒸笼。而到了冬天，村民的自建房由于没有暖气，我们只能靠被子抗冻。后来我家又烧了一个煤炉，从暖气时代回归到了蜂窝煤时代。村里的小发电站供给的电力，一到高峰时段就无能为力，家里甚至为此买了一个变压器。同时由于这里不能装有线电视，我只能不断拨弄电视的天线，从茫茫雪花中搜寻一两个地方台。

这样的生活条件自然比部队大院差了许多。不过这也让我接触到了社会的另一面。住在这里的人三教九流皆有：有刚参加工作的年轻人，全省各地来的打工仔，附近技校的学生，还有一些昼伏夜出的小姐姐。我跟邻居们打个招呼，他们就给刚上初中的我递烟。当然，房东那样的本村村民看起来是最悠闲的。他们每天的工作就是养花养鸟，每个月定期收一下房租。

城中村的环境自然是脏乱差的，每天上学放学都要经过污水横流的小路。路两边各种叫卖的摊贩常常把城中村出口堵得水泄不通。走过灯光暧昧的小发廊，会看到嘈杂的网吧门口经常有小混混在打架，而路边的音像店，不停地播放着在打工仔中流行的《流浪歌》——路边还真的时常能见到流浪汉。那时候我认为这里或许就是城市里最乱的地方了，盼望着有朝一日能从这里搬走。每天中午吃饭时听广播评书，从《童林传》到《三侠剑》，各种侠客的故事被单田芳那磁性的声音讲得绘声绘色，仿佛就发生在我身边。当时我感觉自己像仗剑走天涯的侠客，这个村子只是我的漂泊人生暂居的一个驿站。事实上，除了本地村民，极少有人会对这里产生归属感。每天都有许多的人走，更多的人来，这里上演着一幕幕人间悲喜剧，现实比故事更精彩。

不过在这里住的时间长了，也发现这里的一些独特之处。夏天的夜里，有时候到楼顶铺个凉席睡觉。半夜醒来，发现楼下的马路依然灯火通明。夜市里的各色摊贩把整条街道填满，五光十色的灯火，让我想起当时语文课本上的课文——郭沫若的《天上的街市》：远远的/街灯/明了，好像/闪着/无数的/明星。天上的/明星/现了，好像/点着/无数的/街灯。后来觉得，那种底层都市的幻想，曾经是香港九龙城寨、重庆大厦里那满眼的招牌和霓虹灯，如今在城中村大放异彩，并传遍整个中国。

还有每次村里有红白事的时候，都会在路口拉上大幕放露天电影。这完全就和我小时候在农村的记忆不谋而合。而一年一次赶集，似乎整个城市的城中村、城郊村的商贩都汇聚于此。你可以看到许多电子产品、二手衣物，也可以买到农耕用具、家畜家禽。那天仿佛是城中村的节日，街道不再是街道，而成了居民们的商场、村民们的会客厅。每当我回想到那时的场景，记忆就让我产生时空的恍惚。那时候的人们仿佛脱离了都市的繁华，回归了乡土的烟火。城中村充分地展现了城市与乡村的混合，是城市空间上的马赛克，是城镇化进程中的蒙太奇。这种混合杂糅正如《拼贴城市》所言："寻求秩序与非秩序、简单与复杂、永恒与偶发的共存，私人与公共的共存，革命与传统的共存，回顾和展望的结合。"

20世纪90年代时，南方摇滚的领军人物王磊，就曾经与不少摇滚青年聚居于广州市中心的石牌村一带。他的代表作《石牌村》也反映了那时候城中村的风貌："看着眼前的房屋，以往的景象不难想出/大片的田地、散步的猪、生蛋的鸡、看家的狗/炊烟伴随着茅草屋……/今天的村是城，有鸡、有狗，茅草屋变成了出租屋/当年的村姑娘，如今房屋的老大娘/我楼下是防盗门的加工厂，生意特别好，声音特别响/吵醒了我和爱睡懒觉的姑娘/鸡狗合啼着：欢迎来到石牌村庄。"

为诸多漂泊的青年乐手提供住所的城中村，在某种意义上具有典型的摇滚气质：它在过去几十年的快速城市化过程中极其另类，似乎是对高楼大厦新城新区的一种反叛。在数亿农村转移人口进城的过程中，城中村就像是农村地区无数空心村的一个反转的镜像。它不断膨胀，像海绵一样吸收吐纳着海量的低收入人口，为他们提供了生活乃至就业的场所。在灯火辉煌的城市舞台中央（那是我们在都市白领影视剧中看到的场景）之外，城中村帮助更多的人实现了城市化——无论是物质还是精神上的。正如冰山那样，水面以下看不到的部分，更大也更重要。对于金字塔形的社会分层来说，有房有车、在城市安居乐业的人毕竟是少数，对于更大基数的中低收入人群来说，城中村以另一种方式为他们提供了都市生活的可能。

从这个意义上讲，长期以来被主流媒体赋予负面形象的城中村，具有着相当的积极意义。道格·桑德斯在《落脚城市》中论述的普遍规律，在城中村中依然适用："许多贫民窟改建计划之所以会失败，原因是那些计划只把居民迁入看似质量较佳的住宅，却忽略了落脚城市的重要功能。在卡拉伊尔这种地区，原本的贫民窟住宅虽然脏乱简陋，却具备"弹性"这项重大效益：房间与楼层都可按照家庭的需求而增添，而且部分空间也可以用来经营商店或小型工业，从而带来创业收入。这种住宅也和家户网络、交通路线以及促成富裕和持久发展所不可或缺的人际关系密不可分。在经过规划的公寓住宅区里，不论设计得多么周详，通常也还是不免丧失这种特质，因此居民通常不愿迁入纯粹只是个房子的住处。"

城中村也体现了一种自下而上的活力。曾经看过普利茨克奖得主王澍在台北访问时的一个视频。这位叛逆不羁的建筑师站在城市街头，看着头顶密密麻麻的电线，说他喜欢这种杂乱无章的感觉。他认为这里的建筑平庸，但更像城市。每当我看到日韩、中国台湾和东南亚一些城市的那种凌乱中有序的老城区时，就往往想到城中村，想到那些出租屋走出的男男女女，他们衣着并不光鲜，但生命力十足。城中村是城市中的异类，但却能给城市提供一种参差多态的美。他们需要的是整治和提升，而非全盘消灭。对于那些秉持完美城市理想、致力于拆除城中村的人来说，超模泰雅·班克斯的话或许有启示："完美很没劲，本真才美丽。"她为我们的审美创造了一个新的概念：丑陋的美丽（ugly beauty）。这也是城市多样化的魅力所在，城中村为我们提供了另一种关于城市化的价值观，一条逃生路。

城市是一个复杂巨系统，我们三十多年的城市化，更是集成了西方上百年城市发展的历程。毛姆在《月亮与六便士》里这样总结复杂的人性："卑鄙与伟大，恶毒与善良，仇恨与热爱是可以互不排斥地并存在同一颗心里的。"对于城市来说，高密度的城中村亦高度地浓缩了各种矛盾、对立与冲突的要素，是一颗最为复杂的城市之心。这里有低收入的居民，甚至云集了"三和大神"——这些对生活彻底失去希望的打工仔们，务工日结，得过且过，甚至卖掉身份证还债。而这里也云集了海量的财富，那些本地村民们因征地和拆迁一夜暴富，"二世祖"们开着豪华跑车招摇过市。这种对比让人眩晕。最穷的人和最富的人在这片达尔文的丛林中，上演着一幕真实的《北京折叠》。城中村反映了列斐伏尔所定义的日常生活那日趋复杂的空间性，其内涵远超欧美学者的想象。英文

东莞厚街镇，五星酒店泳池、城中村和高层   《银翼杀手》剧照：赛博朋克场景
写字楼呈现在同一个画面之中

中的urban village更是无法表达这种现代性的神奇。

珠三角是城中村的一个大本营。库哈斯的《大跃进》中认为，珠三角的城乡演变，正如西方理论无法解释的一个"平行宇宙"。而那里城中村的"一线天""握手楼"就是最为经典的代表，体现了充满活力的不和谐，多种要素的共生，构成了当代都市的一种混沌美。2017年的第七届深港城市/建筑双城双年展，就在深圳的城中村里。作为深圳一半人口居住的空间，城中村是双年展主题"共生城市"的核心要素，展示了这种独特的当代都市景观–人文系统。

2017年风靡全球的《银翼杀手2049》，又重新将赛博朋克这个概念发扬光大。其实，我们无须去东京或者香港那样的"赛博朋克之城"，只需去各地城中村走一走，就能看到"赛博朋克"反乌托邦的幻象。距离城市CBD 没多远的城中村里，脏乱的路边摊贩在用二维码收款，低收入人群用最新的指纹支付功能结账。穿过两栋楼之间阴暗逼仄的小巷，非正规的商贩正在给发往非洲和印度的山寨手机打包。外表斑驳的建筑与前沿的科技共存，这种场景混沌、无序，也足够迷幻。

当前我们的城市，早已成为国外建筑理论与实践的试验田。每天都有无数的新城拔地而起，那是工业流水线的产品。在"千城一面"的城市风貌中，城中村则以野蛮生长的方式，造就了另类又个性的风景。城市研究学者张宇星，高度肯定城中村这种非正规生长的价值，描述其为"来自未来的遗产"。这种来自于草根的遗产真是奇妙，看上去那么怪诞，却又魅惑十足。

新城城市化：一次夜间漫步

"非常抱歉，飞机起飞还要两个小时，请大家等待通知"，机长用不带一丝方言口音的普通话，向已经登机的乘客们解释飞机为什么无法按时起飞。如果不看机票上的地名，在机舱中，是很难通过地域特色来判断我在哪里的。至少在机场，地域性的差别被最大化地稀释了。

事实上，我只是经历了一次很常见的飞行延误，这在全国各地的机场也已经极为常见了。窗外夜色下的机场，空旷得无边无际，一个地勤人员孤零零地站在远处，被拖得很长的影子印在停机坪上。

机场是库哈斯的广普城市（Generic City）理论的典型写照：全球一体化下的城市越来越同质化，失去了自我的身份认同，而变得乏味、无趣、毫无特点，就像世界各地都极其相似的机场一样。

而我这次短期造访的是一个二线城市的新城。这个新城是过去十余年以大规模建造新城为特色的城镇化的缩影，它可以出现在任何一个稍具规模的城市中。现代化的高楼拔地而起，宽阔的马路和空旷的大广场，成为新城典型的特色。城市企业主义（Urban Entrepreneurialism）下的新城，成了城市竞争力的生产车间，代表着物质繁荣和未来的方向，象征着城市的雄心与梦想。

但随着眼下地产泡沫的逐渐破灭，以大规模地产开发为主体的新城建设，渐渐看起来没有之前设想得那么美好。其实近些年来一系列问题已经出现：睡城、死城、鬼城和其他一些妖魔化的名词开始见诸报端。西方近百年的城市和郊区的纠葛，在中国浓缩于过去的短短十数年内。

在新城住宿的第一个晚上，我外出散步。地图上看，那里到江边只有三个街区的距离，我便步行前往。但半个小时之后，我已经准备放弃，因为我刚走了一个街区多一点。巨大的地块尺度，以及对行人不友好的街道让人望而却步。半个世纪前，勒·柯布西耶未必会想到他的光辉城市理想会在中国最大规模地实现。除了一些快速行驶的汽车，路上几乎很少见到人，哪怕是在城市别的区域很常见的散步的老人，和跳广场舞的大妈，尽管人行道的尺度已经足够两队人马展开广场舞的dance battle。这让人想到简·雅各布斯的街道眼理论。不过或许缺乏行人和城市活力的街区也并非一定不安全，例如这里的小区也有一定的入住率。在诸多起着欧美名称的小区外，从房产广告上可以看出这里销售的都是150平方米以上的大户型。或许对更大私人空间的追求，一定伴随着对公共空间的冷落以及其承载的夜生活的萎缩。

随后终于在一个路口附近，遇到了大量的人流：一个中学的学生下晚自习。一些在附近居住的学生步行回家，另一些打出租车或者等家长开车来接。代际的生活方式或许是一个有趣的隐喻：他们生在与我们当年全然不同的城市环境中（我们80一代大多是生长在以老公房为主的老城区），用着现代的通信工具（智能手机和ipad），但却仍在极其相似的教育体制下延续着相似的城市活动。而新城中那些看上去缺乏人气的人行道似乎符合这些学生的需求：空荡荡的人行道适合phubber（低头看手机一族）们走路而不会轻易碰到障碍；小跑过50～70米宽的道路似乎是一种课余的补充锻炼；灯光稀疏的道路适合十几岁早恋（或许他们这一代已经将这个词抹去）的学生成双入对地消失在夜色中。

事实上，在人口老龄化结构变动的背景下，物质空间的建设在规模上超前，但缺乏对使用者的考量，以至于对于老龄化、少子化的社会缺少灵活应对的方式。人口红利的过早消失，让大规模的新城型城镇化的发展动力堪忧。目前的城市空间，在未来能否达到设想的城镇化水平存在疑问，城镇化率的预测更多地沦为一种行政性的指令蓝图。在光辉城市的背后是一种供过于求的城市空间。过快的转变和不确定性的增加，让这种新城型城镇化面临早衰的危险：刚启动时，城市正像一个壮年；而现在马上面临着人到中年的忧虑。

但面对新城空间的消费者来说，或许是另一番情景。正如路边张牙舞爪地占据着人们视觉空间的地产广告告诉我们的一样，在这个阶层差距巨大的国家，新城象征着身份、地位和荣耀，是新贵们和中产阶级的必然选择。我想起十几年前，最大规模的新城建设始于一个中部省会城市的国际竞赛。一位来自日本的建筑师在那里做出了自己多年来在日本无法实现的鸿篇巨制。当时他的方案受到一些专家的质疑，但是在一个民意调查中，绝大多数的市民却表示赞同。后来在国外我曾经和一个来自发展中国家的教授讨论过这个事情，她说，这种情况下就需要规划师们的引导，规划师在这个角度上需要成为公众的教育者。但是西方的规划理论，在中国面临着水土不服——公众参与的不完善，体制、机制的制约，让规划师的身份更加尴尬，理想主义往往让步于现实的局限性。而关于多元社会的讨论与争论，无疑让这个问题更加复杂。

在西方，特别是英语国家的语境下，郊区象征着自由、舒适和高品质的生活方式。如果说西方城市半个多世纪以来，持续着以个人享乐和公众利益矛盾为核心的城市蔓延斗争，那么中国则是政府主导的大规模的、高密度的城市蔓延。"高楼房、宽马路、低密度①、没人住"，或许是这种新城型城镇化表象的注解。

需要注意的是，城市终究是人与物质空间相互塑造、双向互动的产物。空间拥挤、设施落后的老城是上一代城市人的记忆，而在新城长大的一代人一定有着对城市不同的情感。新城的文脉尚未成型，或许还需要时间进一步验证。目前我们现有的理论大多建立在对以往城市空间的理解，在雅各布斯语境下，老城区的美好是规划师们所普遍提倡的。但是学界的呼声无法阻挡广大市民对于巴西利亚式的宏大新城的向往。理论上的最优未必是现实中受欢迎的选择。在这种情况下，让规划师成为公众教育者，或许会成为一个伪命题。而利益驱动的地产商们显然更为聪明：市场营销的每一种手段，都是迎合观念而非扭转它。买卖双方对于新城房产购买的默契，一直是助推新城发展的根本动力。而大众民意也最终成为市场交易的合谋者。真相有时依旧是苍白无力的。正如卡尔维诺说的那句话："我会告诉你你想知道的东西，但我从来不会告诉你真实。"

---

① 低密度是相对于老城区的低密度，并非绝对密度很低。

综合体城市主义：作为异托邦的魅惑与疏离

1. 城市综合体考察：两个案例

在快速发展与急剧转型的中国城市中，住宅地产开发的浪潮过后，以综合体为代表的商业地产开发，成为塑造城市形态的重要动力。城市综合体的缩写HOPSCA，是其在国内相当常见的一种名称。HOPSCA是指融酒店（hotel）、办公（office）、公园（park）、商业（shopping mall）、俱乐部（club）、公寓（apartment）等若干功能于一体的多功能建筑。在北京，近年来不断涌现的各种城市综合体，成为商业空间演进的一种新模式。这些综合体不仅以独具特色的形体塑造了城市景观，也通过多样化的功能植入创造了新的都市生活空间。

我在周末走访了两个知名的城市综合体。首先是东直门附近的当代MOMA，这是一个商住综合体的典型代表。当人们经过这一区域时，映入眼帘的不再是常规的板楼和塔楼式样的住宅楼，而是富有变化的八栋楼宇，以空中连廊相连接形成一个具有强烈视觉冲击力的建筑群。MOMA这个名字来自纽约现代艺术馆（The Museum of Modern Art）的

马蒂斯的《舞蹈》（左）；当代 MOMA（右）
（左图来自 https://en.wikipedia.org/wiki/Dance_Matisse）
（右图来自非亚：《建筑舞蹈——霍尔的当代 MOMA》，《广西城镇建设》2012 年第 7 期）

英文缩写。这座综合体的设计师史蒂芬·霍尔的设计灵感，缘自纽约现代艺术馆所藏的法国画家马蒂斯的油画《舞蹈》。那幅画中，几个人手拉手起舞的场景成为这座综合体形态的最初来源。

当代MOMA是北京奥运会前后兴建的地标性建筑之一，曾作为唯一的公寓类项目，与鸟巢、水立方和国家大剧院等一起被美国《商业周刊》评选为中国十大新建筑。这是一个典型的商住综合体建筑群，总建筑面积22万平方米，其中住宅和商业分别为13.5万平方米和8.5万平方米。国际化的场所营造和绿色建筑技术应用是其突出的特色。作为美国东海岸的建筑大师、建筑现象学代表人物史蒂芬·霍尔的重要作品，当代MOMA的设计理念是希望能用一种独特的建筑体验，来打造多样化的都市生活。霍尔的设计注重场所精神的塑造，和人际交流的促进。与常见的封闭型高档小区不同，当代MOMA面向公众开放，力图形成一个通透的城市场所。而场所感，正是霍尔一直以来在其作品中所追求的。

当代MOMA由8座塔楼围合而形成核心的公共空间，在其中坐落着一个电影院和人工湖。这座名为百老汇的影院，以播放非主流的欧洲文艺电影而知名。而住宅楼下诸多小规模的底商中不乏一些富有特色的小店，比如库布里克咖啡馆，就因其现场文艺演出和座谈等活动，在京城文艺青年中颇有口碑。这些店铺被设计者称为微型都市生活单元。电影院屋顶的花园、挖湖堆积形成的土丘、滨湖的道路和穿插楼宇之间的小径，都组成了丰富的开放空间，并以一种随性的姿态，为小区居民和到访游客提供了多样化的体验与感受。多功能的空中连廊均为通透的玻璃体组成，适合眺望，作为人行天桥将8个公寓楼在空中连接起来。连廊内部则是各种健身房、会所、艺术展厅等，同样作为公共的空间对外开放。正如霍尔提到的那样——建设"城市中的城市"，当代MOMA试图打造一个具有生活氛围的小型城市。而这正是设计的初衷：在打造一个个性张扬、形象鲜明的地标性建筑的同时，促进住宅、商业和娱乐等功能的充分混合，也能够塑造新的公共空间，给予使用者以独特的体验并促进交流。同时，当代MOMA也是绿色建筑的先驱，布置了室内新风系统、地源热泵系统、中水回用系统。能源等智能控制系统等均提升了室内的舒适度，也减少了能耗、水耗。当代MOMA建成之后不仅从功能上成功打造了一个高档社区，并带动了开发商的其他几期商住地产的成功，更是利用视觉形态的塑造提升了其品牌价值。

　　而从当代MOMA往南，经过北京夜生活的中心工体一带，就到达另一个知名的地标性综合体建筑：侨福芳草地。这是香港侨福集团在大陆投资建设的第一个大型项目。从拿地、策划到建设和开放，经历了超过十年的精细运作。侨福芳草地的设计方是香港综汇建筑设计有限公司，主持设计师徐腾在英国工作多年，芳草地也明显受到了英国伊甸园项目的影响。芳草地是集高档写字楼、购物中心、艺术展览和酒店于一体的新型综合体建筑。与一般的购物中心不同的是，这里的写字楼的比例，远远大于商业建筑，尽管不少市民以为这里仅是一个购物场所。芳草地营造了一个立体的复合型消费和生活的空间，给予人们多元的商业和休闲体验。下沉广场中各色艺术品的陈列、水平与垂直交互的交通系统、建筑空间序列的整合与变换、各种丰富的装饰细节，连同入驻的高端品牌的旗舰店，造就了多样化的消费和休闲的共生布局。同时，作为获得LEED铂金级认证的绿色建筑，其可持续发展的理念和绿色环保技术的使用也独具特色。金字塔般的外壳将四座塔楼连为一体，并在内部进行微气候的调节。

　　芳草地在商业上无疑是成功的。在非传统商圈的区位，通过场所营造吸引了大量客流，以购物等多种功能来带动其他功能的综合开发。芳

芳草地：现代艺术与高端品牌结合的综合体

草地与其南边的世贸天阶一起，共同形成了新的商业中心，产生了空间价值外溢。

事实上，在这两个综合体的周边，三里屯、CBD、望京等区域，云集了更多的综合体。尽管它们形态各异，开发运营模式也各不相同，但都具有一定的共性：功能的混合与集约、后现代主义建筑的地标打造、特色公共空间的塑造、丰富的场所体验以及绿色建筑技术的应用等。综合体以高密度的建筑群体形态，嵌入了发展变化中的城市肌理，并以空间营造的方式介入了市民生活，也在一定程度上提高了区域的活力和品质。

相比城市规划行业，地产与建筑设计行业更具有国际开放性。事实上，国外的建筑师通过这些大型的综合体设计，在中微观的层次上参与了城市发展的历程，对城市形态演进产生了相当大的影响。综合体以后现代与后福特的城市开发建设方式，对单调乏味的现代城市增长机器的运行，进行了一定程度上的调整。

2. 城市发展断代史

从城市发展史来看，如果说美国的新城市主义是以高密度和混合用地的开发模式，来对城市蔓延和功能分区进行校正。那么中国城市则经历了另一个不同的时序与路径。当美国在"二战"后机动化和郊区化的发展态势下呈现出城市蔓延的时候，以北京为代表的中国城市正在苏联模式的城市规划指导下，进行街坊式住宅的大院建设。单位大院用地自成一体、高度封闭，又在内部配有各项服务设施，功能高度混合，配合以步行加自行车的慢行交通模式。同时在形态上，大院保持了城市一贯的平面性，正如张永和所认为的那样，北京一直是一个"水平的城市"。

而在改革开放后，城市在市场机制的驱动下进行了大规模的商品房建设，私有经济的蓬勃发展，单位大院逐渐瓦解，城市功能分区逐渐形成。在过去的三十年间，中国城市经历了一种以高层建筑和大型商品房小区为载体的高密度、立体化的城市蔓延。大院内部的活动被分散到城市各个角落。在北京，每天都能看到回龙观、天通苑等郊区卧城与城市核心区之间因通勤而产生的潮汐交通。而混合用地的模式，恰如其时地漂洋过海来到这里。综合体于此时以一种后现代的姿态，介入了城市演化的过程。

几乎所有关于城市蔓延的图片，都是在二维空间上表现城市漫无边际的低密度扩张。而在某本建筑学的漫画书里，有一幅有趣的漫画，把摩天大楼看作是平面图上代表着城市蔓延的尽端路（cul-de-sac）的立体版，称之为立体的城市蔓延：人们从一个楼上到达另一个楼上，需要乘电梯下楼到地面，再从地面到达另一个大楼，再乘电梯上去。这样就造成了更多的交通量和能源消耗。不知道霍尔在设计当代MOMA时是否看过那幅漫画，但通过连廊将高楼连接起来，的确是在立体的空间上打通了向天空延伸的尽端路，在垂直方向扭转了城市蔓延。综合体发达的立体交通，将平面上的工业化社会背景下的功能分区以后工业化的方式在立体上再度组织。城市综合体以一种多元、混合、弹性、紧凑的形式实现了城市布局的再组织和空间的精明增长。以商业为核心的功能混合，为城市带来了人的活力，减少了机动交通量。绿色建筑技术也促进了城市的生态化发展，同时也促进了城市存量空间的再利用。

尤其是在中心城区，除了少量的历史街区外，城市在计划经济时代匀质扩张的空间，不断被解体与重构。城市综合体在这种城市重构的过程中，起到了特殊的作用。从某种意义上来讲，混合用地、精明增长等都是后工业化社会的产物。而立体的混合，正如我们看到的综合体所做的那样，与后现代的建筑设计不谋而合。与传统的商业建筑不同，综合体以立体城市的形式，打破了水平城市线性而单一的发展模式。综合建筑进行了立体空间片段的整合，一定程度上促进了就业和服务、商业和公共设施的复合，进而填补了单位大院的混合功能日趋瓦解下的真空。在商业化的驱动下，土地资本向更高的天空进行空间的生产和消费。"奇奇怪怪"的建筑，于此时高扬起了资本驱动景观的天际线。

21世纪第一个十年，是中国城市扩张最为迅猛的十年。特别是在北京举办奥运会前后的几年里，有形的城市规划和无形的市场经济规划，在地标性建筑上达成了一致。在全球化的大潮中，古老的城市迅速投入现代化的漩涡。一时间，北京迅速成为世界明星建筑师的试验田和各色建筑思想的实验室。各种活动的举办促成了国际资本的盛宴，也使得跨国资本通过地标建筑实现了空间的再生产。在资本的注入下，综合体成为张开双臂拥抱全球市场的现代化的样板。建筑在意识形态上具备了示范效应，开发商取得了具有中国特色的胜利。而综合体则通过对文脉的嫁接，融入了这座城市碎片化的、异化的他组织过程。

如果说欧洲的城市是随着时代变迁由中心向外层层推进的话，北京的城市发展则呈现出强烈的阶段性和跳跃性。市场经济下，正如库哈斯所认为的那样，购物成了当代城市公共活动的主体。以商业服务为核心功能的综合体，浓缩了空间的生产与消费的全过程。它以充满个性的外观，表达了消费主义下的审美取向，成为这个时代欲望的缩影。巧合的是，在互联网时代，这种空间营造手段有效地挽救了商业建筑的衰败，一定程度上挽救了受电商冲击的实体商业空间。与此同时，以商业化主导的城市开发模式，日益模糊了城市物质形态与文化语境。以立体城市著称的香港，其具有代表性的楼宇之间的连廊，以异化的形式频繁出现在综合体中。连廊代表着一种模糊性，正如缪朴在《亚太城市的公共空间》中所指出的，它体现了亚太城市公共空间与私人空间混合的特点。

综合体的基本理念是城市功能的复合。这种混合在某种意义上体现了一种不稳定的平衡。《拼贴城市》一书中引述了列维·斯特劳斯的不稳定平衡："在结构与事件、必然与偶然、内在与外在之间的平衡——它经常遭到来自某个方向作用力的威胁，或受到其他源于时尚、形式和社会总体状况变化的影响。"综合体作为一种偶发事件，在城市机体的结构进化的过程中促成了超越本身的深刻影响。

3．异托邦

米歇尔·福柯在其《关于异类空间》一书中明确提出了"异托邦"（heterotopia），也被称为"异质空间"的概念。这个词来自希腊文，字面的意思是"差异的地点"。与这个词语最早在医学中指冗余、错位或移植的器官不同，福柯将这一概念聚焦到了差异的空间中。这类空间在社会研究者眼中是非主流的，并且具有颠覆性的异质社会空间与景观，以及深刻的文化、政治与社会关系内涵。可以借助我们更熟悉的"乌托邦"（utopia）一词来理解异托邦——如果说乌托邦是并不存在的地方，那么异托邦则是真实存在的。按照福柯的定义特征，异托邦没有普遍的形式，在时间上呈片段性，具有特定的文化属性，并且对其他空间具有幻觉和补偿的作用。

综合体毫无疑问是我们当代城市的异托邦。它们具有与城市的母体截然不同的形态、功能和发展模式。综合体是城市物质形态的一种变异，也是一种异域的植入：脱胎于国外的形态模板与国际化的设计和资本运作。但这种异端从一开始就拒绝被边缘化，并产生了福柯所提到的，异托邦带来的幻觉。综合体成为一种众开发商所青睐的、竞相模仿的对象。综合体主义开始走向舞台中央，并不断扩展自己的边界。

综合体与其周边20世纪七八十年代建造的红砖老公房，以及90年代最早的一批塔楼商品房，形成了鲜明对比。同时它们也与传统意义上的商业建筑决然不同。其独特的形象和场所的塑造，旨在打造一种基于不同的文化属性而形成的异质空间。作为后现代主义形式的建筑，综合体对城市进行了缙绅化改造。地标性的塑造，潜意识中是对现代主义千城一面的反抗，试图以一种革命的方式创造一种更新的地域主义。在这样的背景下，城市肌理与文脉更多地成为一种意义不大的文字游戏。作为不同于地域文化的"他者空间"，综合体自然不必与周边过于协调。

很难说综合体实现了对现有城市发展模式的彻底取代，但其确实产生了一定程度的颠覆性影响。正如拉丁字母虽无法取代汉字，但我们却无法阻挡众多英文单词和缩写进入我们的日常语言。在这样一个历史大潮中，综合体适时披上了城市荣耀的光环，成为市井雄心的重要入口。富有特色的场所吸引人流的背后是社会财富的角逐。在商品化和物质化的浪潮下，综合体顺理成章地成为城市再造的一种期盼。回想20世纪90年代的《北京晚报》上，有文章说北京从文化气质上讲是个没有白领的城市。而如今的都市电影中，展现白领生活的场景不再以小资著称的上海为取景地，北京的三里屯、CBD的各种综合体建筑则成为影片取景的新宠。事实上，相当多的导演和演员，都住在这样的综合体中。告别了胡同和大院那样的市井生活的意向，在描写当代白领的影视剧中，透过大落地窗俯瞰城市的景观，成了代表城市的勃勃雄心的叙事场景。借助媒体的文化推广，综合体主义创造了幻想的、作为镜像的空间，一种充满魅惑的场域。正如电影《小时代》中，人物会从北京的一个综合体再出现到上海的另一个综合体中。综合体成为符合特定喜好和品位的空间。电影人物在同一种城市模块里穿梭，而不是在传统意义上的两个城市间穿梭。从更广的尺度来讲，综合体成为全球一体化下的时空奇点。进入北京的综合体，便可在文化心理上穿行到香港太古广场、福冈博多运河水城、柏林的索尼中心或东京六本木新城这些城中之城。这便演绎出了罗西提出的"相似性城市"的综合体类型学。

在异托邦的语境下，时间和空间是不连续的片段，人们的生活也出现了分裂。综合体本身，作为橱窗中的商品或画廊里陈列的艺术品，影响并承接了市民的欲望和想象。在一个商业办公综合体中，可以看到这是白领恋人约会的地方，是时尚女郎消费的地方，是跨国公司办公的地方。这里对于多数市民来说，他们对这种空间的体验经历只存在于假日等特定时间，而工作日的他们又投入到截然不同、空间分离的其他生活中。综合体主义人为制造了一种大众文化向往的，但只能短暂逗留的生活模式和空间，尤其是给白领提供了逃离当下的生活重压，获得片刻的身心安慰的异域空间。

在这样的变换中，综合体扮演了福柯所举例的代表了异托邦的"度假村"的角色，承载了城市新兴中产阶级的一种迷幻的梦想。空间使用者在空间变换中体味到文化心理上的距离感，伴随着欲望与野心，更表现出其敏感脆弱的一面。建筑物化为让人纠结的商品，综合体在让人观望的橱窗后被贴上标价：它们不可轻易获得，充斥了情欲与暧昧。卡尔维诺在《看不见的城市》中论述珍诺比亚城的分类时，谈到对城市的区分："一类是经历岁月沧桑，而继续让欲望决定自己形态的城市；另一类是要么被欲望抹杀掉，要么将欲望抹杀掉的城市。"而作为城中城的综合体，或许是这两类城市的混合体，它以一种糅合欲望的观点，拒绝非此即彼的判断。而后福特主义的空间，也造成了城市记忆的日益模糊。正如法国学者哈布瓦赫在探讨集体记忆时说的那样，"不同记忆依次不断地卷入非常不同的观念系统当中。所以，记忆已经失去了曾经拥有的形式和外表。"

4.孤岛或理想国

福柯在提出异托邦概念之后，并未对之进行更深入的范式建构和探索。异托邦作为一个抽象的、宽泛的概念，在随后的多元化的现代空间理论中频繁出现，并且被不同理论所解释。而综合体的异质性，造成了其内部混合，但与外部隔绝的特征。综合体作为一个个漂浮的岛屿，促使以地块为单位的城市空间呈现出单位大院的小社会——功能分区的城市用地——内部混合型孤岛的路径演进。

综合体主义潜意识里是以自我为中心的，强烈的自我意识必然将自身与周遭严格区分开来。它们少有与周边的关联与交流。一街之隔的小区，大妈们遛狗买菜，街头摊贩在兜售商品，截然不同的生活情节与往常一样并行不悖。同时，混合用地强调打破物质空间上的隔离，但在社会空间与心理领域的潜在隔离却以一种非连续、非均衡的模式悄然形成。在这种情况下，综合体在试图融合城市功能，调和严格分区的同时，又制造了一种新的分割。城市的演进与整合进一步碎片化，被打上了马赛克的拼贴。一种杂糅的亚文化正以一种"Chinglish"般的语言统领这一区域。综合体产生了一种新的封闭的文化区域。虽然并不像封闭社区那样有明确的禁止进入的门禁，相反它是鼓励公众参与其公共空间的活动中，但是一种基于经济和文化基础的看不见的手，悄无声息地对目标人群进行了过滤。

扬·盖尔在《交往与空间》中提到社会关系和建筑布局的关系时，引用了哥本哈根建筑学院的研究结论："社会交往的形成与否主要取决于居民之中是否在经济、政治或意识形态方面有共同兴趣。如果找不到这些因素，就没有相互交往的基础。"如果缺乏这种共同的基础，哪怕物理边界是开放的，但是社会边界依然横亘其中。正如我在当代MOMA所见，一位常年在那里工作的保安说他从未上过楼上的连廊。他说："那里的健身房年费都要好几万，不是我去的地方。"他和其他打工的老乡一起租住在这个空间之外的城中村，常年在此工作的他与这个空间并未产生更深一步的关联。当被问到去随便看看不行么，他回答道："为什么要去看呢？"空间的使用者对空间并没有太多的兴趣。部分原本被设计为公共空间的区域也并没有像设计者设想的那样完全开放，而是通过高昂的价格设置了私有门槛。而小区的电影院的楼顶也封闭了，不知道是不是缺乏交流需求的原因。

综合体成了特定人群生活或者特定生活方式的承载空间。一位街拍摄影师说，他只会到那些高档的购物中心去拍时尚姑娘，而对其他的区域选择性无视。对于某些在京城的外国人来说，他们宁愿一直待在看上去具有国际情调的空间中，而避免进入外围那个他们觉得陌生的真实的城市。霍尔为当代MOMA命名为联结复合体（linked hybrid），但他可能并不知道这个空间产生的不是混血（hybrid）而是马赛克（mosaic）。这种隐形的边界颇似美国的种族文化：在学校，不同族裔的孩子往往是分开扎堆的，但事实上并没有任何规定要求人们这么做，只是空气里仿佛有一只看不见的手进行了这样的分离。在这样的分化中，综合体着力营造的公共空间对于不同人群的交往究竟会有多大的促进作用，令人存疑。物理空间的连接并不必然意味着促进社会空间的联系。促进人与人交流的第三空间理论或许不能很好地适应本地水土。而国内重视封闭的私密领域的传统，更使得类似空间概念的运用凸显出后来者的焦虑：试图通过模仿来实现一种模式化的追赶。

事实上，综合体本身并不能做出价值判断，但是建筑场所必然与其所在的特定时空发生社会对话。秩序与重构、重叠与关联、传承与激进、改良与革命……而综合体恰好处在这样一个时代焦点上。毫无疑问的是，综合体主义配得上爱德华·格雷泽在《城市的胜利》中对大都市的热爱与推崇，也完全符合城市乐观主义的所有主流观点。在传统购物中心、百货大楼时代之后，它再度激发了城市的商业活力，带来了内城的繁荣，维持了网络时代下购物空间的人气。即便是在西方国家，一些综合体也因其国际化的拼贴色彩而被指媚俗。但在这个城市空间演化更多样、更具跳跃性的城市，综合体这一地理样本更面临着后殖民话语下文化冲突升级的挑战。

库哈斯在研究中国快速城市化的书籍《大跃进》（Great Leap Forward）中试图描绘的一种新的城市状态，加剧差异的城市："与传统城市所追求的一种平衡、和谐与等同的环境不同的是，加剧差异的城市建筑于它的各部分的最大可能差异之上——各部分间互补或者竞争（作者注：这种"加剧差异的城市"可以理解为城市内部差异越来越大的城市。举个简单的例子，一个两极分化的城市中，豪宅区和贫民窟同时存在，并且随着贫富分化的进一步加剧，豪宅区愈发豪华，贫民窟愈发破败）。在持久的战略性狂热气氛中，衡量加剧差异的城市的并非系统化的概念，而是对意味、侥幸与不完整的机会主义的运用。在加剧差异的城市模型中显现出一种残忍——基于其各部分的原始和充沛精力——相反，实际上，它却精致而敏感。对任何局部的轻微改动要求整体的调整，以重塑互补的极端之间的平衡。"

或许从更长的时间轴上来看，综合体只是城市动态发展的阶段性产物。追溯源头，朝阳区的大使馆区域最早产生了一些酒吧、西餐厅等国际化的服务设施，进而吸引了一些外企临近布局。国际商务人士的进一步集聚，带动了高档公寓、酒店、写字楼的需求。功能集成的现代综合体在这样的环境下应运而生。而在当前，综合体的异质性使得其在城市开发中脱颖而出。触媒，这个城市规划领域常见的词来自于英文单词catalyst，其含义更多是指催化剂。那么在未来，作为孤岛的综合体，是否会作为催化剂，促进城市更新和存量规划的模式产生？还是在城市这个复杂的巨系统中，像黑天鹅一样产生不可预知的深层次随机扰动？

这是难以预测的，但或许我们可以看到，尽管看上去冷漠，但对外界的干预性一直是镶嵌在异托邦的基因里的。如果说福柯认为当年前往北美的欧洲移民的船只也是一种异托邦，那么我们唯有等待综合体带着我们达到一片未知的大陆。

高铁时代

　　城市是人类活动最频繁、交往最密切的场所，也是集人造环境之大成的空间。奠定现代城市规划基础的《雅典宪章》，明确了城市的四大功能：工作、居住、游憩和交通。每一种功能都有其特定的活动空间。而交通工具本身，也可以被看作一种人造空间，人类通过这种空间与其他空间产生了互动和联系。与城市里每天都被堵在路上几个小时的人类似，经常出差坐高铁的人，把一部分的人生，都花在了车厢里。

　　高铁是城市间人口流动的重要基础设施。密集的人口分布和紧凑的城镇布局，使得中国走了"高铁+城市网络"的城镇化新路。进入"新常态"后，中国经济由高速增长，调整为中高速增长。但我们的火车速度却越来越快。高铁，成为中国速度的新的代表。

　　我坐在这辆达300公里/时的车厢里，窗外的城市和乡村景观飞速变换。列车从北京一路向南驶去，车厢前的显示器不断跳动着以大地为参考系的列车速度。我翻开车上准备的杂志，依旧困惑：在名词概念上，和谐号是否等同于动车组。在过去的岁月里，火车一直是国人外出时最为倚赖的交通工具。从某种意义上讲，火车和国有商业银行一样，作为制度安排，保证了中国特色的发展路径。绿皮火车经历了多次提速，后来有了动车组，再到现在的高铁。火车已经将故乡小村到北京天安门的距离缩短为不到三小时。从前父辈那个年代，去一趟省城，就要花一整天在路上；如今"千里江陵一日还"这样的理想，已经成为现实。不知道当下这一代的年轻人对火车的想象里，是否还有曾经的浪漫幻想。

　　我很喜欢火车上的时光，往往把这段时间用来休息和思考。火车在铁轨上的行进，仿佛一个时代变换的缩影。塔科夫斯基认为，"电影，就是雕刻时光"。那么火车则是这句话很好的注脚。沿着铁轨望去，我们可以看到小津安二郎的《东京物语》中的新干线，侯孝贤的《恋恋风尘》中穿越乡间的火车，以及杨德昌《一一》中台北的捷运。火车体现了时代的速度，在轨道上对时代气质进行着深刻的遣词造句。当年邓小平访问日本时，在新干线上被问及感受。老人的回答很简单："就是感觉快，有催人跑的意思。"而如今呼啸而至的高铁，至少部分实现了当年一代人的愿望。

火车迅速地穿过一个个城市，以及城市之间广袤的田野。华北平原上的城市与农村，首都与省会，都在经历着看似渐变，实则巨变的过程。中国从没有像现在这样如此急剧变化。当今的中国，是一个各种"城市建设实验"的场所。物质的毁灭与创造、思想的喧嚣，都在这片曾经寂静的土地上展开，纵向跨越了几个世纪，各种发展阶段并行不悖在这片土地上展开。农村民宅墙上不仅有红白喜事的鼓乐队和化肥饲料的广告，也有办证或者网络产品的宣传，此外就是诸多有中国特色的标语。前些年写的计划生育的标语尚未褪去，最新的鼓励生二胎的标语已经刷了起来。田野上还是千百年来小农耕作的麦田，而车厢里的孩子们则用上了苹果最新型号的手机。当然多样化并不意味着整体的成熟，正如认为农民都随时用手机上网就是真正的现代化一样，实际上这是一种过于简单的论断。

高铁让城市的扩张呈现了新的形态，城市由一个个的点，变成了一张大网。这让人在城镇化的浪潮中，更加无处可逃。新的空间被生产出来，许多城市也冒出了"××南""××东"等因高铁而新建的车站。高铁站的各种广告牌上，是各个城市的宣传广告，从国家级新区，到城市旅游，再到豪华别墅，不一而足。而我印象最深的一个广告标语，是某个车站看到的一句话："高铁时代，成就未来。"

近些年，随着高铁的不断发展，高铁商务出行的吸引力不断提升。在五六百公里以内，高铁简直对飞机形成了压倒性的优势。"十三五"期间，高铁将更加决定城市的命运。除了乌鲁木齐等少数城市外，几乎所有的省会城市，都进入了8个小时以内的高铁交通圈。人们相信，全国"八纵八横"的高铁新格局，将再次改变城市的竞争版图。我们正在见证一个新时代到来。在全国如此巨大的空间尺度上，传统运输业和区域经济版图，都因高铁而面临着洗牌。高铁正在形成一个巨大的产业链，从旅游、地产到商业，改变着一个时代。

作为一个在全国各地做项目的城市规划从业者，这两年我出差时坐飞机的次数越来越少，乘高铁越来越多。在车上，思考着与高铁有关的一切，你会感到快速变化的时代给人带来的眩晕感。时空的急剧变化，让人感到无所适从。卡尔维诺在《光年》里有一句话："与我达成相互谅解关系的那些星系正跨越着十亿光年的界限，其转速之快，若让我的信息传到那里，需要很吃力地抓紧赶上它们的速度飞行……"速度让人感到迷惘和孤独，这是一种人生常态。

于是，我停止了思考，闭上双眼，进入禅定时刻。或许只有在这一刻，可以体会阿兰·波顿在《旅行的艺术》中，描述的车厢里驶过原野的感觉："车厢里一片沉寂，只听见车轮有节奏地敲打铁轨的声音；这有节奏的敲击声和窗外飘逝的风景把人带入一种梦幻之中，我们似乎出离了自己的身体而深入一种常态下我们不可能涉及的地带，在那里，各种思虑和诸般记忆错杂纠缠。"

园区中国

在国外留学时，曾有一个中国老师，给全班同学放映过一部关于中国制造的纪录片。影片开头，是一个沿着工厂流水线从这头走到那头的长镜头，镜头缓慢地展现了流水线上的各种工艺流程，长达五六分钟。这个超级长镜头一出来，就把国外那些从来没见过工厂的学生们给震得目瞪口呆。

对于欧美学生来说，工厂大概是他们父辈或者爷爷辈的记忆。从"二战"后开始，特别是20世纪六七十年代后，制造业越来越多地转移到发展中国家。而中国改革开放以来的经济高速增长，就建立在世界工厂的基础上。欧美人，更多是从沃尔玛购买廉价的中国制造的产品。至于这些产品是如何生产出来的，他们既不了解也不关心。而我则对中国制造的空间——工厂和产业园区，有着更多的接触和体会。印象中最深的一个场景，就是在北京亦庄的经济开发区，看到一个生产平板显示器的企业那连绵数百米的大厂房，被深深地震撼了。在雾中，它就像一个巨大的金刚或哥斯拉，张牙舞爪地向人展示着自己的庞大体量。那一刻，我真正地感受到个体的渺小和组织的庞大。或许，每一个富士康的工人，都有着这样的感受。

城市规划是进行空间布局谋划的行业，工厂和园区的规划，也是我们经常接触的项目。如果说城市是我们的生活空间，那么多数位于城市外围的产业园区，则是生产的空间。地理学者大卫·哈维致力于研究资本流动下全球空间的再生产。每当读到他的理论，就会不由自主地联想到那些巨大的、无边的产业园区。空间的生产，与生产的空间，在产业园区就此交汇。

21世纪的头十年，被包括城市规划在内许多行业称为"黄金十年"。每年两位数的GDP增幅，随之而来的是城市扩张的"大跃进"和房价的飙升。很多人并未注意到的是，城市外围的产业园区，也像油门加到最大的跑车一样，一路狂奔，急剧扩张。在GDP主义导向的官员考评机制下，工业项目能够带来最快速的产值增长。以工业企业为核心的产业园，简单粗暴地在大地上野蛮生长起来。各种高新技术区、经济开发区等各类园区，就是资本扩大再生产的产物。和乡村地区一望无际的庄稼地一样，产业园区、产值税收、GDP和政绩、污染和噪声，都是可被生产的。

曾经去内蒙古某地的一个产业园区，几个产业片区加起来，超过一百平方公里，比其所在的城市还要大不少。当时是冬季，我们去调研时，看到大草原上白雪茫茫一片，远方矗立着煤电企业的巨大烟囱，与远山的天际线遥相呼应。天地一片白茫茫，视野内空无一人，有着科幻电影中外星世界的既视感。

对于快速发展的经济体而言，工业是最强壮的肌肉。邻国日本，曾经在明治维新时、在"二战"后经济起飞时，面对欧美强国，感受到自己的渺小。所以那时的日本投入所有的资源，希望借助巨大规模的工业，提升国家的地位和国民的自信。类似的，新世纪以来的中国，随着制造业的不断崛起，国民经济实力和国民自豪感，也被提升到前所未有的高度。中国大妈在出境游时横扫日韩欧美的奢侈品市场，中国富豪不断收购国外巨头企业，这些资金，大都来自于国境内那数不清的产业园

经过河北某城市时车窗外的景象

区里，无数机器夜以继日的轰鸣声。

与工业化相伴而生的是环境污染。在雾霾比较严重的河北省，产业园区遍地，临近北京的几个市县，几乎每个乡镇都有一个或几个产业园区。《中国国家地理》2015年河北的那一期，有一张照片令我倍感震撼。照片中，远景是城郊的产业园区里密密麻麻的烟囱排着废气；近景是烟囱下面，妇女、老人和孩子们照旧在活动。在柴静那个关于雾霾的纪录片中，她提到了这样一个关于钢产量的说法："中国第一，河北第二，唐山第三，美国第四"。后来在我坐车经过这个城市的时候，听车里邻座说，那里的烟囱和富豪一样多。当时窗外的浓烟，给人一种蒸汽朋克的幻觉。

产业园区同时生产着财富和污染。事实上，当年英国和美国快速工业化时期的污染，比当今的中国有过之而无不及。后发国家，面临着工业化和环境保护的双重压力。这就像成绩落后的学生，落下的课程太多，还必须和好学生一起竞争考学，没办法，只能熬夜，有时候宁可影响身体健康。而更值得注意的是，这种污染，其实是一种全球性的活动。中国老师向国外学生解释，富士康每加工一个iPad，工人得不到1美元，剩下的上百美元利润，都到了国外资本家手中。国外学生也只是点点头，并不会放在心上。他们并不知道，世界其实是联结在一起的，无论是产业链的延伸，还是产值与污染的转移。在全球一体化下，大家其实都是一根绳子上的蚂蚱，只是在绳子不同的位置上罢了。

产业园区是最能让人意识到"世界是平的"的地方。从东北到西南，所有的产业园，看上去都几乎一个样子。这种同质化的广谱空间，从人的角度来讲，是冰冷的、脱离了人的尺度的空间，是全球化的最廉价的复制。从美学角度来讲，它是乏味无趣的城市空间。后来，每次我向别人解释为什么北美城市没有欧洲城市那么有魅力的时候，就拿产业园区举例子。欧洲的城市都是从历史文化积淀深厚的古城发展而来，而北美的城市都是近一两百年工业化流水线批量生产的产物，就像产业园区一样。

从2014年开始，实体经济增速开始下行。当时我在一个产业园区做项目，和那个园区的老总聊天。他说到当时那一轮大牛市："这轮股市我觉得不会长。因为我看到的是实体经济的指标在下降，企业家在移民。炒股，也要看基本面吧。"从那个时候开始，伴随着生产成本的提高、国内国外市场需求萎缩等一系列因素，产业园区高歌猛进的节奏，仿佛缺少了燃料的机车一样，缓缓降了下来。

在经济"新常态"下，传统产业园区的粗放型增长之路，不可持续。产业园区的未来，将会面临更深刻、更漫长的发展模式转型。我记得那天和那个园区老总对话的最后，他向我表达自己的人生感慨，作为一个有钱阶级，但他面对现实有时也颇有无力感。建筑学出身的他说，自己新开发的一个园区，是自己设计的。他把绿地设计得像自己20世纪80年代读大学时校园的样子。"那时候我们都充满理想，希望改造世界。"他说。改造世界，还是被世界改造，我们总面临着这样的选择。产业园区是我们改造世界的工具，曾迸发出了巨大的生产力，而如今我们面临着新的操作方式的转变，这或许是我们这一代的使命。我想起加缪的话："或许每个世代内心都怀抱着要改造世界的理想，我的世代知道在这个世代是无法做到的，而这世代的任务或许更大，就是在于阻止这个世界的崩解。"

我们心中既有一个纽约，也有一个小镇

"本片生动而准确地刻画了小镇青年背井离乡到大城市打拼的酸甜苦辣。只需要把爱尔兰换成某城乡结合部风格的小镇，把船换成火车，把纽约换成北京上海，把布鲁克林换成燕郊松江……瞧，连热心为你介绍家乡靠谱青年的父老乡亲都一模一样呢。当艾莉丝说出'我差点忘了这个地方是什么样子'的时候，全世界小镇青年潸然泪下。"

——一位朋友在微信朋友圈里评价电影《布鲁克林》

1.《布鲁克林》

今年入围多项奥斯卡奖项提名的影片《布鲁克林》，或许是最能引发当下中国人共鸣的电影了。这部电影描述了20世纪50年代，一个普通的爱尔兰移民艾莉丝在纽约布鲁克林和自己的故乡——爱尔兰小镇恩尼斯科西之间进行选择的故事。

小镇上的姑娘艾莉丝，因生计所迫，离开了自己热爱的故乡，漂洋过海来到了大洋另一岸的纽约。经过一番努力之后，她逐渐在大都市站稳脚跟，开启了自己的新生活，并结识了意大利裔男友托尼。但同时，艾莉丝内心深处对故土的怀念一直没有消失，亲情和乡愁一直让这个独在异乡的姑娘魂牵梦萦。后来因为家庭变故，艾莉丝又短暂返回了爱尔兰的小镇。在自己的家乡，她获得了社会认同和亲情环绕，母亲又极力撮合她和一位本地优秀青年的姻缘。艾莉丝面临着家乡小镇的亲人和异乡大都市的新生活、同乡青年和异国男友之间的艰难选择。

最终，艾莉丝选择了回到纽约。在午后阳光的照耀下，她靠在纽约典型的红色砖墙上，目光温柔而又坚定地迎接着走过来的男友托尼。

《布鲁克林》就像是写给故乡的情书，将全世界小镇青年的乡愁一网打尽。故事的结局，让人联想到春节期间频繁出现的那句"我们终究回不去的故乡"。

影片的背景是当年爱尔兰人移民美国的历史。这在美国历史上，是一个重要篇章。由于一直受到英格兰的压迫，加之生活的贫困，爱尔兰人在历史上曾大量移民到美国。根据美国的统计，爱尔兰后裔的美国人达到三千五百多万，占美国总人口的11%，在欧洲各族裔中，爱尔兰裔是仅次于德国裔的第二大族群。爱尔兰裔美国人广泛分布在全美各地，在美国历史上也产生了多位具有重要影响力的人物。

美国最大的城市纽约，一直是欧洲移民的第一站。而布鲁克林区，相比城市最核心的曼哈顿地区，生活成本更低，因此成为许多低收入移民的落脚之地，也成为全世界各国移民们的大熔炉。尤其对意大利裔来说，这里是他们在纽约最集中的聚居地。影片中，艾莉丝就是在这里遇到了意大利裔男友托尼。

爱尔兰人的移民史，浓缩了美国人对欧洲旧大陆的深层次乡愁。对于艾莉丝这样的第一代移民来说，离开故土来到纽约，大多是生计所迫。影片中，在开往纽约客船上的艾莉丝，内心充满了对未知生活的不安。而到了纽约之后，故土也始终是她内心深处最重要的情结。移民们的人生，注定要在新的环境下被割裂，在迎接新生的同时，也伴随着深深的焦灼。陌生的环境、孤独感、圈子的融入等，一个个问题接踵而至。于是，和故乡亲朋好友的通信，成了他们重要的慰藉。这场景似曾相识，即便如今网络和手机取代了纸质的信件，但每一个异乡人也都能从中产生些许共鸣。

《布鲁克林》剧照

2. 全世界的故事

爱尔兰姑娘艾莉丝移居布鲁克林的故事，其实在全世界都是普遍状况。正如《小镇姑娘》的歌词："一个小镇的姑娘到了大城市，你一定听过这故事。"在世界各地，人口都从农村地区流向小城镇，再从小城镇涌向大城市。青年人更是城镇化过程中的主力军。我们看到各国的小镇青年，纷纷收拾行囊，背井离乡，去了纽约、巴黎，去了东京、首尔，去了墨西哥城和里约热内卢。韩国的一句老话简单明了："爬也要爬到首尔去。"

为什么大城市对人有这么大的魔力？城市研究学者爱德华·格莱泽在其著作《城市的胜利》中，赞扬"城市是人类最伟大的发明"。他提出城市中紧密的人际互动，造就了城市的各种关联、协调和交流，进而产生了巨大的生产力和创造性。而城市衰败的原因也在于多样性的丧失：美国铁锈地带的城市之所以衰败，就是因为单一的居民结构无法产生创造力，这是投资和基础设施改善无法解决的。

正因为如此，繁华的大城市对普通人来说，有着更多的工作机会、更多的选择可能性、更多样化的生活方式和相对宽松的文化氛围。尽管大城市更拥挤、生活成本更高，但这些无法阻挡人口源源不断地流入。人口流入又带来多样化的人口结构和丰富的人际交流，从而进一步提升了大城市的创造力和繁荣程度。

格莱泽所赞美的城市的主体，是城市中的人。城市的核心竞争力，正是对来自各地的移民的吸纳能力。一个国家的大城市，持续地吸引着国内各个地区的人们；而国际化的大都市，则是面向全世界移民敞开大门。

因为工作机会和社会关系的因素，大城市往往是国际移民进入一个新国家后安家的首选。绰号"大苹果"的纽约，一直是世界最著名的移民城市。在纽约的城市象征———自由女神像的基座上，刻有这样一首诗："将你疲倦的、可怜的、瑟缩着的、渴望自由呼吸的民众，将你海岸上被抛弃的不幸的人，交给我吧。将那些无家可归的、被暴风雨吹打得东摇西晃的人，送给我吧。我在金门旁高高地举起我的灯！"而从19世纪末到20世纪中叶这段时间，1200万各色人种，通过自由女神像所在的埃利斯岛进入了美国。

直至今日，纽约市大约37%的城市人口，是在美国之外出生的。而世界上最为国际化的城市多伦多，人口中有一半是来自全球一百多个国家和地区的移民。纽约、多伦多、温哥华、悉尼、墨尔本、奥克兰、伦敦、巴黎这些大城市，都是一个个地球村的缩影，深刻地体现了全球化下人口流动的特征。

大城市的魅力一直长期持续，并不因时代而改变。美国的纽约，在美国人口增长的城市排行榜上一直独占鳌头。日本和欧洲一些国家的人口在持续减少，但这些国家的首位城市，其人口数量依旧依靠移民而缓慢增长。

3．大迁徙

《布鲁克林》这部电影所描述的背井离乡的故事，可以轻易跨越文化背景，被中国人所理解，并引起深深的共鸣。

在改革开放后，人口开始自由流动。一贯安土重迁的人们纷纷背井离乡，来到陌生的大城市工作、学习、安家。春运集中反映了这种离乡返乡的人口流动。过年时流传这样的网络段子："过年了，Lucy，Tony，James，又要翻山越岭，火车换驴车回到县城，变成二丫、拴柱、狗蛋，嗑着瓜子，坐在炕头摔扑克了。"春运的滚滚人流，又将无数客居他乡的人，置于大城市和小乡镇的身份变换之中。与之相伴的是，"逃离终将衰落的故乡"成为网络媒体上热门文章的常见标题。

在这样的背景下，以京沪广深一线城市为代表的大城市，更多地成为全国人口聚集的一个舞台。大城市以其经济的活力、产业就业岗位、文化娱乐的丰富性与较好的公共服务，吸引着全国各地的人口。但这个过程背后，也有许多乡村空心化、土地抛荒和农村凋敝等现象出现。

不少《布鲁克林》的影评中，都提到了前几年一部国产影片《立春》。影片中的王彩玲，在一个小县城当音乐老师，却痴迷于歌剧。她一直向往能到大城市北京施展自己的艺术才华，但屡屡在现实面前碰壁，最终，她的诸多理想都不得不屈服于现实的残酷。

在这两部电影中，展现了小城镇的一些相似性：闭塞的小城、枯燥压抑的氛围、工作机会的单一、邻里的闲话，等等。《立春》用一种更残

酷的手法，解开了人口流动面纱下的另一个侧面：小城镇对于大城市的
渴望，以及无法实现这种梦想的苦楚。与《布鲁克林》中艾莉丝的独立、
勇气以及最终开创新生活的结局不同，《立春》中的王彩玲更多地代表了
无法选择生活，并最终向现实妥协的一种苦涩。

人们因为这样那样的理由向大城市集聚，深层次的原因是对自我实
现的选择。正如《布鲁克林》中女主角"我想象的是不同的生活"。布鲁
克林所在的纽约，如今就是这样一个实现人们梦想的魔幻都市。在餐厅
端盘子的人，也可以气宇轩昂；而行色匆匆的华尔街商人也很低调。另
类的艺术家和移民劳工一样在街道上来来往往，没有人在乎你的过去和
现在的身份，每个人都更在乎自我实现。这个世界各种族的熔炉，也以
这种大都市的精神，凸显出世界中心的地位。

当我们还在为地域和出身而争论的时候，当我们还在为大城市的户
口和居住证而费心的时候，一个刚登陆纽约不久的新移民就可以大声且
自豪地说自己是New Yorker。这时我们才体会到，我们的大都市和真正
的世界城市的差距。

《立春》剧照

4. 终极的选择

影片《布鲁克林》并没有重点描述小镇姑娘艾莉丝如何在纽约奋斗立足，而是用更多笔墨刻画她在故乡和异乡之间艰难的内心选择。两段复杂的情感纠葛，也是人物内心深处的故乡和异乡的涟漪。如果说在纽约时，对故乡是单方面的怀念，那么回到爱尔兰后的内心挣扎则更为纠结。第一次离开故土是因为贫穷落后的故乡无法给予她较好的工作机会。那么当她再次回到故乡时，已经得到了更好的待遇、体面的工作，众人的羡慕以及优秀男子的追求。她所做的第二次离开的选择，更是一种心理上的诀别：此刻，异乡已经成为她心中的新的故乡。这是一种轮回的乡愁，是肉体和精神双重意义上的离开。

但离去就真的无牵无挂了么？很难。《布鲁克林》中一个让人印象很深的场景，就是艾莉丝在圣诞夜帮神父给爱尔兰同乡会的老人们发放食物。老一代的爱尔兰移民唱着家乡的歌曲，老泪纵横。他们把一生留给了美国，却一直以爱尔兰人自居。而故乡之于他们，是忘不掉也回不去的孤岛。影片《立春》的最后，王彩玲带着收养的女儿在天安门广场参观，还是和女儿唱起了家乡的童谣："眼眼……梅花点点……鼻鼻……油瓶匣匣……脸蛋蛋……粉罐罐……杨二咕噜火柱柱。"北京此时已经不是当年王彩玲的理想彼岸，而只是故土的一个背影。

身份认同，永远是无形的锁链，即便在千里之外，故乡也牢牢地拴住我们的心。而乡愁，是一张旧船票。我们一直在反复犹豫，是否能登上回去的客船。

故乡是真的回不去了么？无论离开还是返回，都是出于渴望：渴望自己开辟另一种人生。我们在不同的城镇乡村之间的选择和穿梭，无非在寻找自己的内心归属。大城市代表了繁华、多样，小城市代表了故土、亲情。延伸到国内和国外，也都是这样。当然，人是天生复杂多变的动物，"今天喜欢凤梨，明天可以喜欢别的"。中国人的内心一直都不是唯一的：既有庙堂之高，也有江湖之远。

大城市还是小城市？他乡还是故乡？这或许是我们这个时代最艰难的人生选择之一。有选择必定带来痛苦，但有选择绝对比没得选要好。

《布鲁克林》：故乡与异乡的选择

　　问题的终极答案，或许在于自由选择的权力：当我们想去大城市时就去大城市，想回小乡镇时就回小乡镇。重要的不是在哪里，而是做自己。最关键的核心是人口自由流动的权力，这是对我们的天性达成的和解。这也需要城市间的服务和配套保障，才能实现大城市和小乡镇发展的兼顾。在西方发达国家，不仅大城市，许多中小城市也有不少流动人口。人们在一生中，在不同城市迁徙安家。同时存在这样的人口生命周期：年轻时在大城市打拼；到中年后，回到小城市开辟自己的事业；而老年时则可到农村养老。这种人口流动的物质基础在于，中小城市也都有均等、丰富充裕的公共服务，以及各种文化体育活动。城市和乡村，在基础设施和公共服务设施上都能均等化。在一个小镇里可以见到世界一流的大学，也能找到各种各样的俱乐部。尽管没有大城市那么丰富，但差距不会那么显著。

　　人类生来就有一颗不安分的心，注定要承受选择的纠结。我们每个人心中既有纽约布鲁克林，也有爱尔兰的小镇。而我们唯有合力追求自己内心的理想，因为人生的答案就在那里。

　　"此心安处是吾乡"。

拆小区墙易，拆心墙难

大约一百年前，辜鸿铭赴北大任教。这个在民国时期还留着辫子的保守派，一进入教室就被学生嘲笑。但他淡定地回应："我的辫子在头上，而笑我的诸公，你们的辫子在心头。"教室里顿时鸦雀无声。

2016年初，中央城市工作会议提出："新建住宅要推广街区制，原则上不再建设封闭住宅小区。已建成的住宅小区和单位大院要逐步打开，实现内部道路公共化，解决交通路网布局问题，促进土地节约利用。"与以往城市规划领域的政策文件不同，这部分内容在行业内外引起巨大的反响。普通市民也极度踊跃地介入了"小区拆墙"的讨论。从一开始的朋友圈刷屏，到网上的各种热议，整整持续了几个月。各种从政策和技术角度进行专业探讨的文章已经太多，本文在此，仅从社会文化心理的角度来论述一二。

建筑大师扬·盖尔在著作《交往与空间》中，就强调了城市公共空间设计要考虑社会和居民心理的需求。事实上，中国的封闭住区文化，古已有之。传统的"合"，就代表了一种封闭的空间：居民需要这种自成一体的生活环境。一座院落就是一个世界，承载了一个家族群体的安全感。福建的土楼是这种封闭住区的典型代表：迁入此地的客家人，一致对外，以谋求自身群体的安全感。

中国计划经济时期的城市建设，深受苏联模式影响。单位大院就是那种城市建设模式下的典型代表。大院用地自成一体、高度封闭，又在内部配有各项服务设施，功能高度混合。家属院作为城市居住区的主体，那时是与单位大院融为一体的。

改革开放后，城市在市场机制的驱动下，大规模建设商品房，单位大院逐渐瓦解，城市功能分区逐渐形成。特别是1998年房改之后，商品房小区成为城市住区的主体。但无论郊区的超级大盘，还是中心区的各类小区，大多都是封闭社区。有多种原因驱动开发商进行封闭小区的建设。但不可忽视的是市场的需要。从大院走出的居民，一下子步入陌生人社会，心理上充满不安全感，亟须封闭式的小区提供较为幽闭、安静并与外界相对隔离的环境。

这种对外界的不安全感，一方面是计划经济的心理遗存，个体在集体瓦解之后亟须找到新的空间依托；同时更与市场经济下的社会分层以及进而产生的社会空间分异有关。封闭小区通过市场的手段，提供了一个内部相对同质的社会空间。房价为小区设置了进入门槛，社会经济特征相近的人群，得以在同样的小区内居住。尽管小区内的居民缺乏交流，但在心理上却得到一定安全感。

这种空间分异在计划经济时代早已有之，北京就是个典型的例子。新中国成立后的各种大院，与旧城的胡同形成了社会空间的分离。在"文革"初期，大院的红卫兵和胡同的顽主的争斗，就是不同社会阶层积累的矛盾，在那段特殊的历史时期下的爆发。以电影《阳光灿烂的日子》和王山"天字系列"为代表的一系列影视和文学作品，都反映了那段历史时期的侧影：大院是封闭的，胡同的平民不可进入。而胡同之于大院的子弟也是隔离的，单个红卫兵也不敢独闯禁区。

如果说改革开放前城市的居住空间存在行政的隔离，那么在市场经济下，城市居住空间则以经济为导向产生了分隔。2015年全国居民收入基尼系数达0.462，远超一般发达国家所在的0.24到0.36的区间。城乡居民收入比近年来高达3∶1。同时，户籍制度也限制了大量农村转移人口融入城市。城市的常住人口实际上因为经济水平形成了不同群体，而不同的群体又在空间上聚居于不同的封闭小区。

"小区拆墙"这个话题，之所以引起如此高的社会关注度，是因为它与我们——每一个居住在封闭小区里的人的生活息息相关。在网上，可以看到很多这样的议论："如果开放小区，孩子的安全怎么办""我可不想让流动人口整天出现在我家门口""如果开放小区的话，那不就和外来打工人口聚集的城中村一样了么""我们的小区都是高素质居民，我可不想让低端人口进来"……

其实，"窄马路、密路网"的城市道路布局和"小街坊"等概念，从20世纪70年代的《马丘比丘宪章》问世以来，就不断被全世界的城市规划界所宣扬。这些理论，对中国城市规划界并不陌生，有相当多的市民也接受并认可。但一旦真的要发生在自己的身上，就难免有种种顾虑。

颇似国外的邻避（NIMBY，Not in my back yard）现象：这个政策是好的，但不要用在我的身上。

　　有针对北美郊区居民的调研揭示，大部分居民都认可高密度的城市住区模式，认为那更绿色。但在买房时，大家依然选择低密度的郊区别墅。我曾和一位美国朋友交流类似问题，他回答："如果接受采访的话，我会承认我是一个环保主义者。但就我个人而言，我还是喜欢低密度的所谓城市蔓延模式，只要我的收入承担得起高能耗的成本。"

　　这种个人利益与社会利益冲突的表象背后，有很多现实原因。究其根源，我们对开放社区的种种顾虑，是由于对其他社会群体或人群感到不安。这种不安的背后，又是城乡居民在经济领域的巨大差异和社会分层。如果不解决这种分层，那么即便推倒封闭小区的墙，也难以推倒小区居民心中的墙。这种心墙，就像是辜鸿铭所指的"心中的辫子"，不是那么容易能一刀斩断的。

　　展望国外，或许我们能得到许多启发。美国大多数居住区都不封闭。但多数城市中仍然存在显著的、不同种族的空间隔离。在很多城市，黑人聚集的区域，很多当地的白人一辈子也没有到过那里。而在很多拉美国家，富人倾向于居住在有持枪保安的封闭小区中，他们出于安全考虑，要和贫民窟的居民彻底划清界限。而多种族的新加坡，则较好地促进了不同种族和群体融合。政府在公共住宅社区大力促进不同种族和群体的混合居住，同时配套不断缩小社会群体收入差距的经济政策。由此可见，住区的墙究竟反映了什么。墙本身是无意义的，存在其背后的是社会和经济的诸多因素，特别是墙内和墙外的对比。

　　打开封闭的社区，不仅是为了优化路网交通，更是为了促进社会交往和融合。扬·盖尔在《交往与空间》中提到社会关系和建筑布局的关系时，引用了哥本哈根建筑学院的研究结论："社会交往的形成与否，主要取决于居民之中是否在经济、政治或意识形态方面有共同兴趣。如果找不到这些因素，就没有相互交往的基础。"

　　如果墙内墙外的居民严重缺乏社会经济领域的共同基础，那么哪怕社区是开放的，但社会边界依然横亘其中。我曾经造访过一个没有围墙的高端小区，设计小区的建筑师一开始就是希望将这个小区作为开放的社区而打造的，小区的各种服务设施和公共空间，都能成为市民的交往场所。但在现实中，小区里的高端餐饮、会所、发廊等，都以极高的消费和会员制的门槛将普通人拒之门外。哪怕是小区里的保安，即使身处小区的空间之中，也没有与小区的居民产生任何交往。尽管小区对外是开放的，但对小区外的普通人来说，这个小区在他们心理的地图上，大抵是一个空白地带。

我还听说了一个学区房的例子。一户工薪阶层人家，砸锅卖铁买了某重点小学的学区房。在获得入学资格后，仅过了半个学期，孩子就要求转学。孩子说，学校里其他家长都是开豪车接送同学。别的同学寒假旅游都去日本东京的迪士尼，暑期夏令营都去美国学英语。孩子自己觉得，哪怕进入了这个小学，也无法融入集体。

说到城市里最著名的墙，恐怕非柏林墙莫属。那座墙造成了东西柏林的社会与文化的长期分割。后面的故事我们并不陌生。不过，柏林墙倒塌后，两德合并后的德国，日子并没有那么好过。东德地区人口外流经济一蹶不振，东西德经济差距依旧很大。而直到如今，柏林墙被推倒的二十多年后，西德地区的原住居民依然对东德地区的居民多少有点心存芥蒂。而在柏林，东柏林在文化心理上也未完全与西柏林融为一体。

如今，柏林街头展示的当年东西柏林对峙的海报，则告诉到访的游客：城市是融合的，城市也是割裂的；城市是政治的，城市也是经济的；城市是当代的，城市也是历史的。有形的柏林墙已经被推倒，无形的柏林墙还立在我们心中。

而对于封闭小区来说，拆除小区的有形的围墙并不难，难的是拆除我们内心深处那无形的墙，这需要一系列社会政策的配套，减小不同群体的社会经济差异，缩小城市社会空间分异。只有这样，我们才能真正从封闭的社区，走向融合的市民社会。

用一本书留住北平

若干年前，在一个聚会上，我看到一个北京姑娘教他的外国男友中文。那个歪果仁结结巴巴地说出"安定门儿"几个字，还特意模仿京腔儿化音，以示自己学得地道。结果被北京姑娘狠批："安定门就是安定门，没儿！"她接着给我们解释说，在京腔里一般日常的东西往往都带儿化音，但像城门这种庄重严肃的名词，除了西便门那样个别的例子，决然是不可以带儿化音的。

不知道从什么时候开始，胡同和四合院，成了老北京的象征，不仅成为旧城保护的重点，也是外地游人必去之地。可游客们并没在意的是，更能代表北京城的城墙和城门，绝大部分已经消失在历史中。北京如今总被称为帝都，而拱卫京师的城墙，其实是最能代表帝国都城的元素。著名的历史地理学家侯仁之先生，就把北京的城墙与万里长城相提并论，认为两者都是古代劳动人民创造的最雄伟的工事。老北京们把这座城称之为四九城，指的就是皇城的四个城门和内城的九个城门。失去了城墙和大部分城门的北京，哪怕重要建筑保存得再好，也总感觉少了些许魂魄。

这两年，"一下雪，北京就成了北平"这句话开始走红。民国时的北平，褪去了皇家的显赫，充满了平民的生活气息，是北京历史上城市文脉发展延续的重要时期。而北京的城墙和城门，则是那个时候北京城的骨架，是老北京的精气神儿。在这城墙下上演了《茶馆》里的世态炎凉，留下了《四世同堂》的荣辱浮沉，《末代皇帝》溥仪在紫禁城里退位，《龙须沟》的程疯子经历了人生巨变，《骆驼祥子》拉上人力车飞奔在雨中，小英子则在破败的城垣下经历了《城南旧事》，郁达夫在赞美色彩凝重的《故都的秋》。

就是在这个时期，一位国外的汉学家不远万里来到北京，用了两年的时间考察这座城的城墙和城门，并对各个建筑进行了细致的记录和测绘。这位叫喜仁龙（Osvald Siren）的汉学家，来自北欧瑞典。那个人口不足千万的欧洲小国，却是近代以来海外汉学研究的重镇。喜仁龙与其他大名鼎鼎的汉学家高本汉（Karlgren Bernhard）、罗多弼（Torbjorn Loden）、林西莉（Lindqvist Cecilia）、马悦然（Goran Malmqvist）等人，共同撑起了瑞典汉学研究的天空。喜仁龙的工作可谓前无古人，后无来者。在他之前，中国人缺乏现代科学技术手段做精准测量和记录北京城墙和城门的工作。在他之后，北京陷入战乱许久，而大部分城墙在新中国成立后被拆除，成为尘封的历史。

　　1924年，喜仁龙在巴黎首次出版了《北京的城墙与城门》一书，当时仅印刷800本。就在这本书差点被埋没之际，当时留学英国的历史地理学家侯仁之先生读到此书，并将其带回中国。于是这本书也成了北京地理和历史研究的重要文献。全书提供了关于老北京城墙和城门的详细勘测手记，53幅城门建筑手绘图纸、128张城墙和城门的照片，是有史以来对北京城墙和城门记录最为丰富的一手资料，足以载入史册。

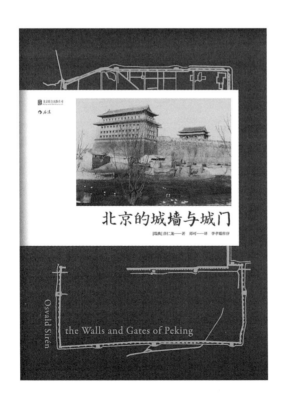

　　从城市发展史的角度来看，城市这个词，就反映了城市形成的两个要素。城，即为城墙、城堡，是军事防卫的设施。市即为市场，是交易活动开展的场所。在军事庇护需求和商业贸易活动的推动下，人类开始进入城市时代。不少西方的城市设计教科书中，都把老北京城作为东方城市建设的典范，认为是东方文明集大成者。喜仁龙在多次造访北京的过程中，深深地被城市那举世无双的壮美所打动。而给他留下最深刻印象的，就是北京的城墙，以及其附着的城门。喜仁龙这样说："城墙，确实是中国城市中最基本、最令人印象深刻且最耐久的部分。""墙垣比其他任何建筑更能反映中国居民点的共同基本特征。""中国不存在不带城墙的城市，正如没有屋顶的房子是无法想象的一样。"

　　墙垣是中国古代人居环境中，最重要的要素，体现了古人的世界观。不同于西方的造城艺术，中国城市往往基于风水的理念，从整体到局部，都追求道法自然。观天之道，执天之行的理念，从根本上形成了我们城乡聚落的塑造哲学。美籍华人，人文主义地理学大师段义孚，在《回家记》中，从天文地理的角度论述了城墙与城门，对于城市与人的意义。中国传统的墙垣建设，都是遵从于天人合一的礼法，力求城市与自然能够形成一种平衡。

　　段义孚这样写道："忧虑和对未来的不确定，作为人类不可或缺的组成部分，能够得以减轻的途径就是按照天道来建城市，以北极星来定位，城墙沿着东南西北的基准方向而建。"而京城的城墙与城门，则是这种理念的集大成者："中国的礼法书籍规定城墙必须是方形的，坐落必须有致：城墙要开十二座门以与十二个月份相合，必须要有内城以供皇室居住；从内城中轴发出南北向的大街，街一侧设有皇室家庙，而另一侧设有社稷坛。城市的构思非常细致，以至于它显然不仅反映出设计的形状，同时又像是一座钟表，标识出每日和每年太阳运动的轨迹。"

　　在《北京的城墙与城门》中，作者首先以城墙为切入点，论述了中国北方筑墙城市的发展史，以及北京数千年来城市发展和空间演变的历程。接着作者详细记录了北京壮丽恢宏的内城城墙，及其充满美感的砖砌内壁和独特的外侧壁体。然后是对外城城墙和内外城门的细致描述。喜仁龙在书中没有忽略任何一段城墙和一个城门，甚至每一段城墙在不同历史时期的演变及其周边史料都被一一记录。作为一个外行，阅读时甚至会觉得好奇：这个外国人怎么会下那么大功夫，整理那么多材料，做出那么细致的记录？但同时，读者也会被那种"处女座般"精益求精的治史精神所打动。伴随着文字说明，大量的相关测绘图也被展现出来，特别是在作者看来作为"中国建筑的一般形式中极具代表性的例子"的城门。老北京城门为"内九外七"，这16座城门中的每一座都有着独特的造型和丰富的故事，这本书可谓是最完整的记录者。各种图纸精致又极富美感。全书最后三分之一的内容，均为当时所拍摄的北京城门、城墙以及城市的照片，不仅极为珍贵，而且生动形象，让人瞬间回到当年的旧时光里。

喜仁龙先生可谓是汉学研究的大家。他热爱北京，仰慕中华文化，除了这本书之外，他还出版了《中国雕刻》(*Chinese Sculpture*，1925)、《北京故宫》(*The Imperial Palace of Peking*，1926)等书。在他的著作《中国北京皇城写真全图》(1926年版)的写作过程中，还得到过末代皇帝溥仪的亲自陪同调研。他对于中国文化、北京的深入了解，使得这本书对中国读者来说毫无文化的隔阂。作者实地考察，并阅读了大量各种史料，字里行间都融入了艺术家的浪漫、史学家的现实和文学家的情怀。其扎实的理论功底和通俗的语言，使得这本书兼顾学术性和可读性。正如北欧旅游局对这本书最新版本的评价，"一部非常优美的建筑书籍"。而李孝聪、侯仁之等大家为历版作序，也为本书的价值做了充分的注脚。

北京古城墙始创于元代，建成于明代，沿用于清代至民国。解放战争的平津战役时，守卫北京的国军将领傅作义，因为和平起义，保留北京城有功，成为少有的战争结束后被委以重任的原国民党将领。新中国成立后，梁思成先生和陈占祥先生提出"梁陈方案"，力主保护古城墙。但是因为历史原因，从五十年代起，北京城墙被大规模拆除，目前北京明城墙遗迹仅余两处。古城墙和城门大部分已不见踪影，被二环路替代。如同许多历史建筑一样，北京的城墙和城门，已经消逝在历史的岁月中。回首这些老祖宗盖的宝贝，真是让人满眼都是泪：中华门，建于1417年，1959年拆；地安门，建于1420年，1954年拆；崇文门，建于1436年，1965年拆；东直门，建于1439年，1969年拆……

　　没了城墙的北京，也失去了最地道的京味儿。台湾作家林海音，在《城南旧事——我的京味儿回忆录》中感叹道："亲戚朋友都劝我回北平城南的老宅子看看，我都叹息而不语……北平连城墙都没了，我回去看什么？"

　　时光一去永不回，往事只能回味。历史建筑是城市文化最重要的载体，失去时，更能感受到历史的厚重和沉重。老北京的城墙和城门没有在沧桑巨变中得以保留，但幸好还有像喜仁龙这样历史的记录者，将它们用文字和图片的方式保存了下来。在岁月的长河中，这本书为我们呈现了老北京那种"稍纵即逝的魅力"。

　　因此，翻开这本精装布面的书，恍惚中就进入了当年的北平，那个林语堂在《动人的北平》里写到的城市："北平有五颜六色旧的与新的色彩。他有皇朝的色彩，古代历史的色彩，蒙古草原的色彩。驼商自张家口与南口来到北平，走进古代的城门。他有高大的城墙，城门顶上宽至四五十公尺。他有城楼与齐楼，他有庙宇、古老花园、寺塔．每一块石头，每一棵树木，以及每一座桥梁，都具有历史典故。"

　　有一句话是这么说的，"当你不再拥有的时候，唯一能做的就是不要忘记"。老北京的城墙已经不在，那么不如珍藏这本经典著作，让我们再重温一次老北京城的味道。

自行车上的北京故事

1. 北京有九百万辆自行车

在捷克布拉格旅行时，我通过沙发客网站联系住在了一个女艺术家的家里。一天晚上我们各自在用笔记本电脑上网，她突然深吸了一口烟，看着我问道："北京有九百万辆自行车，对吧?"

我当时一愣，虽然在北京住了若干年，却实在不知道这座城市自行车的具体数量。女艺术家接着告诉我，她听到了一首歌曲叫 *Nine Million Bicycles*，歌曲上来第一句歌词就是"There are nine million bycicles in Beijing."（北京有九百万辆自行车）。

这首歌是一位叫凯蒂·玛露（Katie Melua）的女歌手在2005年推出的。这些年来她一直没有大红大紫，但是这首歌曲却传唱了出去。后来我不止一次在和外国友人聊起北京时，听他们提起这首歌。这首歌不仅旋律动听，MV也拍得相当有趣。演唱者玛露于1984年出生在苏联的格鲁吉亚共和国。在造访过不少东欧国家后，我对苏式规划模式的城市印象极深。我猜想，玛露小时候一定也有在那种宽阔的马路上骑自行车的经历，就像曾经的北京市民们一样。

北京的自行车数量，就以这样的方式阴错阳差地传了出去。但到底这个数准不准呢?

现今机动车成为主要的交通方式，已经不太统计自行车的数量了。但根据1995年的数据，当时北京自行车就已经831万辆了，居全国各城市之首。可见900万这个数字还真差不多呢。

2. 末代皇帝的单车

自行车最早传入北京是在19世纪末，当时人们把这两个轮子的玩意儿叫作"洋马"。在清末民国时期，自行车逐渐在北京流行开来。民国时，京城甚至出现了最早的玩车一族。他们改装车的各种部件，再骑到街上兜风。当时的胡同没有路灯，他们就在自行车上装上靠车轮带动发

电影《末代皇帝》剧照

电的车灯，在胡同里横冲直撞。这估计就是如今改装各种跑车的超跑俱乐部的前身了。

在众多玩车青年中，最知名的莫过于末代皇帝溥仪了，看过《末代皇帝》那部电影的观众，都对小皇帝在故宫中骑自行车的那一幕有深刻的印象。溥仪是个自行车发烧友，当时为了骑车便利，他甚至派人锯掉了紫荆城里宫门的门槛。

当时汽车还不普及，城市的邮局、电报局甚至警察局都纷纷给职员配备了自行车，以便提高工作效率。作家萧乾在1934年写了《脚踏车哲学》一文，描绘了当时北京马路上各种骑车人的样子。文章里提到，骑自行车最快的是电报局科员："只要登上车，他便飞下去了。"

京城的自行车数量也不断增长。到民国末期的1948年，据《北京志·市政卷·道路交通管理志》记载：全市有自行车176970辆。自行车在当时已经成为市民出行的重要交通工具之一。

3. "三转一响"四大件

新中国成立后一直到九十年代中后期，自行车在北京一直保持着最重要的交通工具的地位。特别是改革开放之前的中国，自行车与缝纫机、手表、收音机一起被称为"三转一响"四大件。集齐了这四大件，相当于现在的有房有车。当时的北京也概莫能外。

这几大件中价格最贵的往往是手表，其次就是自行车。而且一辆好的自行车，有强烈的招摇效果，对搞对象作用很大。反映那时期的影视剧中，往往有小伙儿骑个28大杠，带着一个姑娘，骑在路上神气十足。在相当长的一段时期，自行车是特殊供给的商品，光有钱还不一定能买到。所以"文革"时期，胡同的顽主和西郊大院的子弟打群架时，最大的战利品就是抢来的自行车。

其实北京一直是个很适合骑自行车的城市。道路平坦、宽阔，横平竖直，不容易迷失方向。计划经济时期，以单位大院的苏式街坊居住小区，再配合上自行车+公交车的通勤方式，共同形成了城市最具代表性的空间格局。

改革开放前的几十年，整个城市的规模增长缓慢，城市的尺度也完美契合了自行车出行的特点。即便是改革开放后，一直到九十年代初期，自行车一直都是人们最重要的出行工具。上班、逛街、接送孩子，都要靠自行车来解决。

美剧《欲望都市》中女主角凯瑞曾经说："在纽约，人们永远在找一幢公寓、一个男友，还有一份工作。"那么在那个时候的北京，人们永远在骑一辆自行车。一直到九十年代初，但凡介绍中国的纪录片，里面总有一句："中国是自行车王国。"这时电视画面就会跳到天安门前长安街上，自行车大军们，车流滚滚。那时候工厂一到下班时间，骑自行车的人群从门口如潮水般涌出。上至厂长，下至实习技工，都是骑着油光锃

《血色浪漫》剧照，自行车和军大衣一样，是大院子弟的标配

亮的黑色自行车，倒也体现了人人平等。

那时候的名车，是天津的飞鸽，上海的永久、凤凰。这些牌子基本上相当于如今的奔驰、宝马、奥迪，简直是身份的象征。当时三大直辖市唯独北京没有全国驰名的自行车品牌。但事实上，北京也是有本地产品的，那就是北京自行车一厂生产的自行车。这种自行车在60年代初叫火炬牌，后来叫燕牌，直到80年代末停产。燕牌自行车虽然产量不大，但是也代表了那一代人的记忆。

4．告别的年代

在新世纪初，曾有外国记者慕名来到北京，想拍摄传说中自行车王国的街景，结果看到的只是一辆接一辆飞驰而过的小汽车。记者纳闷：北京什么时候与自行车告别了呢？

20世纪90年代中期，私家小汽车在中国开始普及起来，北京在这一轮的交通变迁中依旧走在前列。立交桥、快速路的建设让人目不暇接，城市以快速路为骨架开始了张牙舞爪的扩张，从二环、三环到五环、六环，城市面积不断扩大，外围新城也不断建成。

小汽车开始主导交通出行，而自行车则越来越被束之高阁。据统计，2014年每100户家庭拥有私家车数量全国平均为25辆，而北京为63辆。随之而来的是自行车出行的锐减。1986年，自行车占道路交通量的63%，如今只占12%。北京从自行车最多的城市，摇身一变成了小汽车最多的城市。与此同时，首都也获得了另一个称号"首堵"。

时代变了，当年街头王者自行车，一度沦为了贫穷的象征。当有姑娘说出"宁可在宝马车里哭，也不在自行车上笑"时，不知道几十年前那些骑自行车搞对象的青年们做何感想。

想想其实这也是很无奈的事情。城市越来越大，出行里程越来越长，机动车和轨道交通不断发展，自行车显然无法应对如今的都市出行。不只是北京，其他的大城市也面临着类似的问题。不少人已经把自行车当成了健身而非通勤的工具。路上骑自行车的人越来越少，自行车道纷纷被小汽车当作了停车位。好不容易看到来了一个骑车的，仔细一看骑的还是电动自行车。哪怕在最后一公里的交通方式上，电动滑板车、平衡车等新玩意如雨后春笋般层出不穷，纷纷挑战着自行车的地位。

21世纪初的电影《十七岁的单车》，似乎代表了这个城市自行车的绝唱，那也是自行车最后的辉煌时期。电影最后，男主角背着自行车走过马路，周遭都是小汽车的车流，作为农民工身份的他，和他的自行车一样，都显得与这座城市那么的格格不入。

如今人们从电影《老炮》里，看到的是当年凭借一辆自行车叱咤四九城的六爷，现在也不得不望着玩车少年们飞驰而去的法拉利感慨岁月不饶人。远去的跑车，带走的是六爷的青葱岁月，也是自行车的黄金年代。套用一句网络流行语："看着那些开改装法拉利的90后们，年过半百的六爷就坐在那里，满眼望过去，都是自己20来岁时的影子。"

如今人们越发重视绿色出行，自行车成为城市可持续发展的重要内容。北京也提出绿色出行（自行车、公交、步行）比例要达到70%以上。自行车作为重要的慢行交通，在城市规划与建设中的地位逐渐被强调，北京甚至开始规划专用自行车道。

但是对于一个人口超过两千万的特大城市来说，用自行车来通勤，实在不是说到就能做到的欧洲的哥本哈根、阿姆斯特丹那样的自行车模范城市，可以靠自行车就行走全城；如今尺度如此之大的北京，自行车注定只能在城市片区发挥作用。想当年，上下班只需要走两个路口，最多也只是三四公里，骑自行车完全没问题。现在从回龙观、天通苑到市中心上班，那得二三十公里，怎么可能骑自行车呢？

电影《老炮》中，南城老炮六爷从后海胡同骑到圆明园后的野湖，就耗费了大量体力，如果让他骑车去通州行政副中心的话，在路上就得把老爷子心脏给累坏了。

5. 自行车重回城市？

在北京的自行车巅峰时期，全市有超过一千万辆自行车。从前些年开始，自行车已经不再登记牌照，所以如今北京究竟有多少自行车，没有准确的数字。不过大家都清楚的是，北京大量自行车，其实已经成为"僵尸车"。许多路边躺着不少盖满灰尘的自行车，别说没人骑，收废品的都不去多看两眼。

就在大家都以为自行车即将彻底退出历史的时候，去年以来，"共享单车"成为一个火爆的话题。各种品牌的单车，披着不同颜色的外衣，纷纷出现在街头，基本集齐了赤橙黄绿青蓝紫等颜色，都能组成一道彩虹了。共享单车的宣传语"让自行车重回城市"，似乎能让骑车人重新心潮澎湃起来。

单车这个词，是港台对自行车的称呼。在共享经济和互联网+的浪潮下，共享单车成为资本市场热烈追逐的宠儿，各家都在疯狂烧钱运营。不过可以看出，共享单车尽管让一部分人重新骑上了自行车，但是更多的是用于短途通勤，来解决"最后一公里"的问题。而且共享单车的乱停乱放、高报废率和低舒适度等问题，让人对其能否长远发展也心存怀疑。

作为富有经验的老骑车人，骑着共享单车，总觉得不是特痛快。其实说白了，共享单车解决的是一种纯粹的应急需求，与以往那种在自行车上晃晃悠悠逛大街的自行车文化，还有很大的距离。这种距离，就像肯德基、麦当劳和法式大餐的距离一样。

自行车虽然是种舶来品，却代表了这座城市的一段历史，植入在了城市的基因之中。一辆辆自行车，目睹了城市在这几十年里翻天覆地的变化。对于许多市民来说，这种自行车情节是挥之不去的。北京作家石康，即便到了美国，也喜欢骑自行车在街上溜达。不同的是，那种悠闲的状态，更像他的小说名字所描述的那样，《晃晃悠悠》。石康曾经在这部小说中写道："你一直在寻找那个能让你心碎的姑娘，她代表一种生活……走吧，别回头，一直向前冲吧！不幸的是，这再也不能安慰我了。"

自行车对于这座城市来说，就如同曾经在自行车后座的姑娘，它象征着往日的一段生活。可最终让人慨叹的是，那种满大街车流滚滚的生活气息、那种骑车去兜风的浪漫、那种一辆单车叱咤四九城的豪气，是一去再也不回了。

张家口：念你如风

老家在豫南，小时候我则一直住在豫北的小城。有一次从老家回豫北，快过黄河大桥时，我妈在车上感慨："真是越往北越让人感到苍凉啊，特别是过了黄河以北。"当时公路上还没有那么多的车，国道上只有路灯光影不断变换。路外则是一片漆黑，偶尔出现的灯火也瞬间湮灭在一望无际的华北平原的夜色中。

而我第一次彻底地感受到那种北方的苍凉，是在张家口。

出了北京往西北走，就是张家口，这里民国时曾为察哈尔省省会。我第一次去张家口是去一处叫天漠的景区，据说是离北京最近的一片沙漠。虽然这只是一个迷你型的小沙漠，但是沙漠后面的远处，高山巍峨雄壮，给人心理意义上的北方的震撼。

印象最深刻的还是风。那是在大城市里完全感受不到的飓风。在任何方向，都有狂风呼啸而来，卷着沙子直接拍在人的脸上，让都市人透彻地感受到自然的粗野与原始的砥砺。那一刻我竟想起了庄子，只有他那汪洋恣肆的文字，才能描写出如此气势壮阔的宏大。风沙席卷整个大地，人、沙、风融为一体，昏天暗地的黄沙之中，尽是北方的苍茫。那一刻我想起里尔克那句诗，"我认出风暴而激动如大海"。

于是不得不感叹，得亏还有当年的三北防护林，要不整个华北不都得被这北方的风吹成沙地。冀北这一带的山地，向来是农业和游牧的过渡带。千百年里，金戈铁马，飞沙走石，在这片古老的土地上，人类与自然不断进行着激烈的碰撞。

后来和一个南方来的朋友去张家口。当时是九月中旬，他穿的不多，说看天气预报没那么冷。但是到了那里，还没下车，就看到路边停车场的工作人员，在狂风呼啸中，穿着最厚的那种军大衣，淡定地看着车上穿着各种季节衣服的人们。

如今正是因为有这么强烈的大风，这里才竖起了无数的风力发电机，成为我国的风电基地。后来我们又经过著名的号称"灼瞎双眼"的草原天路。沿路的风力发电机群，同样让人眼前一亮。公路、蓝天、白

云、远山和风车组成的风景，随手就能拍出大片。一个在电力系统的同学看了之后，还要拿这些照片去做商务PPT的内容。

"张家口，那可是出了名的大风口啊！"得知我去过张家口之后，我爸这么说。他说他以前的一个战友所在的部队，曾有人在张家口那里站岗时被冻死。顿时让我想起老电影《高山上的来客》里，在那新疆帕米尔高原的雪山上牺牲的战士。这些故事无不弥漫着慷慨悲壮之感。

网上有一首歌曲叫《我爱张家口》，开头的一句就是"我出生在风很大的张家口"，再一看歌手，是一支叫"迎风的门牙"的张家口本地乐队。张家口啊，还真是和大风分不开。张家口的网友还有另一句话，形容这里的风："一年刮两次，一次刮半年。"

对于北京来说，前些年的沙尘暴，是从内蒙古经张家口的通风廊道一路吹来。但如今，来自张家口的风，却成了京城雾霾天的大救星。全国空气污染前十的城市，一大半都在河北，但唯独张家口却进入了空气质量最优的十大城市之列。一个当地朋友说，其实我们那也有工业污染啊，只是奈何风大啊，排的废气根本就留不住……尽管我们的城市为了消除雾霾用尽全力，但最终发现雾霾散去还是得靠风吹。北京即便重度污染破表，但是张家口方向的大风一来，空气污染指数一分钟之内就能降到个位数。即便是平日，在空气污染监测图上，空气污染指数也是从张家口的怀来到北京的延庆、昌平、海淀再到市中心区和城南一路递增。

随着雾霾被热议，网上出现了一些调侃型的新词。比如Beijing smog，用来形容挥之不去、如影随形的坚守和专一。例句为"He is so into u. It's like a Beijing smog in the winter."那么wind from Zhangjiakou也可以成为及时雨的代表，例句可以为"I greatly appreciate your timely help! You are definitely the wind from Zhangjiakou!"

人们在情书中把心上人称为红牡丹、白月光。历史上浪漫的天文学家则以情人的名字来命名自己刚发现的小行星。那么如今的北京市民，大抵可以用张家口的风来表达爱意。比如在雾霾天对Ta说，在我心里，你正如那张家口的风。

草原天路穿过风力发电机群

红河：万水千山

　　云南是中国少数民族种数最多的省份，其旅游宣传口号"七彩云南"就体现了这种文化上的多样性。对于没到过云南的人来说，那些想象中的少数民族的风采，比如阿诗玛、五朵金花、孔雀舞、泼水节，等等，或许就是对这里最大的期待。但事实上，如果只抱着对少数民族元素猎奇的目光来到这里，一定会比较失望。飞机降落在昆明长水机场，一下子将你带到了一个国际化的大都市，它和内地其他大城市并无不同。现代化建筑与现代服饰，并不会给人带来任何异域的风情。

　　所以只能离开都市，去往偏僻的山野，才能找到期待已久的少数民族元素。旅居云南的作家周一在《云的南方》一书中精准地写出了这种探索的历程："与其在昆明的长途汽车站望梅止渴，不如索性坐上开往各地的长途大巴，到了景洪或六库，昭通或蒙自，情形便有所不同，穿'那种衣服'的人便多一些，也从容一些，比起昆明来，这里更像是他们的城市，或者说也有他们一份。这只是小荷才露尖尖角。只有换乘中巴到县城和乡镇，民族风才渐渐炫起来，街头巷尾，四处可见穿'那种衣服'的人。这也只不过是浅尝辄止。只有搭面的、坐马车甚至徒步到那些遥远的村寨，民族风才够炫，人们穿'那种衣服'上山砍柴、下田插秧……"

　　还好有那么多的少数民族村寨在，能够让人尽情感受这种"最炫民族风"。我印象最深刻的经历，就是一次在红河州元阳县的调研。我们对一个哈尼村寨做了新型城镇化的访谈。所谓新型城镇化，就是研究"人"的城镇化，而非以往"盖楼房"的城镇化。之前我只对红河哈尼族彝族自治州的州府蒙自略有印象。记得其是抗日战争中的重镇，负责滇南抗战的第一集团军总部的所在地。事实上，锡都个旧是这里之前的首府，两座城市在民国时期交相辉映，都依靠滇越铁路发展起来，从蒙自驱车几个小时就到达元阳县。元阳县是红河州最热门的旅游区域，哈尼梯田的核心景区所在。这个县的少数民族人口占总人口比例近90%，其中多数都是哈尼族。从城市到县城再到乡村，离山野越近、都市越远，感受到的民族风就越强烈。

　　红河州的民族分布体现出交错杂居的特点，但各民族聚居也有一定规律。比如傣族就聚居在海拔较低的地方，而哈尼族则聚居在海拔较高的半山腰。这里群山密布，沟壑纵横，有着"一山分四季，十里不同天"的气候特点。山腰上的哈尼族，千百年来利用这里的地理和气候条件，经营稻米种植，创造了宏伟的大地景观——哈尼梯田。哈尼梯田近些年被摄影爱好者们所发掘，其壮美的景象通过摄影作品名扬海内外。在2013年第37届世界遗产大会上，哈尼梯田进入世界遗产名录。而中国凭借这个新增的世界遗产，在世遗数目上一举超越了西班牙，成为世界第二。

　　我们造访的一个村庄叫阿者科村，是非常典型的哈尼族村寨。村寨位于半山腰，村寨上方遍布着茂盛的原始森林，村口的寨神林象征着

神明，不可破坏。村寨外围海拔较低处，尽是长期开辟的多级梯田，是村庄的生产空间，主要种植水稻和玉米。村寨则由一栋栋传统民族建筑——蘑菇房组成，整体错落有致。村庄采用重力自流的方式，通过沟渠和管道取山泉水。这种传统的人居环境充分体现了山、水、村、田、林和谐共生的关系。

村里家家户户居住的蘑菇房，是哈尼族最有特色的建筑。据说哈尼人以前居住的是土掌房，但是搬到潮湿多雨的红河地区后，在土掌房上用茅草加建了一个坡度在45度左右的四坡顶，整个房屋建筑看起来也就像蘑菇一样了。哈尼民居没有院落，都是单栋建筑，一般为两三层，底层饲养牲畜、存放农具，二楼为生活起居，三楼为粮仓。二楼部分空间延伸出来的晒台，也是重要的人际交往空间。

我们在村支书的带领下，拜访了一对老年夫妇。他们不会汉语，而村支书给我们做哈尼语-汉语的同声传译。他们家有两亩地，六口人。老大爷是村里的"贝马"（类似巫师），跟自己的岳父学的，是口口相传的民俗传承人。"贝马"在哈尼族村落里地位极高，村里一共有四五个贝马，都是比较受人尊敬的。老大爷有时间会外出打工，给人家砌砖，大概赚100元一天。他的儿子在蒙自当厨师，一个月能赚3000元，女儿也在外边打工。现在他自己带着女儿的孩子在家。

他们说，村子里十八岁以上的年轻人大多出去打工了，村里只有他们这样的老人以及孩子。外地的年轻人一年回两次家，火把节和过年各一次。留在村里的人种植水稻和玉米，家庭户均收入大概四五千元。这里的交通还是很不方便，去县城的话，没有通公共汽车。村里只有两家人有汽车，骑摩托的也很少。孩子们上学要去邻村，要走上六里山路。当问到医疗条件时，他们说村里没诊所，紧急情况打电话给乡卫生所，他们会来人。而问到他们是否愿意整村集中搬迁到别的地方去的时候，他慢慢地说："只要自己愿意，在哪里都一样，只要条件好。"

因为这里离观光的景区还有一定距离，所以旅游开发也没有波及这里。没有带来经济繁荣，但是也没有带来外界的冲击。老两口几乎没有去过外面，对外界发生的事情并不关心。这里就像是他们的世外桃源，世代过着一样的生活。他们依旧用传统方式耕种梯田，依旧用牛粪烧

火。他们的脸上刻满了岁月的痕迹，老人抽着水烟筒，望着外面，若有所思。他们的孩子们都纷纷去了外面的城市，传统的生活似乎从下一代开始要慢慢转变了。

随后我们又访问了一个集中建设的新农村。尽管现代化的建筑也在极力体现着民族风格的元素，而且村落的尺度和格局也模仿传统村庄进行建设，但村民们所居住的已经不是原汁原味蘑菇房了。同样的，村里也主要是老人和孩子居住，年轻人绝大多数都去外面打工了。

天气炎热，我们这些外来人都穿着短袖。但是村里的老人们却都穿着厚厚的民族服饰。孩子们则穿着背心裤头在打闹，看上去和外面的儿童并无不同。哈尼族的孩子们皮肤黝黑，但是眼睛都很大，目光中也充满了对外面世界的渴望。民族性和现代性在这里发生了代际间的碰撞。传统村庄的空心化和衰败，与现代化的新农村建设，都是不可避免的趋势。千百年不变的村庄注定在时代背景下无法成为永恒的世外桃源。

最后当我们离开时经过了一个可以眺望哈尼梯田的山头。当我下车观赏梯田时却下起了雨。山里已有的水汽和从天而降的雨水融在一起，烟水气弥漫山间，整个世界模糊一片。这种情形显然不适合拍照，不过却足以让人留下更多的念想。美好的东西往往都不容易得到，正是如此，才让我们一直念念不忘，不断追寻。

雄安：北直隶的雄心

4月1日愚人节这天，快下班时，所有人都开始展望清明节小长假。这时，一条震撼的消息横空出世，吸引了所有人的眼球：国家级雄安新区成立，作为千年大计，将承接北京非首都职能。这件大新闻，有如平地一声雷，引发了人们持续的关注和讨论。那一阵子，连菜场买菜的大爷大妈，都在聊完茄子多少钱一斤后，顺便讨论一下能否去雄安买房投资。说实话，作为规划师，我研究京津冀一体化很久，但不看这个新闻，还真想不起这几个县的名字。我甚至到过与雄县相邻的霸州，但对这一带依然是没有特别的印象。

缺乏存在感，不仅是组成雄安新区的雄县、容城、安新这三个县给人的感觉，整个河北省也是如此。我犹记得年少时，第一次去北京旅行时在路上的感受。绿皮火车在夜色中，穿过华北平原无尽的农田和村庄，然后在黎明时分，远方赫然出现一座庞然大物般的巨型城市。你似乎觉得这座城市和它外围广阔的空间并无关联，只是一座游弋的孤岛。

如果置身于更为长远的时间轴上，我们会发现，河北省这个地域单元是如何从文化区域演化为政治区域的。对于燕赵大地来说，历朝历代的变迁，或许带来的只是民族构成和城镇布局的变动。而明永乐十九年（1421年），对于这片北方的土地来说，是历史最大变局的开端。燕王朱棣在靖难之役后成为皇帝，并于这一年迁都北京，改北京为京师。与南京周边的南直隶相对应，河北成为北直隶，下辖八府，成为拱卫国都的京畿重地。北直隶与其他省级行政区域不同，地域文明更多地让渡于政治需要。简单地说，这里就是一个中央特区。以此为开端，首都深刻地影响了这片土地的政经生态，直隶拱卫国都的格局位置一直延续数百年。北直隶，甚至有了一个国际名字Peechelee，在西风东渐的近代史上，走进历史舞台的中心。

到了清代，直隶省的地位更加显赫。直隶衙署所在的保定，是京畿重地、国家第二政治中心。直隶总督名列全国八督之首，位高权重，不仅集军事、行政、盐务、粮饷、河道和北洋大臣等职于一身，并且统

管河南、山东部分区域的军政事务，可谓第一封疆大吏。历任直隶总督
为曾国藩、李鸿章、袁世凯……这些人，简直是半部清史的浓缩。而与
直隶总督衙署同城的保定军校，则在清末民初时期，培养了与"黄埔系"
齐名的"保定系"。从保定军校（包括其前身）走出的诸位将军：吴佩
孚、孙传芳、蒋介石、叶挺、张治中、傅作义、陈诚、白崇禧、薛岳、
蔡廷锴……几乎又书写了半部民国史。

　　清朝覆灭后，南京取代北京成为民国首都。直隶不再，河北的省会
开始漂泊不定。封建帝国时期，这片土地因防卫的因素，获取大量军政
资源。当中国开始向现代国家转型，中央的视野不断拓展到全国，经济
建设为导向的发展策略，使得环京区域就像古城的城墙，变得不再那么
重要。从那之后，全国的各个省份，没有一个像河北这样频繁变更省会
城市的。民国时期，河北省会在天津、北平、保定辗转变换。中华人民
共和国成立后，河北作为紧邻政治中心的省份，对"大跃进"、中苏交
恶、"文革"爆发等诸多政治事件尤为敏感，并促成了省会的一次次搬
迁。直到1971年，周恩来总理批示：河北省省会就地建设，不要再迁。
从那时起，河北省会才开始常驻石家庄至今。这座铁路拉来的城市，成
为历史无意间的选择。省会的漂泊就像河北省的"命数"一般，在历史
的动荡中飘离不定，难以言明。

　　"我们都没有河北老乡这个概念，除非是同一个地级市的，才算老
乡。"工作后，我的一个河北同事这么对我解释他对老乡的理解。我还记
得大学军训时，教官来自张家口，他用一口酷似中央人民广播电台播音
员的普通话，对我们说："我们河北没有统一的方言，北边和北京类似，
南边和河南、山东类似，秦皇岛就跟东北差不多了。"当我问他如何看待
京津冀的前景时，他说"知不道"。有趣的是，河北各地方言虽不同，但
对于这三个字，大部分地方都会这么说。

　　"让我们为此欢呼吧，世界是平的！"若干年前，因《世界是平的》
而名噪一时的托马斯·弗里德曼，在上海某高端酒店的论坛中，带着上
海这个心怀世界的城市的人们一起欢呼。那时候，我在上海一所大学
里，目睹着国际资本携现代化之势席卷全球。一切看上去似乎理想又美
好，世界大同的前景仿佛就在眼前。而随后我到了北京，京冀之间存在

的"断崖式落差"，又让我认识到，世界远非想象中的平坦，而是像黄土高原那样沟壑纵横。河北的环京县市，不但与大都市、现代化和时尚无关，而且形成了著名的环京贫困带。行政边界两侧，分属京冀的两个村子，社保可以相差十倍。这边北京人身份所带来的各种便利，让那边的人可望而不可得。河北家庭对子女的期望，都是考学到北京，然后做北京人。如果不行，打工也要去北京，无论如何也要留在那里。一条行政边界，隔开了两个世界。我有些外地同事，因为种种原因，离开北京回家工作，而那个河北同事则对我说："回去，能回哪里呢？我们那也就是北京的附近啊。"

作为城乡规划的从业者，我曾多次深入河北参与规划项目。区域规划是操作空间发展的工作，我希望它也能够成为解读地域情绪的一种方式。我们的司机老梁，来自河北保定某县，来京十余年，满脸皱纹。"其实我是八〇年的，也算是80后。"每次他告诉我们真实年龄时，总会让人震惊于岁月的无情。后来接触多了，从他那永不停止的抱怨中，我们似乎能看到他迅速衰老的根源。"在外打工不易，自己开饭店却被人给砸了，在家乡也没什么工作，现在社会全靠关系，女人都只图男人的钱财……"这样倾诉型的抱怨，贯穿于每次和老梁一起出差的全程。几个小时的旅程中，伴随着他略带沙哑的声音，可以从车窗玻璃上看到他那张布满沧桑的脸。车窗外面是华北平原上无边的田野、遍地开花的工业园区、数不尽的烟囱，和永远灰蒙蒙的天。有时候他打开广播，交通广播电台播放出万能青年旅店的摇滚乐。雾霾和工业污染，造就了冀中南大地工业朋克的盛行。或许老梁的抱怨，是摇滚之外的另一种愤怒的表达形式。

在一次去看某乡镇工业园区的现场时，经过一个拆迁后的村庄，残存了几栋房子。几个平头少年叼着烟，站在村口，他们故意把T恤的袖子翻上去，露出肩膀上的文身。"哎，你说现在这孩子们，好好读书不好啊，非要瞎混。"老梁说。接着他又讲起了他那即将上高中的女儿。自己一直在北京，却无法将老婆孩子接过来。他不愿意回去，在家乡赚钱机会少；老婆不愿来北京，觉得在这扎不了根又压力太大。他自己总觉得，俩人两地分居，时间长了也不是个事。这让我想起有一次坐地铁时听到两个安检员对话。俩人都是外地来京务工人员，一个说："前前后后算起来，在这工作也七八年了。"另一个说："你干了那么多年有积蓄么？回去还不啥都没有。"这些年来，河北就像是一个进京务工人员，把青春献给了北京城，告别却从来不轻松。

"在北京混了这么多年，一把年纪了，也没混明白。"这是老梁最爱说的一句话。他说心思始终在老家，回县城是迟早的事情。这时候我总是会想到赫尔曼·黑塞的这句话："每一个人都不仅仅是他自己，他还是世上诸多事件相交汇的一点，这个交汇只有一次，而这一点独一无二，意味深长，卓越超绝。"老梁的故事，就是河北与北京关系的一个缩影。北京对河北，吸血还是输血？这个话题总能引发网络上的地域论战。把这个问题放大，我们会看到更大尺度上的城乡关系变迁。

对于保定来说，辉煌的记忆都留在了历史的故纸堆里。老北京有这样的民谣：京油子、卫嘴子、保定府的狗腿子。别看如今京津冀的概念这么火热，在过去老百姓的说法则是京津保。京保地域相近，人缘相亲。不少北京人有亲戚在保定。保定至今仍有不少央企分支机构。但从社会经济指标来看，保定则淹没在省际断崖中，长期以来作为首都外围的工业生产基地和农产品供应基地，扮演着服务中央的配角，再与权力核心无缘。在自上而下的发展模式中，很明显能看出这意味着什么。前两年，京津冀协同发展政策刚提出时。保定做副中心的传言一时甚嚣尘上。北京投资客于是连夜到保定排队买房。随后，环京的各县市，房价也都翻了一番。新一轮资本的输出与地产的狂欢，更加凸显河北发展的困顿。这个钢产量超过美国的省份，从当年的水乡，变为如今干涸的大地。发展动力与发展结果，都与其临近的京城是如此不同。

这些年，国家级新区不断推出，但没一个能产生雄安新区这样大的新闻效应。甚至大半个月后，雄安依然占据着各大媒体的头条。2017年4月初，人民日报评论员以《办好建设雄安新区这件大事》为题，评论雄安新区。文章称："燕赵大地上，又一个春天的故事正在拉开帷幕。"深圳经济特区和上海浦东新区的故事，似乎在我们脑海中并未淡忘：曾经的伟人在南海边画了一个圈，顶层设计对经济版图产生了巨大影响。我们在短短二三十年内，经历了山河的巨变、都市群的崛起和区域经济的洗牌与整合。人、地、资本等要素纷纷卷入城镇化的宏大叙事，进而改变了我们生活的方方面面。再也没有人像我们这一两代人一样，能有机会目睹这么多的时代变革，观察到这么多的人生变迁。最近一次和老梁一起出差河北，看到路边新刷出的标语是"外出打工千辛万苦，不如回乡创业致富"。老梁的家乡，虽然不是雄安新区范围内，但也相邻。当问到他对家乡前景有什么看法时，他说："先看看吧，反正是好事，至少对自己的户口不会那么焦虑了。"

没有一个省份能像河北这样割裂，这样复杂。中央和地方、城市与乡村、现代与传统、工业与农业，这片土地接受着太多关系交织的投射。北直隶有着六百余年的中央特区传统，政治格局和国家权力一直深深影响着这片地域的气质。河北一直以一种心甘情愿的姿态，承受着时代变迁带来的漂泊。对于拱卫京畿数百年的保定来说，足够厚重的历史，给了它足够的耐心。它一直在默默等待着复兴的机遇。

历史天空的斗转星移，城乡空间秩序的解构和建构，让所有人置身其中。区域文化生态和政经版图的载体是人，或许我们可以从人们生活的轨迹去解读过去，并昭示未来。从地图上看，雄安新区位于京津保三角地带的核心。而新区的三个县：雄县、容城、安新，又组成一个三角形。中间的一片水泊，便是白洋淀——这个河北最大的湖泊，曾孕育了文学史上赫赫有名的白洋淀派。白洋淀派的代表作家孙犁的《白洋淀纪事》，讲述了烽火岁月中许许多多小人物的事迹。他们在苦难和凄凉中，保持了生活的诗意，也正是这样的情怀，帮助他们迎来了解放与新生。我们无从得知，这里的人们是否一直在等待着雄安新区的到来。或许他们与这片土地一样，未曾失去再次崛起的雄心。

阿克苏：白水之城

水韵之城

　　飞机即将降落时，能看到窗外大地景观的快速变化：雪山、戈壁、绿洲，然后是大片的林地与果园，以及穿插其间的村落。随后飞机在轰鸣声中降落在阿克苏温宿机场，一个距乌鲁木齐直线距离700公里的支线机场。

　　阿克苏，维吾尔语的含义是"白水之城"，这座五十万人口的城市，位于南疆绿洲平原上，北倚天山，南拥大漠。一般人们对于南疆的印象是干旱的戈壁沙漠，而这里其实是新疆水资源最为丰富的地区之一。一进入市区，就能看到路边的宣传标语"水韵森林之城"。尔后来到多浪河畔，简直有江南水乡的感觉。两岸水韵明珠、苏杭佳苑等小区的名字，也直接洗刷了访客的认知。

阿克苏机场，可以看到远景天山雪山

多浪河公园及两岸住宅楼

　　对于外地人而言，阿克苏的知名度，远没有南疆的旅游重镇喀什，以及玉石之乡和田那么高。其中一个原因，就是阿克苏是一个比较新的城市。清乾隆二十二年（1757年），定姑墨地名为阿克苏，并修建新城。置温宿直隶州，设阿克苏道。光绪二十八年（1902年），温宿直隶州升为温宿府。民国二年（1913年），温宿府本府改为阿克苏县。中华人民共和国成立后直到1983年，这里才正式成立县级市。

　　较短的建城史，使得阿克苏市非物质文化遗产丰富，而物质遗产相对欠缺。作为地区首府，阿克苏市更多的是承担了整个区域旅游集散地的职能。整个阿克苏地区，与对其进行对口援建的浙江省面积差不多，各县旅游景点众多且分散。我们来到这里正好是旅游旺季，大量的散客和旅行团使得许多宾馆都已爆满。很多人到阿克苏市不作停留，而是直奔外围，去库车、温宿、沙雅，奔向佛窟、沙漠、雪山和胡杨林。

交融之地

　　游客的集聚只是一个缩影。在历史上，这里就是东西方文化交融之地，中原汉文化、印度佛教文化、波斯阿拉伯文化都曾汇聚于此。这里宗教历史悠久，萨满教、摩尼教、景教、拜火教都曾兴盛一时。佛教更是在此有着近千年的兴衰史。

作为西域三十六国的姑墨、温宿两国属地，阿克苏曾是古丝绸之路上的重要驿站，如今依旧是北疆进入南疆的一个门户枢纽。市区的乌喀路路名就告诉我们这里是乌鲁木齐到喀什的必经之地。而从这里出发，向南经阿拉尔，进入中国最长的沙漠公路——阿和公路，再经过500余公里，一天之内就能到达和田。向北同样驱车500多公里，翻过天山，又能到达吉尔吉斯斯坦首都比什凯克。

这里如今依旧是一个交汇的节点。除去到访的游客，更多的各地客商与新移民，为这里带来了持续发展的动力。沿街商铺的名字，也显示出这里的人口地域构成：川豫饭店、河南烩面、温州宾馆、浙商大酒店、鲁豫小吃、台州会馆……中西部人口大省的劳动力，东南沿海的资本，在人脉亲缘关系、对口援建政策的催化下，不断构建着商品生产与流通的网络。在招商引资、民营经济、产业集群的带动下，城市不断进行着空间的生产与扩张。

借助承接东部的产业梯度转移，这里发生着我们并不陌生的、快速的工业化与城镇化的故事。在进出城的道路两侧，不少体量巨大的工业企业正在建设。人流、物流、资金流的新一轮汇聚，在古丝绸之路的千百年后，重新将这里拉入全球经济网络中。"积极参与丝绸之路经济带建设""打造'一带一路'瀚海'明珠'"的路边标语，时刻提醒着人们新的全球化时代背景。

经济的发展，永远伴随着人口的迁移与流动。这里新移民来源最多的是河南和四川。在多浪河公园的门口，我看到两个刚刚相识的老人在聊天。骑着四轮助动车的老人来自河南南阳，是由子女接来养老；挂着拐杖坐在椅子上的老人来自四川泸州，在这里做生意二十多年。乡音难改的两个异乡人，跨越了方言的障碍，快速建立了友谊。他们聊这里的公共服务设施，聊哪家的蔬菜瓜果的价格更便宜，最后在这里的房价不高、环境不错的观点上达成共识。两人最后相约改天还在这里见面："就在这里哈，要得。""中，中。"

多浪与龟兹

在北京飞往乌鲁木齐的飞机上，机场小屏幕展示着"一带一路"专题节目：龟兹乐舞、十二木卡姆。巧合的是，这都和我此行的目的地阿克苏有关。

漫步在城市街头，"龟兹"和"多浪"两个词语随处可见，整个城市文化的精华都浓缩在这几个字上。卡尔维诺在《看不见的城市》里写道："记忆……把各种标记翻来覆去以肯定城市的存在，看不见的风景决定了看得见的风景。"作为龟兹文化和多浪文化的发源地，文化符号体现着城市历史的追忆。

龟兹古国是西域历史悠久的大国，从汉代至唐代，一直是西域的重镇。东汉班固的《汉书》记载："龟兹国……去长安七千四百八十里。户六千九百七十，口八万一千三百一十七，胜兵二万一千七十六人。……南与精绝、东南与且末、西南与扞弥、北与乌孙、西与姑墨接。能铸冶，有铅。东至都护所乌垒城三百五十里。"龟兹国以库车绿洲为中心，鼎盛时期势力范围，包括阿克苏地区和巴音郭楞州大部分区域。盛唐时期，安西都护府所在地即在龟兹都城，借助龟兹，大唐有效地实现了对西域诸国的控制。

作为著名佛国，龟兹是佛教经西域传入中国内地的重要门户。佛教用语如"沙门""沙弥"等词语，均来自于古龟兹语。在如今的多浪公园，复刻的壁画中的佛像与人物，展现出龟兹佛国的古韵：既有波斯印度的异域神韵，也透露出舒展、大气的汉韵唐风。绚烂壮丽的氛围，让人联想到晋书中对龟兹的记录："……有佛塔庙千所。人以田种畜牧为业，男女皆翦发垂项。王宫壮丽，焕若神居。"在相当长的历史时期，龟兹凭借优越的地理位置，成为东西方文明交汇之地。除土著龟兹人之外，东西方的不同民族、人种于此交流、融合，共同缔造了辉煌的龟兹文化。

尽管已经湮没于历史长河之中，但古地名还在时刻提醒着人们这里历史的厚重。据当地人介绍，阿克苏地区即将撤地设市，县级阿克苏市将改为姑墨区，而库车县将改名为龟兹市。尽管市区少有遗迹，但古名长存。正如雨果所言，城市中"文字的历史最终打败了石头的历史"。

与消失的龟兹文明不同，多浪文化活跃至今。或许"多浪"一词并不为人所知，但说起"刀郎"，则无人不晓。2004年，歌手刀郎一炮而红，那年全国各地街头巷尾都传着《2002年的第一场雪》的歌声。事实上，"刀郎""多浪"，其实都是同一个维吾尔语单词的音译（Dolan），意为聚集、扎堆。多浪是叶尔羌河下游及塔里木河中上游地区的维吾尔族的一支，他们为逃避压迫，聚集于大漠胡杨林里，过着自由的流浪生活，也创造了丰富的歌舞艺术。歌手刀郎的音乐，就融入了这里大量民歌元素。

"你们应该去阿瓦提县的刀郎部落去看看。"知道我们来这出差后，一个出租车司机为我们作了介绍。从阿克苏市向南，不到一个小时车程，就能到达刀郎文化的核心区域——阿瓦提县。原名罗林的歌手刀郎，也曾担任过这个县的文化大使。该县的刀郎部落景区，是这一代最知名的人文旅游景点。"（景区）除了有歌舞，还有大片的胡杨林。"司机补充到。"你们可以去看看胡杨啊。那句话怎么说的？都说胡杨生而一千年不死，死而一千年不倒，倒而一千年不朽。顽强的生命力啊！"司机感慨道。

胡杨，是沙漠里最具生命力的植物。而文化，亦是如此生生不息。

广场、街道与生活

一些关于南疆的游记，都把阿克苏描述为繁华的城市。这并不夸张，在城市走上一圈，满眼都是高密度的住宅与写字楼、人流如织的商业街，以及大型的购物中心。部分区域的开发密度之高，在东部沿海城市面前也不遑多让。相比于内地，特别是长三角"包邮国"，这里人们对于电商没有那么依赖，城市反而保持了实体商业的繁华。这种繁荣，也进一步营造出浓厚的生活气息。

广场是城市的客厅，阿克苏市内遍布街头花园与广场。在这里，可以看到人们在聊天、打扑克，或者下棋。一到晚上，这里则成了热力四射的舞台，交谊舞、广场舞和民族舞纷纷上演。在世纪广场，一些滑着滑板的女孩们，让人想起《摔跤吧！爸爸》电影中女孩子们的英气。在

世纪广场上跳交谊舞的人群

王三街：富有民族特色的商业街区

另一角，伴随着美国说唱音乐，穿着宽松衣服和裤子的跑酷少年们，在台阶之上穿梭飞行。在完成动作后，他们与伙伴们击掌庆祝，深得嘻哈文化的精髓。

同一个世界，同一个梦想。全球化的浪潮下，对于都市的年轻人来说，这里的一切潮流与内地、沿海的国际化大城市并无差异。

"伟大的街道造就伟大的城市"，艾伦·雅各布斯教授在他那本著名的《伟大的街道》中，这样论述街道对于城市的重要性。与许多中小城市一样，阿克苏老城的中心是十字街，以此为原点，东西南北四条大街，像藤蔓一样四向延伸，辐射出城市的繁华。城市的肌理记录着城市生长的历程，也是市民活动的一种传承。

或许对于游客来说，繁华的商业街并无特殊吸引力。他们向往的是更具特色、老建筑更多的历史文化街区。但本地人则有着不同的感受。一个来自喀什的维吾尔族青年说，喀什老城区，特别是高台城区吸引了大量的游客，但本地人生活却没那么便利。或许正如加缪所言：人们与一个城市分享的爱，往往是秘密的爱。城市的品质与风貌是个多重的概念：本地人的私家生活休验，往往并不为外人所知。

老城的街巷拥有着丰富的商业与生活活动。与多数南疆城市一样，阿克苏最不缺乏的就是阳光。在烈日下，街道两侧树荫营造了适宜的步行空间，来来往往的市民们在树荫下不断进出，好像在传统南疆民居中，人们在公共-半公共空间之间的过渡与回转。

就在这样的光影之间，城市生活的剧情循环上演。在这里近两周的时间，近距离接触本地人，让我充分感到，最终塑造城市的，正是市民鲜活的生活本身。

城市和故乡

在这里，可以与内地那些身披主角光环的城市保持一定距离，获得一种别样而又兴趣盎然的观察视角，来思考一些城市的命题。例如，人对空间的参与欲望是否具有地域性？在城市"成功学"泛滥的时代，边陲小城能否探索出不同的特色路径？如何基于非物质文化遗产，实现城市文化的传承与精神的重塑？

在这个远离城市中心舞台的地方，阿克苏有可能给我们带来不同的城市发展样板。或许，对于诸多命题的探讨，终究要回归到城市生活的本身。贝淡宁在《城市的精神》中认为："城市用很多方式反映并塑造了其居民的价值观和视角。"他认为，对一个城市魅力的评价不仅仅是美学判断，更涉及城市居民生活方式。城市对于外来者往往是匆匆一瞥的印象，但本地居民之所以选择城市，一定是这里的生活方式，与他们的价值观形成共振。

莎士比亚在《科利奥兰纳斯》中提出"城市即人"。和人一样，城市发展也有着各自不同的路径。对于所有城市同样重要的，是找寻自我。成功的城市都不是盲从外界的观点与判断，而是找寻到自我那闪亮、美好的灵魂，并且将其发扬光大。这就是我们称之为文脉的东西，像是一条河流在时间的轴线上，一直延续下去。当居民的情感能够有所附丽，不再干枯与苍白，我们便把这里称之为家乡。

最后，以一个关于家乡的故事来结束本文。有一天我在多浪游乐园的冷饮摊买水，遇到摊主正在和她的女儿用河南话聊天。这个姑娘出生在这里，在内地读了大学，又回来工作。作为疆二代，却依旧和我这个老乡一样，以豫南某县的人自居。

不过除去故乡的话题，她更多地向我展示了对这里的眷恋。我问她："将来你还会去别的地方吗？"

"不会。"她反问我："如果你把一个地方当作家的话，还会离开嘛？"

"那是一种安心的感觉，和它在一起，你会相信一切都会越来

富有地域特色的建筑——阿克苏博物馆

好。"伴随着爽朗的笑声，她补充道："我们有户籍、祖籍、出生地，但只有一个家啊！"

顺德：小城故事

1．百强区县第一名

可能有人不知道顺德这个地方，但相信不会有人没用过"美的""格兰仕""万家乐""容声""海信科龙"这些家电。其实差不多中国家电制造的半壁江山，都来自顺德。

顺德曾经是广东省佛山市的一个县，后成为省直管的县级市，继而于2003年并入佛山市区，成为顺德区。近年来，顺德凭借强大的经济实力，蝉联各类全国百强区县的排名榜首。顺德的经济有多强？随便挑出它的一个镇或街道，GDP和财政收入就是内地一个地级市的水平。尽管只是一个区，但是如果把顺德单独拎出来，和广东省各地级市进行经济排名，顺德依然能名列前茅。

2．广东四小虎

20世纪80年代，新华社一个叫王志纲的记者，从北京跑到当时的改革开放前沿阵地广东调研。在珠三角，四个经济发展迅猛的小城市——南海、东莞、中山和顺德让他大为惊叹。于是他回来后大笔一挥，写了一篇《广东跃起四小虎》。没想到，这个可以类比"亚洲四小龙"的概念，让这四个县级行政单元名噪一时。后来东莞和中山升级为地级市，而南海和顺德则成为了佛山市的区。

话说这"四小虎"的经济都是相当生猛，比"四小龙"腾飞时的经济增长速度有过之而无不及。不过四只小虎的经济发展模式各异。中山当时是以国有经济为龙头；而南海是县、镇、区、联合体、户，"五个轮子一起转"，发展多样性的产业；东莞是典型的"三来一补"，靠外资投资办厂起家。其实东莞南边的深圳，一开始也是这样发家的，只不过后来通过产业升级成了2.0模式，产生了大量的本土高新技术企业。而东莞可以看作是原始版的深圳。这种依靠外商投资的发展模式，很容易受到国际经济波动的影响。2008年全球金融危机时，在东莞的台资大举北上苏南，让东莞的外向型经济严重受挫。

　　而与东莞隔江相望的顺德，则是另一种路数。与苏南模式比较类似，顺德同样以乡镇企业起步，而后于九十年代初进行了股份制改造。有点年龄的人可能都看过20世纪90年代初的一部电视剧《情满珠江》。这部红极一时的电视剧，就是以顺德的家电企业发展史为蓝本的故事。影片讲述了珠三角的一个电风扇厂，从乡镇企业一步步发展为国际集团的历史，当然其中也穿插了大量的时代青年们的爱恨情仇。该电视剧热播正是在九十年代初的乡镇企业股份制改革的时期。当时精明灵活的顺德人，创造了"全员股份化"等不少新名词。

　　其实从历史来看，这片土地就是广东的实业沃土。清末民初，中国东南沿海纷纷开始兴办实业，广东的主要产业——机器缫丝最集中的区域便是顺德。借助缫丝业的发展，顺德人在广州银号中也占据大量资本，当时的顺德就有了"广东银行"的美誉。

　　中华人民共和国成立后，这里也发展了一些纺织轻工等国有企业，拥有了一定的工业基础。如今那些大名鼎鼎的家电企业，追溯起来，多半也是由改革开放前的社队企业改制而来。这样的内生性，没有外商撤资的压力，使得地方发展经济具有更多的自主性。因此相比于东莞，国际资本市场波动对顺德的冲击要小很多。

　　顺德以家电起家，最早的企业是20世纪60年代大良镇的五金电器加工厂。多年来，顺德家电产业的持续发展，让顺德人有了一种家电情节。在当今的金融和互联网的喧嚣中，顺德企业不追逐热点，而是静观其变，以渐进的方式从容应对。企业没有大张旗鼓地提创新创业和工业4.0，只是不声不响地做起了与家电制造关联密切的工业机器人。顺德企业家的低调与精明，可见一斑。

　　从前些年开始，国内家电市场开始饱和。顺德的企业就纷纷走了出去，畅销国外市场。当今的全球化是流动的体系，资本和信息的流动，形成了与以往全然不同的城市体系。因为规模所限，在传统的城市体系中，顺德可能在全国也排不上几线。但是从城市流的这个角度讲，顺德完全是一个全球城市体系中的重要节点。

3. 多中心城镇群

尽管只是佛山市的一个区，但是和我们平常意义上的区不同，顺德其实算是一个相对独立的城市。在文化上，顺德有着强烈的本土情结。一个当地人告诉我，他们在外一般不说自己是佛山人，只说自己是顺德人。在行政上，顺德也拥有自主权：除了党委等部分国家垂直管理部门由佛山市代管外，其他大部分经济社会的事务拥有地级市管理权，并直接对省负责。所以尽管是区，顺德也有属于自己的车牌号"粤X"。

在空间上，顺德建成区大致与北部的佛山市禅城区相连，不过顺德的行政中心大良则在顺德南部，因此与佛山也相对隔离。在经济上，顺德的企业，也是本地集聚较多和佛山经济联系并不大。

当我们把顺德作为城市来看的时候，会发现这里的城镇体系和典型城市的差异很大。这里并没有一个强有力的中心，而是呈现出典型的多中心、扁平化的特点。4个街道（大良、容桂、伦教、勒流）、6个镇（陈村、均安、杏坛、龙江、乐从、北滘）的面积、人口、经济发展、城镇化水平相差都不是很大。每个街镇大致人口规模都是二十到四十万左右，差不多相当于内陆一个县的人口，城镇规模等级不显著。

顺德位于珠三角中部，是典型的河口三角洲平原地区。这里水网密集，各类河网密度达2.12公里/平方公里。这个数值是什么概念？北京市市区五环内的道路密度，也才为4.85公里/平方公里。可以说，在这里走两步就能遇到的河，就和别的城市的马路一样平常。所以各个镇街的行政边界大多由较大的河道分割。这也造成了交通不便，在一定程度上成了"一镇一隅"：各镇相对独立发展的空间特征。空间的阻隔也形成了建设用地碎片化的特点。

在以乡镇企业为源头发展起来的经济模式下，人口流动和职住平衡，也有着与其他城市不同的特点。对大多数城市来说，主要的就业区和居住区，往往位于城市的不同区域。拿北京来说，既有回龙观、天通苑这样的典型的居住区，也有国贸、金融街和中关村这样的典型就业地，因此城市的人口密集区在昼夜显著不同。其他小一些的城市，可能没北京这么明显，但多少也有类似的特点。但是顺德则完全不是这样的。由于镇街经济的模式，各个镇街甚至村，都有自己的工业园区。这些园区都建有员工村。大部分就业人口都在工业企业或者贸易市场就业，居住地也在园区的工人宿舍，或者工厂、市场附近的村庄就近租房住。所以很少有大规模的跨镇街通勤的人口，工作地范围和居住地范围基本重叠。

4. 一镇一品

顺德作为广东第一个"省管县"，在财政和土地政策上向镇一级倾斜，这与传统县级市向中心城区倾斜不同。因此，基层的镇街获得了更多发展经济的动力和自主性。各镇街根据自身禀赋和传统，形成了一镇一品的特色：乐从镇的家具、钢铁商贸，陈村的花卉，容桂的电器，勒流的小五金小家电，均安的牛仔服装，大良的机械等。专业镇是这里区域经济的一大特点，每个镇都专注于一两种产业。除了家电工业外，还有若干个镇街主打商贸服务。几个专业市场还都是各自行业内的全国第一，比如乐从的钢铁世界、"罗浮宫"，龙江的亚洲国际等。

最让人惊叹的还是罗浮宫国际家具博览中心。作为一个家具市场，从外面看并无太多花样，和其他城市大型家具城差不多；但一进去，就发现别有洞天：高端、奢华等词语形容这里都捉襟见肘。第一念头就是，这哪里是家具市场，简直是圆明园再现，卢浮宫升级。各种建筑风格融会贯通：希腊柱与罗马顶齐飞，巴洛克共洛可可一色。在里面，也听到一些客商们议论，说这地方简直可以搞成旅游景点。不过走到出口处，赫然发现门口已经挂上了4A级旅游景区的牌子……

凭借这些商贸业的发展，常年有2000名外商在这里交易，常住的就有一千多。各种肤色的老外一应俱全，当地人对此都不稀奇。市场里的标识都注着干种外语，商家也能普通话、粤语、英文切换自如。

在专业镇内部，由同一行业的企业形成了产业集群的同时，在各个街镇之间，则形成了不同产业上下游协作的关系。比如一些镇的物流园区，大部分业务都是为邻镇的家电企业或者商贸市场服务。本地企业和行业都基于上下游协作，保持着密切的经济联系。

罗浮宫内部各种建筑风格共存

5．Desakota模式

　　20世纪八九十年代，一位加拿大地理学家麦吉（McGee），针对东亚和东南亚的部分发展中国家一些工业化快速发展的地区进行了深入研究。他认为这些地区有着和西方国家都市截然不同的空间模式，并称之为Desakota模式。这个词其实就是把印尼语的"村庄"（desa）和"城市"（kota）合了起来。意思也很好理解：就是指这样一种城市和农村的混合体空间模式。

　　在地理学的理论中，Desakota模式的地区有这样一些特征。首先这些区域有着密集的人口分布，传统种植作物为水稻，并且通过分散的农户经营。其次，与西方大都市带是由城市居民外迁而形成不同，Desakota地区更多是乡村地区非农产业发展，以及对城市工业的承接形成的。而随着工业的发展，这里服务业也获得大力发展。同时，在西方的大都市带中，城市建成区之间多为单一的居住和休憩空间；而亚洲的Desakota区域是农业、工业、居住及其他各种土地利用方式的交错布局。此外，这一区域一般拥有密集的交通网络和便捷的区域交通。总之，可以把Desakota区域看作传统的城-乡二元格局之外的"灰色区域"：它的出现淡化、模糊了城乡之间的界限。

西方学者把珠三角看作是Desakota的典型案例。中国的地理学者周一星认为Desakota在中国的具体表现形式为都市连绵区，他认为珠江三角洲是都市连绵区的典型代表。在顺德，沿路就能看到大量这样的场景：城市、乡村、厂房交错布局。这让人想起设计CCTV"大裤衩"的建筑师库哈斯，当年在珠三角调研的感受。多年前他作了一个关于珠三角城镇化的研究。在实地调研中，他惊叹于城市与乡村、传统与现代的激烈碰撞。于是他用了一个我国的历史名词，来命名他的相关研究书籍——《大跃进》。

6. 小城生活

在这个只有八百多平方公里的小城，开车的话一天就能把所有街道和镇转一圈。尽管面积不大，但能充分感受到城市的多样性：这里既有生活气息浓郁的老街巷，也有豪华的大酒店、写字楼、购物中心；既有广东四大名园之一的清晖园，也有近代南洋风格骑楼的步行街；既有两

路边的景观：密集的城镇和乡村连绵，工业建筑和居住建筑的交错；主要交通干线两侧，都是厂区，呈现出一种"马路经济"的特点

三层的各色农宅，也有高层的商品房小区。各种形态的街区彼此邻近，呈现出一种多样化的和谐。

当然，对于外来者来说这里更多的是产业园区。从车窗外很少能看到农田，看到更多的是一个工厂接一个工厂，一个园区接一个园区。近两年，当"世界工厂"这个称号渐渐从我们耳边溜走的时候，在顺德，这个国家形象让我再次历历在目。

由于有着雄厚的经济基础，顺德的城市建设较好，各类大城市的服务设施一应俱全，在镇上晃悠两步就能遇到星巴克。本地人基本上都有小汽车，公交也很发达，已经实现村村通。村镇的街道整体也比较整洁，有一点台湾乡村地区的感觉。

同时，这里房价却相对不高，物价水平低于广州、佛山，生活适宜度很高。不过未来连通广州的地铁开通后，随着大量广州人来投资房产，这里的房价也开始迅速攀升，从七八千元涨到了到一万二三。

当地的工人收入一般都在四千以上，熟练技术工人有七八千。工人们如果不住宿舍的话，在工厂附近合租或者整租个一居室，压力也不大。其实在全国走的地方越多，越发觉得对于技术工人和普通白领来说，各地收入的差别都不是很大，差距大的主要是各地的房价和房租，这个是影响生活质量最关键的要素。

容桂街道，充满生活气息的老城区

陈村镇大型楼盘

在这个大企业遍地，处处是财富的地方，并没有想象中的那样灯红酒绿、车水马龙。众多产业工人并未形成休闲购物场所的人流。最大的购物中心，与北京上海的相比，也明显人气少了很多。产业工人中男工占多数，或许男工不像女工那样爱逛街，所以即便是周末放假的时候，各镇街的商业区的人气和平时也差不太多。

反倒广场是夜间人气的热点。十二月的岭南依旧气候温和，顺峰山公司门口的广场上，各个年龄段的市民在跳交谊舞、广场舞，打太极拳，玩轮滑和极限运动，让路过的人目不暇接。公园门口有个号称是亚洲最大的牌坊，当地人笑着对我们说："说是亚洲最大，其实也就是世界最大喽，亚洲以外的国家都不怎么修牌坊。"

尽管在城市建设上，顺德和珠三角其他大城市差别不大。不过毕竟是小城，对人才还是有些缺少吸引力。特别是教育和医疗，硬件的设施都没问题，缺少人才是限制发展的一个瓶颈。因此这里对人才可谓求贤若渴。

7. 区域视角

珠三角是三大都市区中人口和城镇最为密集的区域。顺德与广州、佛山地缘文化非常接近。在过去广州辖"一府两县"时，顺德与南海、番禺并称"南番顺"。从交通上讲，顺德已经与佛山、广州基本实现了同城化。从这里到广州南站，开车走高速也就二十多分钟。

同时顺德与相邻城市之间经济关联和互动非常强。随着顺德经济的发展，生产成本也在不断提高。一些企业也开始向劳动力成本更低、土地资源更充足的中山转移。顺德北部的佛山新城的发展，则受到顺德与佛山关系的显著影响。前些年开始规划佛山新城，由于这里紧邻佛山中心城区，一开始新城是归佛山管理，因此很多佛山市的市级公共服务设施，如佛山科学馆、图书馆和博物馆等纷纷于此建设。这里很多房子也都是广州人和佛山购买的，但并不居住，主要是作为投资。但是随后新城又划归顺德管理。对于顺德来说，佛山新城的位置就有些偏了，毕竟顺德行政中心在南边，因此这里城市建设良好但人气则不足。

8. "唔得就返顺德"

和闽南的"爱拼才会赢"、潮汕的"赢了还要拼"不同。顺德人则显得没那么刚猛搏命。当地的口头禅是："得就得，唔得就返顺德。"你看这话说得多坦然：到外面奋斗，成功了就成功，不成功呢，就回顺德老家，没什么大不了的。有种说法是顺德人长相敦厚，是"顺得人"，很讲合作精神和服从意识。不过这并不意味着随遇而安，而是追求实干。难怪当年邓总设计师在南海边画圈时，一定要来顺德："黑白猫"论其实与顺德这种实用主义相当吻合。所以在20世纪90年代顺德经济起飞后，顺德人又获得一个新的称呼，叫"可怕的顺德人"，这种"可怕"体现的也是一种内在的张力。

据说这里经常有光着膀子、毫不起眼的大叔，从路边便利店（粤语叫"士多"）买了包最廉价的烟，转身"嘀"的一声，用钥匙打开了街角停着的豪车。有句话叫"闷声发大财"，顺德人看来深谙此道。

这种地域文化培养了低调实干的企业家。顺德的企业品牌名声在外，但是企业家则知名度不高。有一年，顺德有13位富豪荣登胡润百富榜，但同时在企业家社交影响力榜单上，顺德企业家则无人上榜。很难想象这里会有马云和王思聪那样的网红富豪与富二代。这里一些企业家的孩子，甚至还追求稳定考了公务员。

　　不求虚名，讲究实用的精神，让顺德人不喊口号，不随波逐流。在"互联网+"、工业4.0、创新创业等热闹沸腾的今天，在北京中关村附近的咖啡厅坐下，"创业、投资、天使轮、上市"等词语便声声入耳。在很多别的城市都纷纷投入地产和金融的泡沫中时，顺德的企业家们仍然坚守着传统制造业。在新的经济形势下，制造业面临着市场萎缩、成本上涨和转型升级等压力。顺德企业家们并没慌张，而是以一种相对低调的姿态去坦然应对。在一个建材企业调研的时候，和企业管理人员聊到宏观经济下行，他坦然企业面临着严峻的挑战，但是他们顺应时势，也在不断调整企业的策略。"一带一路嘛，国内市场小了，我们就走出去，去南亚、中东，"他说："做下去，就一定有办法。"

　　顺德处在广府文化的核心区，也是粤语的大本营。曾经有一个对广东各个城市讲粤语人口比例的调查，顺德高居榜首。坊间有个段子，说一位顺德籍的领导在广州工作，在普通话推广大会上讲话说："政府官员要带好头，'拒绝'讲普通话。"此言一出，全场哗然。后来大家才反应

先进制造业集聚区同样已经开启了工业 4.0 的时代

过来，他说的是"政府官员要带好头，自觉讲普通话"。

当然这只是段子，不过这里依旧有浓厚的粤语氛围。街头巷尾，听到的大部分都是粤语。但顺德人并不排外。一个外地来的公务员告诉我，在一起时，只要有一个人不会讲粤语，哪怕他听得懂，大家也都会自觉都说普通话，以示尊重。调研时我们接触的公务员相当一部分都是外地人。在一个企业调研时，不知道我们是外地人的管理人员一开始说粤语，后来在同事的提醒下，马上改为普通话，各类语言切换自如，并向我们表示歉意。

顺德还是著名侨乡，有数十万海外华侨。其中最知名的顺德籍海外名人，当属华人功夫巨星李小龙。如今这里经常举行恳亲大会，世界各地的顺德人齐聚一堂。这种国际联系，也一直是企业走向海外的重要基础。近年来不少海外顺德人的二代返乡创业，甚至有了一种说法叫"得唔得，都要返顺德"。

本地的著名景点杏坛的逢简水乡人气很旺，外地与外国游客都不少。在这里遇到一个马来西亚游客团，不知是否因为侨乡的缘故，他们说到广东一游必到这个水乡。当得知我们是从北京来调研的时候，他们笑着说："我们也想去北京，不过北方冬天空气不好，下次再去吧。"

逢简水乡的和之梁公祠

9. 美食之都

很多人都知道有个说法叫"食在广州"，不过未必知道下一句叫"厨出凤城"。"凤城"是顺德的别名。这里除了有"家电之都"这个名号外，还有"美食之都"的美誉。"世界美食之都"这名头，可是联合国教科文组织授予的。大良的双皮奶、均安的鱼饼等顺德特色美食，在国内外享有盛名。

其实"美食之都"，也体现了城市形象的多样性。来调研之前，我以为这里只是典型的生产空间：处处工厂，家家经商。但在实际调研中，又发现这里有着浓郁的生活氛围，享受美食的传统。这正是城市多样性的魅力所在。

10. 走向未来

具备营商传统的顺德，一直保持着开放的事业和对与时俱进的追求。在创新时代，人是经济发展的核心要素，缺少人才成了这里企业转型升级的瓶颈。因此，顺德顺势开展了广州大学城的建设，吸引和培育人才。通过轨道交通加强与广深的连接，对接创新资源。在城市治理上，各种新技术和城市大数据的应用，也为精细化管理的升级提供了更多的路径。

在实体经济下滑的形势下，顺德依旧保持了人口持续增长和经济的繁荣。真正能够抵御经济寒冬的是什么？想来想去，恐怕还是企业家精神。经历了商界大风大浪的顺德人是平和的，尽管时代在变，但顺德人依旧保持着一以贯之、创新开拓的企业家精神。按照经济学家熊彼得的观点，企业家精神是市场经济的灵魂。那么只要这种精神还在，经济发展也会持续向前。

沈阳铁西区：共和国老工业基地兴衰录

　　如果在全国选出一个城区，作为老工业基地变迁的缩影，那最合适的就是沈阳的铁西区。铁西区是计划经济时代工业化模式的最典型代表。它曾经无比辉煌，又曾经持续没落。长期以来太多的故事，借助媒体的推波助澜，形成了一种大众想象。那些人们耳熟能详的称号如"东方鲁尔""共和国长子"，让人无法忘记它的光辉岁月；而"东北现象""老工业基地""下岗工人"等名词又让它落寞衰败的形象深入人心。在超过半个世纪的历史长河中，它是长子，也是弃子；它被追逐，也被放逐。铁西区三个字，作为一种符号化的形象，不知不觉与真实拉开了距离。对局外人来说，我很想一睹其标签背后的真面目。2016年中国城市规划年会在沈阳举办，会议有一条考察路线涉及铁西区，借助这次机会，我亲自去现场看了看这里真实的一面。

　　和不少人一样，对于铁西区这个名字，我最早是从王兵的那部纪录片《铁西区》知道的。这部影片分为《工厂》《艳粉街》《铁路》三个部分，全部是用一个普通DV拍摄的。影片通过原始的手法记录了1999年到2001年这段时间内，铁西区这个重工业基地的一段变迁历程。

　　电影中，毫无生气的工厂里，工人们在昏暗斑驳的车间中讨论哪一家厂子又垮了和已下岗的工友们的去向。废弃工厂的留守工人们，则在厂里寻找有什么零件能拿走卖钱。破败的工人疗养院里，污染型行业的工人，在这里无所事事，对着电视发呆，个个一脸木然。在艳粉街棚户区，工人们居住的简陋房子被垃圾包围。拆迁后，人们带着自家的门板，无奈地搬离这里。而在铁路货场一带，有些无业人员，长期以捡火车遗弃的货物为生。

　　影片没有任何抒情和评论，只是客观地作着最真实的记录。电影全面地展现了那个时期铁西区一片衰败的景象，以及彷徨、无奈与感伤的人们。这部电影被很多独立电影排行榜屡屡提起的另一个缘由是全片的长度：足足长达9个小时！551分钟的剧情，持续地表现出的那种粗犷、砥砺与沉重，带给人无比强烈的冲击。王兵导演凭借这部处女座，在国际上屡获大奖。这部纪录片也因此在中国新纪录运动发展史上，占据了重要的地位。

　　沈阳市铁西区，最早因位于长大铁路以西而得名。"九一八"事变后，东北沦陷，伪满政府在《奉天都邑计划》中首次确定沈阳市区铁路以西部分为工业区。随后日本财团，以及一些民族工业开始进驻，铁西区开始成为工业基地。1938年铁西区正式在行政建制上成为一个区。

　　中华人民共和国成立后的故事大家就比较熟悉了。铁西区在沈阳市，乃至整个东北重工业基地的崛起中，扮演了重要角色。可以说它是计划经济时代工业发展的巅峰之作。1953—1957年的"一五"计划时期，苏联援建中国若干大型项目都放在了铁西区。当时铁西区的钢产量、机床产量都是全国第一。最繁荣时期，沈阳市99家大中型国企中的90家都集中在这里。铁西区在中国工业化进程中的龙头地位当之无愧，有"共和国装备部"的美誉。

　　铁西区离市中心不远，交通便利。在沈阳最早开通的1号线地铁，总共22个站点中，有11个站点都经过铁西区，占了一半的比例，足以看出它在这座城市的分量。从市中心坐地铁1号线往西，"铁西广场""保工街""启工街""重工街"等一系列站名，散发出浓浓的重工业味道。在重工街站下车，一出地铁口，就看到路对面一个光秃秃的烟囱伫立于眼前，仿佛在提示这里的工业往事。但更多未被拆除的烟囱，都淹没在了

重工街地铁站出口附近

铁西工人村现存建筑

高密度商品房小区之中。

　　再四处观望一下，感觉这里就不再是心里想象的那个样子了。尽管来之前我已经知道如今这里已经转型，来了之后才发现，往昔的工厂已经彻底没了踪影。城区全是各个年代的居民楼，乍一看和别的居住区并无两样。如果要想寻找一些当年工业区的踪迹，仅有工人村生活馆值得参观。向路人打听之后，沿着肇工南街往南，经过许多七八十年代的居民楼，二十分钟后就到了铁西工人村仅存的几栋楼。

　　铁西工人村，是1949年后最早建设、规模最大的工人住宅区。当时共有5个建筑群，143幢住宅楼。这些建筑都是苏联流行的"三层起脊闷顶式"住宅，四坡屋顶，建筑材料为红砖红瓦，建筑风格简洁，只在檐口和一层窗台以下等部位进行局部装饰。整个工人村都是标准的苏式住宅风格，整体规划、统一施工。住宅楼呈街坊围合的结构，中间是绿化地带和公共活动空间。楼里配套有幼儿园、中小学、小卖铺、粮站、邮局、储蓄所等各种服务设施。如果当时坐飞机鸟瞰，会从空中发现这些建筑群组成了"工人村"三个大字，展现出宏大的苏式工业美学。

　　工人村现在只保存有32幢楼，其中7幢楼被改造成了工人生活馆，于2014年成为省级文物保护单位，是工业遗产保护与利用的典范。东至肇工街，西至重工街的两个街坊，成为历史文化街区。

　　在工人村生活馆，一进门，年轻的保安就让我登记身份证。他带着毛主席像章，向我简单介绍这个生活馆的参观路线。他说话字正腔圆、铿锵有力，言语中多少有点自豪。生活馆原是工人的宿舍，如今一部分像展览馆一样，展示柜中陈列着工人村各个年代的资料和图片。还有一部分房间是按照当时工人们的家庭原样布置的，可以直接看到那个年代的生活状态。从一楼到二楼，沿着参观路线，可以一路看到工人村从20世纪50年代一直到80年代的变化历程。

　　不同年代的屋子里，摆放着各种老照片和生活用品，大部分都是原来的住户捐献的。这些屋里普遍放着三屉桌、双人木床，桌上摆着老式收音机、白色的搪瓷茶缸，墙上挂着毛主席画像，墙边放着老式手风琴和脚踏琴，床铺上还有瓷器热水袋（水鳖子）。厨房里面有水泥灶台，还摆放着菜板、水瓢、水缸、尖嘴壶等工具。这些真实的物件和场景，让人感觉瞬间回到了那个红色年代。据讲解员大姐介绍，不少这里的老工人对原来宿舍感情很深，常有老人来参观后，看到过去生活场景和老物件，偷偷抹眼泪。

　　以现代人的眼光来看，当时的居住空间过于狭小。一户人家一个开间，全家老小都挤在不足20平方米的空间里。五六十年代的家庭孩子多，不少家庭用木板做成吊铺供孩子休息。厨房也很狭小，而且是两家人共用，如果两家同时做饭，极为不便。这种居住条件，在如今看来实在谈不上舒适。但解说员大姐却跟我说："那时候的住房条件哪有现在这么好啊！那时候能住进来就满足得不得了，可光荣了。"

　　当时这工人村可不是谁想住就能住的。入住标准极其严格，首批入

20世纪50年代典型工人村家庭布置

劳动模范董郎泉的居室

住的都是根正苗红的老军人和劳动模范。当时国家派马车将每户的行李搬到家门口。虽然房子小了点，但工人村的生活条件在那个年代可绝对是普通人望尘莫及的。这里不仅提前实现了大家梦寐以求的"楼上楼下，电灯电话"，而且自来水、煤气、暖气也全部配置。楼里的"大合社"相当于现在的超市，日用品一应俱全。配套的幼儿园是长托，孩子们由国家供应细粮和牛奶豆浆。楼下有摩电车（有轨电车）直达市中心。街坊空间内部大面积的绿地中穿插着景观小品。小区绿化率不亚于如今的高档别墅区，给人一种居住在花园中的感觉。小区附近还有劳动公园和动物园，里面甚至还养着老虎！这种生活条件，那可是普通老百姓想都不敢想的。用一位老工人的话说："跟原来的小平房相比，真是一步登天了！"那个时候全国人民向往的共产主义啥样？就是铁西区这模样。

当时毛主席提出"工人领导一切"。工人们不仅收入高，物质条件好，享受的服务设施齐全，还受到整个社会的敬重。老铁西人的农村的亲戚们和城市的其他市民，都十分羡慕这里的工人，工人村简直是那个时代的理想国。

除了物质环境的优越，工人村也形成了独具特色的人文氛围：平等、朴素、充满理想。工人们的自豪感十足，形成了一种"劳模文化"，涌现出了以魏凤英为代表的铁西劳模群。大工业、大国企的文化氛围以及企业办社会，培育了一种特殊的人际关系。生于20世纪60年代末的讲解员大姐对我说："那时候大家关系特别好。真的，人与人之间都是，怎么说呢，特淳朴的感情，就跟那时候电影里演的一样。"楼里的邻居同时也是车间的工友，一起干了一辈子革命工作，感情好得跟亲人似得。厨房和卫生间是公用的，平时邻里经常一起做饭、洗漱，关系好得像住一个大家庭的感觉。大家都在一个大集体中，收入也都差不多，生活各方面都有不错的保障。在这样的环境下形成了淳朴、简单的人际关系。那时候的工人村绝对是路不拾遗、夜不闭户。

以铁西区为代表的东北地区，在全国来说，也是"斯大林模式"的计划经济实施最彻底的地方。实际上，"铁西"两字成为特殊年代印记，不只是沈阳独有的地名。在鞍山、四平等地都有铁西的名字。比如反映东北老工业基地下岗工人生活的电影《钢的琴》就是在鞍山的铁西区拍摄的。连赵本山所说的"大城市"铁岭，也有一个铁西老工业区。

在那个时代，有个词叫"计划调拨"，就是从铁西区这样的东北工业区调拨设备和原材料等，到别的省份支援建设。当时铁西区为各地都贡献了很多技术工人，老铁西的大工业文化不仅传遍东北，也随着支援三线建设的老工人们走向全国。

一路逛下来这些房间，一个强烈的感受就是标准化和同质化，隐约能感受到一种集体秩序的权威。计划经济下的集体主义，个体表达往往被抹去。特别是在老工业区，生活空间和生产空间呈现出匀质化的特点。所有的生活也都是为生产服务的。每个个体就像机床上的螺丝钉，服务于整个大生产体系。

纵观各个年代工人的房间。可以看出，从20世纪50年代到80年代，整体风格和格局变化不大，除了多了一些家电，比如80年代洗衣机和电视机开始进入家庭。这感觉就和计划经济的工厂类似，几十年下来，变化不大，实质上发展是停滞的。展览在80年代的工人居室结束，而在现实中，铁西区的辉煌，也同样在80年代之后戛然而止。

下楼后，在生活馆的出口，另一位年龄稍大的保安兼讲解员大哥，用极富特色的东北话，对我侃侃而谈。从世界局势，谈到人生追求，嬉笑怒骂，好不痛快。大哥极好的口才，让我想起大工业之外的，东北的另一种文化代表：小品和二人转。在20世纪90年代的工业衰退之后，喜剧文化随着大批东北笑星走向全国，成为东北的另一种文化符号。

但当我问到他90年代铁西区最困难的时期时，他不再说话。沉默了好久，用手半遮住脸，然后用低沉的声调说："那都过去了……那一页翻过去了，就是说，彻底过去了。"

一时间，我感到不宜再和他探讨这个话题。但他突然接着给我说了一些看法："计划经济模式是什么呢？那好比生产胶鞋，生产一百年，还都是那一个型号那一套工艺。"保安大叔叹了口气，"跟不上市场的需求，所以那些工厂后来不行了，是一定的。"

那是铁西区历史上最沉重的一页，是每个铁西人心里的痛处。人人对此都有无尽的思索。

匈牙利经济学家科尔奈，致力于研究社会主义国家的经济转型。他认为，计划经济下，国有企业的效率低下是一种必然。当企业竞争力不强的时候，国家会给它补贴使它活下去，这样就造成企业对价格的不敏感；市场调节作用的失灵，导致产品质量不高和生产效率的低下。

计划经济时期，铁西区的大型国企都不是现代意义上的企业。大型国企有专项资金扶持和补贴，按照中央计划生产，利润上缴国家。这样的模式在封闭的经济体中可以长期生存，但在开放的经济环境下必然受到市场的冲击。在改革开放后，特别是20世纪90年代市场经济确立之后，劳动统包、统揽的就业制度，陈旧的设备和工艺，僵化的管理，都与新兴的经济模式和市场需求严重脱节，导致各个厂的产品销量连年下滑。

从生态学的角度讲，一个生态系统越复杂，稳定性越强，反之则很脆弱：人工林和农田，面对外界自然环境的变化，往往缺乏抵抗能力。当时的铁西区经济结构和企业结构被称为"工一色"和"公一色"：工业产值和公有企业占比都是90%以上。经济结构、产业和产品都非常单一。铁西区的老国企，在市场经济的大潮中步履蹒跚，仿佛一个坚持着过时打法的老拳手，迈着老迈的步伐与充满朝气的年轻人格斗。在与东南沿海新兴市场经济的竞争中，无可奈何地败下阵来。

固守传统是徒劳的。曾经的共和国的长子，在改革中承受了巨大痛苦，付出了巨大的成本。20世纪90年代初，部分国企开始出现亏损，到90年代末，大部分工厂陆续停产。当时流行的一个词"东北现象"，就是指这里大量工厂停产、半停产的状态，工人下岗的状态。世纪之交的几年间，这里35万国企职工13万下岗，还有大量工人被安排回家"休假"。当时铁西区被称为全国最大的"工人度假村"。那时候有个说法，站在沈阳最高的观景台彩电塔上往下看，"往北都是当官的，往南都是种地的，往东都是做生意的，往西都是下岗的"。西边，就是曾经的城市荣耀铁西区。

电影《铁西区》描述的正是这一段时期。影片里巨大的厂房一片萧条，破败的氛围中好似一曲大工业时代的挽歌。

往日的辉煌一去不返。工人们从受人羡慕的阶级，一下子被甩到社会的底层。"九千块钱啊，就买断几十年工龄。当时真的是干啥的都有，有离家出走的，有想不开跳河的。"保安大哥这样对我说。

肇工南街

　　那是整个铁西最低谷的时期。一个当地的朋友曾告诉我，当时他在上初中，班里隔三岔五就要搞捐款。"每次都是：又有哪个同学父母都下岗了，家里生活困难，希望大家支援一下。总之，就是很可怜。"

　　下岗后每月领到的补贴，对于生活来说微不足道。有的下岗工人为了不交采暖费，在楼里烧煤取暖。因为经济压力导致家庭矛盾激化，进而离婚的也为数不少。但对大多数人来说，生活还要继续。于是工人们都纷纷自谋出路。很多去市里其他地方干起了零杂工，也有人去了外地打工。女工还稍微好点，能做点家政服务。四五十岁的男工人，就不好就业了，没有工厂可去，去工地吧，又竞争不过人家农民工。于是一些收入较低的看仓库、保安等工作都成了抢手活。

　　生活馆的工作人员，也都有各种各样的经历。用保安大哥的话说，"都没少折腾"。而他唠叨最多的一句是："之前不管怎么样，后来反正都是各自为战了。"大工业化培育的理想主义开始萎缩和退去，计划经济时期形成的集团化的人际关系，也随着集体的瓦解开始消解。人与人之间开始出现了隔膜。因为穷，工人村里的一些公摊的费用，大家也开始计较。闲散人员多了，各种小偷小摸也开始出现。二十来岁的小青年，本来可以接替父辈进厂做工，现在没了就业机会，只好在街头瞎转悠。人心散了，居民区也没有以往那种和谐安定的氛围了。

　　经济上奄奄一息的铁西区，直到21世纪初才迎来了变局。在"西部大开发""中部崛起"相继提出之后，"东北振兴"也开始成为国家战略。从2002年开始，铁西区经历了历时六年之久的"东迁西建"改造，进行了全面的转型。2002年6月，老铁西区和沈阳经济技术开发区开始合署办公，共同成立铁西新区，并被授予市级管理权限。尔后铁西区又与细河经济区重组，总面积达到484平方公里。当时老铁西区内还有些发展希望的200多家企业，集体搬到了西边的沈阳经济技术开发区，而老铁西区则彻底改造为居住区，通过产业空间置换，借助级差地租和土地财政，推动产业转型。

　　铁西区的转型，不是让工业退出，而是实现了一种再工业化的发展。外资的注入和外企的进驻，为长期停滞不前的制造业带来了活力。宝马、米其林、普利司通、日本积水、精工等外企重大项目产生了显著的带动效应。国企改革推动了产业转型，落后的设备、生产线被淘汰。企业纷纷进行了改革重组和生产线改造。部分下岗工人，又重新走进了新工厂的车间。2009年12月，《沈阳铁西装备制造业聚集区产业发展规划》获批，这是国家发改委迄今为止批复的唯一一个城区层级的制造产业规划，体现了国家的高度重视。

　　21世纪第一个十年，中国城镇化进展迅速，是城市建设的"黄金十年"。在房地产和汽车产业的拉动下，重化工业再次迎来春天。以华晨宝

小区里的老人

马和沈阳机床为代表，全区的工业经济形成了汽车和装备制造的主导产业。铁西装备制造业聚集区的经济保持了高速增长。

走出工人村生活馆，我在工人村现存的几栋宿舍楼围合成的小公园逛了逛，能看到不少老人三三两两地坐着聊天。作为东北地区典型的老工业区，长期以来铁西区计划生育贯彻得很彻底，每户都是"421"的家庭结构，因此老龄化严重。尽管是周末，但街区能碰到的大部分都是中老年人。低出生率、老龄化和人口外流，使得如今的东北人口增长几乎停滞，这是东北的经济陷入困境的一大成因。而人力资本的振兴，依旧任重道远。

研究城市意象的学者凯文·林奇说过，"城市是集体历史和思想的庞大记忆系统。"对于小区里的这些华发老人们来说，老铁西独特的人文氛围是他们难忘的回忆。数十年的光阴，培育了几代人对这里的感情。"老铁西人"在几十年的大工业生态下，形成了一种邻里生活的集体记忆。正如《铁西区》纪录片导演王兵所说："一直到九十年代大家都是在一个既定的、非常狭窄的体系里生活……同时也满足于这样的生活，并且在这里面很充实。"一直到20世纪90年代末，这种人与城市的情感才在工厂搬迁和老城区改造的大潮下逐步淡化。

我像一个游客一样，试图寻找一些当年大工业的遗迹，但却是徒劳的。外来参观者对这里有着太多"标签化"的想象。但真实的生活，往往并不是我们所想的那个样子。现实中，除了个别反映工业生产的街头雕塑小品，你很难发现这里和其他城区有什么不同之处。曾经的"下岗一条街"——铁西区北二路已成为汽车商业街。《铁西区》电影里曾经是工人棚户区的艳粉街一带，现在也只是城市里再寻常不过的一条街道。老铁西已经实现了从工业区到居住区的蜕变。大工业文化在波澜壮阔的时代大潮中，再也不能回头。

在21世纪初头十年的"东迁西建"改造中，老铁西区由于离市中心近，区位优越，在工厂搬走后，这片土地获得了众多开发商的青睐。万科、龙湖、金地等纷纷在此拿地开发，大批楼盘进驻。在售楼盘价格多集中在7000～9000元/平方米之间，在沈阳算是房价较高的区域。二环内地铁沿线楼盘，价格甚至可达到8000～10000元/平方米。铁西区中心的铁百商圈，作为老商业区，目前已经成为沈城首屈一指的新型商圈，并不断向外扩展。万达、家乐福、宜家、红星美凯龙纷纷进驻。老铁西区已经彻底实现了从重工业区向中高端住宅区的转变。伴随地产和商业的开发，当年烟囱林立、污染严重的铁西区，环境品质得到一定提升，2008年更是获得了"全球宜居城区示范奖"。2012年8月，铁西老城区内最后一座工业企业迁出，老铁西向往昔时光进行了最后的告别。

当然，这里一些七八十年代的居民楼还是留下了一些往日的痕迹。肇工街及其附近一带，不少小区还是以七十年代末到八十年代兴建的"赫鲁晓夫楼"为主。这些行列式布局的居民楼多为五六层，平整规则、四四方方，楼与楼之间安排了大量的公共空间。小区的街角有着大量绿地，供居民活动。双向两车道的道路两侧种着连续的行道树，人行道上居民们来来往往，见面寒暄，非常富有生活气息。很多人都能于此找到些自己所在城市的老城区的影子。

"你拍啥？"在老小区的花园里，几个坐在一起聊天的大妈，看到我在拿着相机在四处拍照，好奇地问我。

"拍你咋地？"心里条件反射跳出的回答，到了嗓子眼儿又咽了下去。我告诉她们，我是来参加城市规划的会议，顺便来考察一下老工业区的变迁。

在得知我并不是负责拆迁，只是来观察历史之后，她们对我打开了话匣子，诉说起当年的生活。这几个人都是当年的第一批工人的子弟，也随父母辈在工厂工作过。一提起当年的工人村的黄金岁月，大妈说那时候尽管住房紧张，但是精神风貌却非常好，"怎么说呢，就是有那股大家一致向上的劲头。"大妈说起那个年代时，不乏怀念之情。

如今他们大部分人仍旧住在铁西，不过一旦搬进新建的高层商品房小区，那种离别不亚于一次对故土的告别。市场经济的大潮，将个体从集体的工厂和宿舍中剥离，但感情却难以割舍。她们几个当年曾经在一个小组的工友，还经常在一起聚聚，回忆曾经的岁月。

时光一去不回，往事只能回味。工人就是那个时候的大众偶像，而工厂则是工人的初恋情人。对每一个老铁西人来说，曾经的辉煌太过耀眼，随后的低谷难言其中滋味。在和几位大妈对话时，我突然注意到街对面的一个老人。他坐在轮椅上，一动不动地看着路对面熙来攘往的人们，不由得让人联想到带头大哥老去的落寞。或许他就坐在那里，深情的目光望过去，满眼都是自己年轻时的影子。

"多少人曾爱慕你年轻时的容颜，可是谁能承受岁月无情的变迁。"铁西区变了，工人村消失了。眼前的城市对老铁西人来说变得陌生和疏离。这里曾是他们灵魂的故乡，但正当这两年"乡愁"这个词逐渐走红之际，他们的乡愁已无处安放了。

作为旁观者，我很难完全体会那些经历者的感受。不过这样的故事对很多人来说，并不陌生。从唐山到焦作，从攀枝花到十堰，类似的剧情在全国各地都发生过。铁西区的变迁，更像是中国的一段经济史和文化史的缩影，整个计划经济时代的工业化理想，从轰轰烈烈走向悄无声息。在这过程中，个体和集体的命运交织在一起，经历了多少沧桑巨变。

我很喜欢工人村生活馆的名字，"生活"二字，从看似冰冷的大工业生产中，捕捉了芸芸众生那鲜活又温情的瞬间。它从个体的视角保留了城市的历史，帮助记忆去抵御广阔时空的变迁。个体就像一滴水珠，无法改变潮水的方向，但这里真实存在的个体却告诉我，即便是一滴水，也承载了河流的记忆，记录了河流的方向。波涛汹涌的浪潮中，不断有浪花激起。水珠飞跃起来的那一瞬间，显得那么的晶莹剔透，闪耀出生命之光。

街边的老人

工人村生活馆外的雕塑

郑东新区：异域乌托邦

> "如果一个城市的设计中不包含乌托邦的影子，那么这个城市根本不值一看。"
>
> ——刘易斯·芒福德

思想的源头：新陈代谢运动

长期以来，建筑师与乌托邦有着纠缠不清的关系。正如库哈斯说的："每一位建筑师都有乌托邦的基因。"与空想社会主义者类似，建筑师也曾致力于以乌托邦城市的形式，实现自己改造社会的理想。在中国近年来轰轰烈烈的造城运动中，一座新城就通过与邻国日本的新陈代谢运动的关联实现了建筑师的乌托邦之梦。

回溯到五十多年前，在1960年5月，著名建筑师路易斯·康应邀访问日本。在演讲之余，他在日本建筑师菊竹清训的家中，和众多当地新锐建筑师彻夜长谈。在交流中，路易斯·康在费城规划中采用的巨构（Megastructure）形式，给了日本建筑师不少启发。参与讨论的几个年轻人当时并未想到，他们在日后会形成日本建筑史上最具影响力的学派。

随后不久，在东京举办的世界设计大会上，评论家川添登与建筑师槙文彦、大高正人、黑川纪章、菊竹清训等人，共同发表了新陈代谢论宣言，并陆续出版一系列未来主义城市的书籍，正式宣告了新陈代谢学派的形成和新陈代谢运动的开始。

作为世界建筑史上少有的、发生在欧美地区以外的建筑运动，新陈代谢运动是当时日本社会思潮下，建筑学界自发的激进反映。"二战"后，尤其是20世纪50年代开始，日本进入了快速的经济增长和城市化阶段，年轻的建筑师渴望大规模干预并改造城市，对城市产生了大量的乌托邦式的想象。同时，1959年国际现代建筑协会（CIAM）因内部思想分歧而解散，这标志着柯布西耶的现代主义大一统的城市范式成为历史。而后，后现代与地域性思潮纷纷涌现，新时代已经到来。

欣欣向荣的经济发展和城市建设，强化了日本建筑师对城市未来主义实践的渴望。"二战"后日本对传统文化的反思与自我认同的讨论，以及新一轮大规模对西方的技术学习，造成了这一思潮在根基上的矛盾性：一方面学习西方，一方面又固执地坚持自我身份。

新陈代谢运动，把生命体的生长和演化的思想，映射到城市理论上，同时它又强调新技术对城市建设的强力支撑，并试图将其与日本传统文化联系起来。在这一学派的建筑师的作品中，充斥着大量具有强烈未来主义风格的设计，有些甚至类似机械朋克的科幻和动漫作品。这体现了快速发展的社会对未来的热烈憧憬，仿佛是库哈斯《癫狂的纽约》中那种激情的都市主义宣言的东京版本。

日本的新陈代谢运动，与当时欧洲兴起的高技派和新理性主义交相呼应。它可以看作是那个时期信息化与工业社会背景下，建筑师们城市观的思潮涌动，以及对未来的大跃进般的畅想。在20世纪60年代，整个世界是沸腾的，那种革命般的激情思潮，直到80年代才被市场化下的消费主义所取代。

尽管在那一时期，所有的日本著名建筑师几乎都深受丹下健三，这个最受西方推崇的日本建筑师的影响，但是丹下健三却从未正式成为新陈代谢运动的一员。不过，他主持的东京1960年总体规划方案，可谓建筑师对城市乌托邦理想的集大成之作，也是新陈代谢运动最具代表性的城市作品。这个方案现在看来，依然具有强烈的未来主义风格，并远超一般城市规划师的想象：建筑类似细胞一样，在东京湾线性有机生长，直至遍布整个海湾。

随后，黑川纪章成为新陈代谢运动的旗手，正是他的努力，使新陈代谢运动得到进一步发展。黑川纪章思想的核心是共生：不同时间、时代的共生，不同文明、文化的共生。他还力主城市建设的机械主义转向生命主义，具体表现为形态上的根茎或网状结构。

事实上，黑川纪章的思想渊源来自日本佛教和禅宗的共生思想，并结合了生物学中物种的共生概念。黑川纪章的城市设计，往往以机械的手法来表现生物形态的巨构。他毫不掩饰对技术的推崇和迷恋，实质上是以一种柯布西耶的方式来反柯布西耶。

以今天的观点看，显而易见的是，新陈代谢流派主张的乌托邦式城

海上城市模型, 1963 年, © 菊竹清训

林中杰:《丹下健三与新防陈代谢运动——日本乌托邦》, 中国建筑工业出版社, 2011, 第 103 页

市设计方式, 完全是自上而下的精英式规划。在20世纪60年代后开始进行规划转型的欧美国家, 这是不可行的, 与自下而上的公众参与式规划相去甚远。

　　同时, 发达国家在高度城市化之后, 大规模新城项目的减少, 也限制了乌托邦实现的可能。即便在公众参与相对滞后的日本, 新陈代谢运动在都市实践的层面也离现实太远。新陈代谢主义者设计了诸多宏伟的乌托邦城市方案, 但基本都停留在平面图甚至草图上。除了一些有代表性的建筑, 新陈代谢建筑师在城市尺度上很少有实现理想的机会。

　　或许是日本人骨子里有民族性的固执, 在一轮轮全盘西化的浪潮中依旧坚持传统。新陈代谢运动未能及时跟上社会经济发展的变化, 没能跟上世界城市规划理论思潮和实践范式的转型。1970年的大阪世博会，再次成为新陈代谢运动自我展示的一个平台，但同时也成为绝唱。正是在那之后，新陈代谢运动日渐式微，于20世纪80年代后完全退出了历史舞台。

异域的再生：郑东新区的实践

恐怕无人想到，数十年后，当"新陈代谢"在日本建筑界早已销声匿迹之际，在中国的土地上，会有一座巨大的新城，终于将这批都市主义者的乌托邦梦想落地。先锋建筑师们对日本城市未来发展的幻想，在异国他乡成为现实。

新陈代谢运动的代表人物黑川纪章，尽管在世界各地设计了不少有影响力的单体建筑，但鲜有从事大规模的城市设计项目的机会。我们无从得知，他以及其他新陈代谢的核心成员，对乌托邦造城的渴望究竟有多强烈。但也许是历史开的一个玩笑，这个明星建筑师在职业生涯暮年，在异国他乡，通过一个超大规模的新城建设实践，将曾经的乌托邦城市的梦想变成了现实。

郑州是华北平原上一个特色并不鲜明的城市。"郑州就是个大县城"，本地人往往这样戏谑称呼自己的城市。在历史深厚的中原大地，夹在洛阳和开封两座古都之间，郑州长期以来在城市身份和自我认同方面感到困惑。而郑东新区，则可看作郑州在城市发展过程中对重塑自我身份的一种追求。尽管郑东新区规划和建设的历程仅有十余年，但其城市设计的思想根源，完全可追溯到20世纪60年代那场轰轰烈烈的新陈代谢运动。

回望世纪之交的中国，"中部塌陷"当时成为区域格局变化中最重要的关键词之一。为应对这种区域不平衡发展，"中部崛起"被国家和地方政府提上议程。郑州，作为人口第一大省的省会，迎来了城市跨越发展的契机。在世纪之初，郑东新区确定要进行规划建设，并被作为增长极进行打造。新城规模和当时整个城市建成区面积相当，人工湖的面积则和西湖面积相当。如此大规模的造城运动，既是经济增长的产物，更是城市雄心的体现。

为了彰显城市的这种雄心，郑州市于2001年对郑东新区总体概念规划进行了方案国际招标。国内外的多家知名设计单位参与竞标。黑川纪章以突出的明星光环，拿下了这笔900万元的大合同。黑川纪章的理想化的城市主义策略，与这座城市雄心勃勃的新城经营计划不谋而合。"共生理论"，原先是异质元素的一种和解，在这里成为城市开发的一种合作方式。

随后黑川纪章为这个项目前后十次来到郑州，投入了相当的心血，并直接参与了一些居住区建筑设计。黑川纪章设计郑东新区的核心思想是生态城市、共生城市、新陈代谢城市、环形城市、地域文化城市。基于新陈代谢和共生思想，黑川纪章设计了一个看上去非常具有未来主义风格的方案。尽管它没有丹下健三的"1960东京规划"那么夸张，但在所有竞标方案中最吸引眼球。黑川纪章不仅赢得了竞赛，他设计的郑东新区，也于2002年在世界建筑师联盟年会上获得"城市规划设计杰出奖"。在这个新城中，没有传统的城市中心，而巨大的人工湖、环形的交通组织，一方面与现有城市肌理格格不入，另一方面也让看惯了方格路网的人眼前一亮。在谷歌地图上看，环形路网和现有规整的方格网的老城区形成强烈对比，仿佛马赛克的拼贴。

后来证明，这是一个饱受争议的方案。虽然在市民投票中得到高比例赞成，但一直以来受到部分专业人士的非议。两院院士周干峙对其进行"炮轰"，一度将这座新城推上风口浪尖。在实践中，这座新城面临和国内其他新城同样的问题：脱离了人的尺度的城市肌理；大尺度的地块和快速路建设，助推了小汽车发展；低密度的路网降低了慢行系统的可达性；公共空间空旷缺乏人气；环形的路网让本地司机也常迷失方向。

但不可忽视的现实情况是，它的确受到市场的欢迎。大量企业、商业和地产开发商将这里变成发展最为迅速和最为繁荣的区域。尽管在刚开工建设的几年间，这里还被称为鬼城，但目前这里高企的房价和热卖的楼盘，反映出这里已成为人人向往的地区。作为一个郑州人，之前我一直觉得最能概括这座城市精神的词语，是"平民化"。作为移民城市，郑州可从来没啥高大上的自豪感。别看是个人口大省的省会，在十年前郑东新区建设之前，本地人管城市东边叫东郊，城市西边叫西郊。你看看，都住在城里了，还都觉得自己是乡下人。作为移民城市，真正的老郑州着实不多，大家一说老家哪的，许昌、周口、洛阳、安阳就纷纷蹦出来了。当年高中有个信阳的语文老师，常常用信阳口音的普通话说：

"郑州啊，就是一个大县城。"全班人跟着一起乐呵，没人觉得不对。在外求学、工作这么多年，回家次数并不多，不知不觉中，这座城市也逐渐因为郑东新区这个名片，开始拥有了高大上的形象。如今的市民，称西边还会叫"西郊"，但是叫东边都叫"东区"了。

作为较早迁居郑东新区的市民，我认识的一位李先生可以说是看着郑东慢慢发展起来的人。2005年时，他所在的单位搬到龙子湖高教园区，单位在那边组织集体买房。当时郑东新区还在建设过程中，一些老师觉得那里太远太荒凉，并没有在那里买房。但是后来，买到房子的，都觉得买小了，没有买房子的，都觉得非常后悔。"发展太快了，超乎想象。前几年，这里周边都是鱼塘和荒地，如今这边都是高档小区。市民们近些年都抢着在这里买房子，开发商们挤破头要在这里拿地，这也反映了这里是城市最具发展潜力的地方。"他这样进行总结。

刚在那边买房的时候，窗户外面都是荒地，他只是偶尔在那边睡觉，更多的时候还是回西边老城区的房子住。后来随着东区建设的不断完善，他就彻底搬过来了。"现在这边绿化好，活动方便。"他这么对我说。当问到东区有什么不足时，他说这边的遗憾就是太"新"了，也太整洁，没有路边摊，想像老城区那样，早上起来到路边摊吃点胡辣汤、油条什么的，就不方便。"但是高大上的大饭店酒楼，倒是不少。"他说。在我们城市规划师看来，这是典型的统一规划出来的城市和自然生长的城市的区别：新城会显得更加现代和整洁，但相比老城，会少了些许"草根"的烟火气息。

我的朋友小崔的一番话，更代表了年轻人的感受："可以说东区现在是要生活有生活，要格调有格调。在郑州能到东区生活就像北京人能生活在国贸、三里屯一样的感觉。"作为"北漂"的郑州人小崔，把自己待过的两个城市作了形象的比较。

郑东新区核心区如意湖畔的地标建筑千玺广场，被市民们亲切地称为"大玉米"

反思乌托邦：外来的嫁接

郑东新区的启动，是20世纪90年代中期开发区热被叫停后，中国又一轮大规模城市建设的标志。伴随着宏观经济形式在21世纪初起飞，重化工业的扩张、基础设施的铺开，新世纪的头一个十年，可谓城市建设的"黄金十年"。

郑州是一个火车拉来的城市，它没有厚重的历史，但这也为城市发展提供了诸多变化可能。如今，在全国地产开发开始萧条的大背景下，郑东新区的地产开发依然大规模进行着。部分来自东部地区的企业的迁入，也带来了持续的产业生机。新城的黄金时代已经过去？至少城市的使用者、广大市民不会这么简单地作判断。

市民不会去深入研究黑川纪章的造城思想，那是远离具体生活的艰涩理论。很少有人注意到，新城的设计思想，事实上根植于日本传统文化与哲学内涵。无中心的城市结构，很可能是其对日本禅宗无常、皆空的哲理的表达。

在具体的方案设计上，也能看出当年新陈代谢运动的深刻烙印。如果你见过黑川纪章早年1960年代的菱野新城的规划——丘陵上的组团城市，就会发现，郑东新区的方案与其是多么的相似。而从新城的核心区域，即围湖而建的CBD环形建筑群中，可以清晰地看到新陈代谢运动的

郑东新区环龙湖建筑群正在建设，天际线初显

郑东新区规划方案模型

另一位旗手菊竹清训的塔状城市和海上城市方案的影子。

根植于日本文化的建筑思想，通过物质空间的建设，形成了一种对本地城市文脉的硬性嫁接。尽管黑川纪章也曾试图理解基地的文化背景，但在一定程度上只止于表面形式。新城核心区的两个人工湖的连接，形成的"如意"象征手法，仅在平面图上具有效果。建筑和地景的硬性塑造，让新城未能柔和融入本地城市地域性的文脉中。尽管在平面上展现了城市个性化的雄心，但在微观的人的尺度上，新城依旧是全球化、匀质化的。在识别性和观感上，新城虽然与其他城市很容易区分，但其空间身份感的塑造却有所缺失。

尽管这种设计上的文化背景未必被本地人理解，设计师的建筑语汇也与实际生活并无太多关联，但这一切却与当今的消费主义形成合谋。人们对新城的热捧，或许只是在物质上迎合了消费主义的城市观，这和其他的中国城市乃至亚洲新兴经济体普遍情形并无不同：更大的汽车、更大的住宅，看上去更现代、与老城全然不同的建筑和景观，都是更新、更好的生活，事实上，城市本身也在模糊的过去、激进的现实、不明的未来之中自我寻找。城市对身份塑造和自我认同的渴求，造成了城市文化和对新生活的绝对向往。

时代的结束：最终的幻想

郑东新区是黑川纪章留给中国最大的遗产。2007年黑川纪章去世，随后其事务所逐渐萧条，直至倒闭。黑川设计的新陈代谢运动代表建筑舱体大楼，也面临被拆除的命运。这可以看作那场新陈代谢运动的最终完结。

从实践上，或许可以说，新陈代谢运动起始于20世纪60年代的日本，结束于新世纪的中国。新城是中国日新月异变化的一个缩影，也和曾经的日本形成有趣的比照。这个目前GDP世界第二的国家，浓缩了日本——那个曾经GDP第二的国家几十年的缩影：经济起飞、产业持续快速增长、大规模的城市化和工业化、环境污染和治理、民族自我认同的纠结、地产泡沫、人口老龄化。日本半个世纪的变化历程，被浓缩在以中国新城建设为代表的短短十数年之中。

与城市规划师更为全面、理性和实际的视角不同，建筑师更注重个人思想的表达。建筑师眼中的城市乌托邦，是单体建筑组合形成的原子裂变，释放出巨大的想象能量。而新陈代谢运动，终究是过去建筑师主导城市建设的规划模式的一部分。如今更为细致的社会分工，使得建筑师已不再过多参与城市尺度的规划。同时，目前中国的城市也不再有那么多造新城的机会。以个人理想表达为特征，去描述城市宏大蓝图的规划建设方式，已成绝唱。

尽管丹下健三、黑川纪章、菊竹清训等日本建筑师形成了扎实的城市理论研究传统，但新一代的日本建筑师们，更愿意用理论研究关注微观的、更贴近建筑尺度的实践。对本地的居民，即城市空间的最终使用者来说，他们更多关注个体的体验。在市场化原则下，空间的生产和消费，将城市宏观的理想让位于具体的、可消费的个人选择。城市的主体也告别了曾经激情四溢的六十年代，进入了消费主义主导的小时代。

我曾和本地一位建筑学的学生聊起黑川纪章那一代建筑师。他说现在的学生基本不会去翻历史上那些各种城市主义的大部头。提起日本，他们关注的往往也都是伊东丰雄、安藤忠雄等人较新的、具体的建筑作品。从建筑史上看，建筑师的乌托邦情节，可能只是某个时代的一段乐章。尽管卡尔·曼海姆说过："今天的乌托邦很可能变成明天的现实，各种乌托邦都经常只不过是早产的真理而已。"但像新陈代谢运动那样的乌托邦城市愿景，很可能不会再像昨天设想的那样了。

重庆大厦：低端全球化中心

重庆森林

　　1994年这个年份，在众多影迷们的心中有不可磨灭的地位。那一年诞生了太多的殿堂级作品：美国的《阿甘正传》《肖申克的救赎》《低俗小说》《狮子王》《这个杀手不太冷》……华语的《饮食男女》《活着》《阳光灿烂的日子》《大话西游》《东邪西毒》……但在众多经典作品中，王家卫的《重庆森林》给我留下了最深刻的印象，因为这部电影让我认识了香港这座城市的一个不多见的侧影。

　　作为王家卫代表作的《重庆森林》，以强烈的个人风格，对香港这座城市中的人际情感进行了后现代的刻画。影片片名中的"重庆"，并非是指重庆市，而是指香港一座叫重庆大厦的大楼。王家卫用"森林"这个词来形容这座大厦。在影片中这座大厦作为一段故事的场景，给人以异

重庆大厦入口

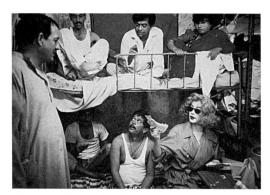

《重庆森林》剧照：重庆大厦内犯罪活动的场景

域风情、五光十色的迷乱意向。

　　我在数年前一次经香港回内地，到港之后匆忙地查找了《孤独星球》上的住宿指南，定了一个位于香港核心地带、交通极其便利的旅店。因为不了解粤语拼音的拼法，所以直到坐地铁出尖沙咀地铁站才发现，我要去的旅馆所在的Chungking Mansions，便是那座著名的重庆大厦。

　　我就这样阴差阳错地在重庆大厦住了几天。刚入住这座大厦时，它的确让人震惊，并且让我产生强烈的不安全感。大厦破旧衰败的外观，在周边的建筑中非常显眼，仿佛几十年历史的浓缩。破旧的墙体和内部凌乱的布局，与周边玻璃幕墙的现代化大楼对比鲜明。大厦里的一切和我们熟知的香港全然不同，这里遍布着南亚人和黑人，中国人反而成了少数，让人感觉来到了另一个世界。而大厦内幽暗封闭的室内环境更让人紧张忧虑。对于刚到这里的游客来说，很多人的脑海中都会闪过西方电影里的贫民窟的镜头，进而对这里的安全性感到担忧。

　　事实上，重庆大厦确实有着不太光彩的过去。这座位于九龙尖沙咀的楼宇，于1961年建成。一开始它是作为住宅楼被建设，后来逐渐演变为混合功能的大厦。大厦最早的起源是20世纪20年代的重庆市场。1958年大厦所在的地块被一位菲律宾华侨所购，并进行了临海商住楼房的建设。大厦由五栋楼连在一起，17层楼中的一至三层为商场，上面为住宅。重庆大厦这个名字也是为了纪念抗战时期国民党的陪都重庆。在大厦刚竣工时，这座楼是当时整个区域最高的楼，里面不乏上流社会居住的豪宅。

但后来整个九龙地区不断发展，各种更新的大厦不断拔地而起。而重庆大厦则一直没有得到很好的管理和运营，开始不断衰败，渐渐成为了中低收入阶层聚居之地。当年香港著名演员钟楚红，身世贫寒，自幼就和家人居住在这里，一直到20世纪80年代。在相当长的时期，重庆大厦被香港人视为"龙蛇混杂、九反之地"。大厦恐怖的魔窟形象并非是一种刻板印象，而是有着历史的渊源。在导演王家卫成长的年代里，重庆大厦从上流人士居住的地方逐渐变为黑社会、赌徒、毒贩、妓女和偷渡客云集的场所。在香港最核心的地区，大厦一直是犯罪活动的温床。在《重庆森林》电影中，林青霞扮演的金发女主角，也是到重庆大厦找印度人帮忙贩毒，并在没有成功之后将其枪杀。

大多数香港人都曾走过大厦前这一段繁华的街区，但是却不曾踏入这座与周遭环境格格不入的大厦一步。在一期凤凰卫视的节目《冷暖人生》中，一个嘉宾谈到她的一个本地朋友的父母告诫她说："你可以在香港任何地方行走，除了这座大厦。"而我的一位香港朋友听说我住在重庆大厦的时候，也露出一丝不解的表情，说"那里……我只是路过，不敢进去。我的朋友们也没去过。不过听说那里有最正宗的咖喱饭。"

即便是国内的游客，也普遍对这座大厦负面印象居多。在旅游网站穷游网上，重庆大厦这个旅游目的地页面下，许多驴友纷纷留下诸如此类的点评："这是一个不适合一般人去的地方""重庆大厦就是个贫民窟，臭名远播""不能因为租金便宜就进去住""听说还是不太安全""感觉像城中村一样""各种脏乱差"。当然也有因为《重庆森林》那部电影而造访这里的游客。有人评论"如果你之前看过重庆森林，你会觉得这里好刺激"，也有人评论"胆子大一些的话还是可以参观下的"。

整体来看，重庆大厦的物理环境相当低劣。破旧的外墙遍布着密集的窗户，窗户外是杂乱安置的外挂式空调机和晾衣竿。进入大厦，各种牌匾密密麻麻映入眼帘，继而是开裂变色的墙面、逼仄的过道、狭窄的

俯瞰重庆大厦的天井

电梯间，仿佛时间停滞在20世纪70年代香港胶片电影之中。从电梯正对的窗户往下看，昏暗阴森的天井直通地面。一个来自欧美的游客，拿着最高端的单反相机，倚着肮脏的窗棂向下拍照，然后激动地说自己拍摄到了地狱的感觉。

国际背包客

回顾历史，能看到重庆大厦的功能一直在发生着变化。从20世纪70年代起，许多印度、巴基斯坦的南亚商人开始在这里聚集，将这里逐渐变为了国际贸易的重镇。2000年之后，大量非洲人也纷纷到来。随着国际贸易的开展，大厦的业态发生了巨大的变化，商店、餐饮、外汇兑换、旅馆等逐渐成为这里的主流。

同时，大厦内的消费水平却是相当低廉。在寸土寸金的九龙半岛，离维多利亚湾仅有两三分钟步行距离的黄金地段，只要一百多港币就能在这住一晚小单人房，几十港币就能住多人通铺。楼下的餐厅里几块钱就能买一个牛肉馅饼，十几块钱就是一份咖喱饭。这些廉价的食宿吸引了大量的国际背包客。

20世纪70年代，背包客的圣经《孤单星球》的创始人托尼·惠勒在他的环球旅行中就入住这里，后来他在亚洲的旅行指南上写道："一个在香港找廉价住宿的有魔力的词——重庆大厦。"随后大量西方嬉皮士和背包客蜂拥而至，一方面因为这座大厦位于香港中心地段，另一方面是这里有着探险的刺激。重庆大厦还被一些旅游指南列入香港十大必去之地。不过直到如今，大厦里很少有大陆去的游客，游客主要还是来自欧美国家。

客观地说，香港，特别是九龙地区的治安总体还是不错的。重庆大厦也并非如人们想象的那样恐怖，并非完全不可入住。在2004年，重庆大厦进行了内部的改造，安装了200多个摄像头，并且24小时保安巡逻，治安得到了明显的改善。但一些犯罪事件仍时有发生。

我当时入住了一个印度锡克人开的旅馆。一个大约6平方米的小房间，放了上下铺共四张床。同屋居住的一个是德国年轻人，在亚洲边教英语边旅游。另外两个是马来西亚的女生，从别的国家经香港回国时顺便逛逛这里。在大厦拥挤狭窄的走道上，你可以遇到各种各样的人。游客人多是欧美白人，而商人大多是南亚和非洲人。隔壁房间的一个满头花白头发却仍留着一个小辫子的背包客，跟我说他来自伦敦，但是一直想成为一个地球公民，一辈子都在世界各地漫无边际地流浪。我在入住登记时遇到的一个深肤色的北非人，告诉我他来自阿尔及利亚。我问他是否是阿拉伯人的时候，他一口否认，"我是柏柏尔人，虽然我说阿拉伯语。"他告诉我他是来香港商务旅行，看看香港或者大陆是否有商机。他狡黠的目光中多少能流露出商业的野心。他将自己的电子邮件地址写在纸上递给我，说如果今后发现大陆在某个领域有市场，可以合作。

低端全球化

对于大多数发展中国家的公民来说，如果要去发达国家或者中国内地，都需要申请签证。但是香港则是一个无边界的世界岛，任何国家的居民都无须申请签证便可前往香港，而且可以停留十几天到几十天。因此大量的第三世界国家的商人来到香港，住在这里考察商机，期望以香港为跳板进入更加广阔的中国内地市场。

在这样的背景下，重庆大厦向全世界，特别是第三世界国家的各色人等敞开了怀抱。有人将其称为"香港少数族裔的九龙城寨"，在这里你可以找到各式各样的人。这座有300多个商铺、160多家宾馆和旅店的大厦成了各种肤色淘金者的乐园。《经济学人》杂志的报道说，每天有129个国家和地区的人进出重庆大厦。据估计，撒哈拉以南非洲交易的20%的手机，都是从这里发货的。大厦也因此被《时代周刊》选为亚洲最能反映全球化的地方。《经济学人》杂志则用"世界之家"（home to the world）来形容这座大厦。

大厦内有在香港其他区域很难见到的各种东西，用以满足这里4000多个住客的不同需求。除了能吃到最正宗的咖喱饭，你还能在这里做黑人的小辫子发型、看宝莱坞的电影、听非洲的说唱音乐。你能买到穆斯林用品、印度的纱丽、尼日利亚的电话卡、安卓操作系统的山寨手机。你还能兑换几十个国家的货币，办理去内地的签证，并且随时往非洲任何一个国家发货。任何一个小商铺的店主都能随手拿出五六种货币，讲三四种语言。当然，你耳朵听到最多的依然是粤语。

混杂居住的各种族裔，依据血缘和地缘关系形成了不同的团体和关系网。一个团体内部的人，将各种生意互相介绍。我在那个旅馆居住期满后想多住一天，包着巨大锡克头巾的店家告诉我旅馆已经满了。正当我想离开时，他带我去了同一楼的另一位经营手机商铺的锡克族朋友那里。他的这位朋友用一个电话就联系到了另外几家可以入住的旅馆，并且有各种床位或房间可供选择。当然，还可以讨价还价。在这里，每个人都可能通过各种渠道发生关联。如同《重庆森林》电影中金城武的台词："每天你都有机会跟别人擦身而过，你也许对他一无所知，不过也许有一天他会变成你的朋友或者知己。"

香港中文大学人类学系主任麦高登（Gordon Mathews）对重庆大厦进行了深入的田野研究。每周他都抽出几天入住重庆大厦，并且对一百多个国家的人进行了访谈。他将自己的研究出版为一本书《香港重庆大厦：世界中心的边缘地带》。麦高登提出重庆大厦是"低端全球化"的中心，但是他也从多个积极的角度来论证这种社会经济复合体存在的意义。他这样定义了"低端全球化"："人与物品在低资本投入和非正式经济情形下的跨国流动，其组织形态常与发展中国家联系在一起。在低端全球化之下，非洲商人提着塞满几百个手机的行李箱回到家乡，南亚临时工给家里捎去几百美元的应急钱及超乎想象的经历和故事。虽然跨国公司是各种新闻报纸财经版的主要讨论对象，但它们对普通老百姓意识层面上的影响微乎其微。而对于在重庆大厦工作和生活的人来说，许多小商贩和非法工作者带来的货品、想法，包括媒体都对人们产生了深远的影响。"

麦高登把重庆大厦总结为"世界中心的贫民窟"，也是"第三世界国家成功人士俱乐部"。根据他的观察，这里的很多来自第三世界国家的商人，虽然依赖大厦提供的低廉食宿，但其实都是在各自国家较为富裕的上层人士。当然，这里也有很多没有固定工作的国际游民，以及各种原因逃到香港的难民。与移民国家不同，中国香港是一个没有移民传统的东亚社会，其他国家的人很难融入这里。但重庆大厦给了他们一个暂时的港湾。

重庆大厦也是香港这座立体城市的写照。这里是一个综合体，如果愿意的话，可以在这里住几个月甚至数年；不出大厦，也可以做任何事情。迈克尔·康奈利的小说《九龙》将重庆大厦形容为"后现代的卡萨布兰卡"：一切都在一座建筑中。然而与20世纪七八十年代的背包客先驱们的精神已经全然不同，如今在重庆大厦，背包客文化让步于全球贸易。一切活动都以金钱导向，简单明了。新自由主义的市场经济，跨越了各种界限，将这里的人们融为一体。各种不同国籍、人种、宗教、文化的族群，也都能做到和平相处。印度人和巴基斯坦人不再为国家边界而争论，而是展开了招揽旅馆顾客的竞争；非洲人也不再抱怨美国人对他们的政治干涉，而是从人际交往中寻找一丝国际贸易的机会。

城市的多样性

正是因为重庆大厦的存在，让香港这个国际大都市呈现出了香港全球化的另一面。我们熟知的全球化是中环、维多利亚湾那样的缙绅化的全球化，但其另一面就是重庆大厦那样的低端的、混杂的全球化。这栋建筑尽管身处闹市，但是却游离于城市之外。尽管从文化气质上，很难将重庆大厦作为香港的代表。但是这里发生的以国际贸易为纽带的全球化，却在另一个层面反映了香港这座国际化大都市的经济特征。而重庆大厦本身也具有二重性：一方面，它游离于人们对这座城市的意向之外；另一方面，在生长模式上，它又具有极强的本地根植性和自发生长的特点，从建筑环境到资本流动再到人际交往，都体现了全球化下香港的多样和混杂性。如果说香港曾经的贫民窟九龙城寨，代表了本土化的低端经济模式下的城市发展，那么重庆大厦就是一座更加国际化的九龙城寨。

如果参照福柯的"异托邦"的概念，一个城市的国际化区域就是这座城市内的一种异托邦。而与东京六本木、柏林索尼中心、北京三里屯截然不同的是，重庆大厦这种以第三世界为载体的"低端全球化"的区域往往不是城市的闪亮名片。福柯认为，当年欧洲的移民前往北美新大陆的船就是一种异托邦。而重庆大厦在某种意义上就是一艘载满了第三世界国家乘客的船，在国际化的浪潮下抵达了香港。在异域打拼的商人和劳工，使得这里不如兰桂坊那样在游客眼中富有情调。而刻板印象中的"臭名昭著"与经济上的"世界中心"，两个看似充满矛盾的词语，却恰如其分地融合在这一个事物上。

事实上，重庆大厦像一座孤岛，与周遭格格不入但又井水不犯河水。与它一路之隔的是五星级的香港半岛酒店和诸多奢侈品店，路那边高端的商贸活动与这里的"低端全球化"和谐共生。全球化进程中，城市的多样性的广度和深度被无限放大。在生活和经济方式的多样化背后，我们更需要注重满足不同参与主体的多样需求。随着中国大陆不断走向开放并逐渐成为世界经济的主角，类似重庆大厦那样的贸易和人口集聚，在广州和义乌等城市也开始出现。与各大城市鼓励外国人前来居住的状况不同，一些非法滞留的非洲人在广州的聚居地产生了一些社会管理问题。而各个城市在旧城改造过程中一刀切式的铲除城中村，也造成了一些低收入民工在城市无力安居的现象。从香港的经验来看，"低端全球化"也是形成国际大都市必不可少的一环，而我们的城市管理的诸多问题，必定能从重庆大厦的故事中得到许多启示。

天下大同

《礼记》：大道之行也，天下为公。选贤与能，讲信修睦。故人不独亲其亲，不独子其子，使老有所终，壮有所用，幼有所长，鳏寡孤独废疾者皆有所养。是故谋闭而不兴，盗窃乱贼而不作，故外户而不闭……是谓大同。

——题记

在去大同的火车上，从列车车窗下到卧铺铺位边，"大同蓝"的广告随处可见。这三个字成为这座古老城市的新名片，像诗和远方一样，定向诱惑着北京的人们。新一轮的城市宣传推介让人们开始了解到，作为曾经的"煤都"，大同已经从煤炭经济中转型，实现了蓝天白云的逆袭。

一个青年女子拖着两个超大的皮箱进入了卧铺车厢，似乎无处安放这超乎寻常的行李。折腾了许久，最后她只好将两个箱子竖起，勉强立在两个下铺之间。另一个下铺的老人用晋北方言和她搭上了话。从她们的对话中可以得知，青年女子在北京闯荡几年后，最终还是选择了回家乡大同。老人对她的选择表示赞许，并说自己到北京几天，印象最深的是"到哪都乌泱泱的人"。在不同城市"控人"与"抢人"的大格局下，在火车上并不难发现，人们正在用脚投票做出选择。

在20世纪30年代，梁思成、林徽因、刘敦桢、莫宗江等人，就是在北京的西直门坐上火车，沿着同样的铁路线，于第二天到大同。梁思成一行对大同诸多古建筑进行了测绘整理，汇总成了《云冈石窟中所表现的北魏建筑》和《大同古建筑调查报告》等报告。他并不知道，日后他的这些资料会为大同古城保护和修复提供重要依据。而这座城市则因为古城的复建，一度处于舆论的风口浪尖。

这次大同之行我的最初动机，源自几年前观看的纪录片《大同》。作为城市规划从业者，这部又名《中国市长》的纪录片，在我心中当属教科书级的城市规划科普作品。如果只用一部影视作品来回答城市规划

纪录片《大同》剧照

是什么，那么非此片莫属。它通过对当时的市长耿彦波全面、客观地刻画，侧面记录了大同这座城市近些年来发生的巨大变革。观众们则可以从中清晰地看出"城市规划即政治"这一根本命题。

造访大同的另一个因素，则是因贾樟柯的电影而产生的好奇心。这位来自山西的导演，拍摄的影片中无处不散发着浓郁三晋大地的气息。在城镇化浪潮中，我们总能在他的影片里追寻到稍纵即逝的乡愁。他在21世纪初的电影《任逍遥》和纪录片《公共场所》，均在大同拍摄。而在最近，这座城市再一次为《江湖儿女》提供了舞台。因为他的电影，我对这座未曾谋面的城市产生了亲切感。行走各地时，总觉得和这座城市山水有相逢。这或许正如北岛对爱伦堡作品《人，岁月，生活》的评价："（读这本书多了）以致我竟对一个从未到过的城市产生某种奇异的乡愁。"

一出火车，扑面而来的冷空气，提醒着我已经来到塞外，尽管在心理上这里依然是汉民族的腹地。来自蒙古高原的冷空气带来的寒冷体感，要让天气预报的气温打上七折。五月中旬，街上依然不乏披着大衣的行人。或许这里的曾用名雁北，更能表现北地的苍凉。

一千多年前，那个被称为"诗鬼"的李贺游历此地，有感于凄凉孤寂，作诗《平城下》：

饥寒平城下，夜夜守明月。

别剑无玉花，海风断鬓发。

塞长连白空，遥见汉旗红。

青帐吹短笛，烟雾湿昼龙。

日晚在城上，依稀望城下。

风吹枯蓬起，城中嘶瘦马。

借问筑城吏，去关几千里。

惟愁裹尸归，不惜倒戈死。

这位少有边塞诗歌作品的诗人，一出手便渲染出慷慨悲凉的边塞情景。全诗结尾的转折，又有如辛弃疾"可怜白发生"一般，让人猝不及防地沉沦于千年的怅然。千年后，世事变幻，如今这座城市与其他城市并无太多不同，现代都市的繁华，被经济产业所持续塑造，只有朔风犹在。呼啸的风声提醒着到访这里的人们，见证塞外将士苦难的是这风，历经朝代更迭、疆域变换的是这风，送走晋商的驼队和走西口的旅人的是这风，如今驱散雾霾的依然是这风。

从火车站一出来，就像是进入了老电影的场景中。街边各种20世纪七八十年代的老建筑，以及带有旧时光印记的生活场景，无不将人拉入对过往的回忆之中。在塞外一线城市的行走，总能让人不经意间看到一些被遗忘的事物，比如老人们穿的人民装、在胸口别着的毛主席像。旧城区的一些街道，一定程度上保留了贾樟柯电影里的风貌与气质，散发着许多北方工矿城市的味道。而随后对古城的探访，则能读出城市在过去十年间翻开的新篇章。

在通往古城的路上，魏都大道的路牌，提醒着人们这座城市在历史上的辉煌。这个曾为北魏国都的城市，近年来被评为中国十大古都之一，文化遗迹丰厚异常。全市境内各类古建筑、古遗址多达280余处。北朝遗留的痕迹，使得空气中弥散着"宇文""拓跋""慕容"的味道。梁思成在《大同古建筑调查报告》中记述道："大同古雁门地，北魏时号平城，自道武帝宅都于此，迄孝文帝南迁洛阳，凡九十余载，为南北朝佛教艺术中心之一。隋唐间稍中落。石晋天福初，地入契丹，遂为辽金二代陪都，称西京者前后二百余年，梵刹名蓝，遗留至今，有华严善化二寺，驰名遐迩。"

　　在随后的岁月里，城市的命运完全被煤炭改写。随着"黑色黄金"的发掘和开采，这座煤炭储量高居全国之首的城市，形成了最典型的一煤独大的局面。曾经全市过半的GDP都由同煤集团贡献。新世纪初的几年，随着城市建设的全面铺开和重化产业的突飞猛进，煤炭产业迎来了短暂的黄金期。以大同煤老板为代表的山西矿主们用现金到北京买楼的故事，一度成为酒桌上流传的段子。城市的形象也长期固化为黑色的"煤都"，黑色的风沙和黑色泥雨，带来了城市脏乱的环境。曾经在全国113个环保重点城市中，这座煤城高居污染榜单的前列。

　　而后随着产能过剩造成的煤炭行业长期低迷，城市发展逐步陷入困顿。这个车牌号为晋B，曾经的全省第二大城市，一度在省内GDP排行上滑落到倒数的位置。电影《任逍遥》里破败的城市的场景，便是当时城市衰败的一个缩影。电影里，破落的城区与热血迸发的少年，形成鲜明的对比。贾樟柯则独辟蹊径地从这种场景里挖掘出诗意："站在大同的街头，看冷漠的少年的脸。这灰色的工业城市因全球化的到来越发显得性感。""这城市到处是破产的国有工厂，这里只生产绝望，我看到了那

《任逍遥》剧照

些少年早已握紧了铁拳，他们是失业工人的孩子，他们没有明天。"而他在《公共空间》的讨论中则这样表达对大同另类的向往："每一个山西人都说那里特别乱，是一个恐怖的地方……但对我特别有诱惑。"

贾樟柯记录了城市发展的一个低谷期。而这个衰落的历史截面，显然与城市发展的渴望格格不入。城市选择了在历史的回溯中展望未来。在如今的大同古城的东城墙和阳门外的带状公园里，有一处下沉式四合院，这便是我国唯一的梁思成纪念馆。这座纪念馆记录了梁思成对大同的考察记录，及其对历史文化名城建设的贡献。更重要的是，中华人民共和国成立后，梁思成和陈占祥于北京提出的保留古城、发展新城的"梁陈方案"在北京没能实现，却在几十年后的大同生根发芽。2010年，时任大同市市长的耿彦波，在出席纪念展开展仪式时明确提出，修建纪念馆便是为纪念梁思成文物保护和城市规划的思想。

2008年走马上任的市长耿彦波，甫一上任就在城建领域谋划了宏大的手笔。与梁陈方案对北京的规划高度类似，耿彦波建设大同的思路是"一轴双城，分开发展；古今兼顾，新旧两利"——即以御河为中轴，西侧复建大同古城，弘扬城市历史文化；而东侧大力建设新区，打造生态园林城市。按照他的说法是："一个传统，一个现代；一个文化，一个生态，这两个文化就形成了强烈的对比，这种对比就会形成一种张力，进而形成一种魅力，最终形成深刻的大同印象。"

十年前的古城再造，揭开了大同城市建设和发展的新篇章。耿彦波决定倾尽全力，恢复城市的古都风韵。除了全面对夯土城墙进行包砖整体修复，还要把古城内3.28平方公里的老城区全部改造，复建为古代建筑群。

这是一个魄力非凡的决策，而其执行力度之强亦令人震惊。经过大规模修复建设，大同古城恢复了明朝时期的七公里多的城墙，城墙最终于2016年底合龙。如今的古城墙气势恢宏，蔚为大观。城墙高约14米，比西安古城墙高2米，最宽处16.6米，比南京古城墙最宽处还要宽6.6米。从新城区沿着主干道逐步接近古城，会发现一个庞然大物跃然于地平线之上，很难不让人感到震撼。我于此碰到一位河北石家庄的老人，他退休后周游全国各地，说这里的城墙给他留下了最深的印象。漫步在城墙上，宏大的建筑尺度使人感受到历史的厚重，进而体会到这座曾经"屏全晋而拱神京"城池的重要地位。

"难以修复到北魏，但至少要回到明朝"。耿彦波在规划研讨会上刚提出方案的时候，引来众人的瞠目结舌。我们能体会到城市沿固定路径发展的惯性，以及打破这种惯性需要的强力。耿市长将规划、土地、房管、城建等部门的业务都抓到自己手里，全面操盘城市规划和建设工作。这种强势和高效的工作作风，无不让人想起罗伯特·摩西斯——那个"二战"后单枪匹马打造纽约基础设施的"现代法老"。曾经有一个美国教授给我讲过他的一段经历。他曾带着一队中国学生实地考察纽约城市建设史。在谈到当年的罗伯特·摩西斯和雅各布斯的争论时，他问中国学生如何看这件事。"我们更需要摩西斯那样的市长，"一个中国学生果断地对他说："因为我们是发展中国家，我们的城市需要大变样。"

而更被大众所知的强势市长形象，则是去年风行一时的《人民的名义》中的李达康。耿彦波被认为是电视剧中这位执行力爆表的市领导的原型。但凡对纪录片《大同》有印象的观众，无不能从达康书记的表情包中，读出曾经的耿彦波市长的神情。

根据耿市长的完整计划，大同的建设涉及16万户、50万人——占全市三分之一人口的拆迁量。这是中国城市"大拆大建"运动的一个巨型样本。规模之大、执行力之强，都足以在中国的城建史中大书特书。为给古城中轴线挪位，如今作为城市规划馆的大同展览馆，都硬生生地被整体平移一千多米，成为这场造城运动的一个注脚。与李达康的工作狂

纪录片《大同》剧照

风格类似，耿彦波也全身心地扑在城市建设工作上。"但是我不觉得累，白天到工地视察，晚上看图纸、看规划，这是我选择的最快乐的生活方式。"耿彦波接受媒体采访时如此说。

如此巨大的改造工程和拆迁计划，必然牵涉到众多不同的利益集体，并引起各种纷争。这对于城市的管理者来说，不仅棘手，而且压力重重。因多宗土地违法违规，2011年初耿彦波曾被国土部督察局约谈。影片《大同》记录了在一年的跨度中，跟拍耿市长各种工作的情节。其中相当多的篇幅，便是记录他对各种因拆迁引发的矛盾的协调和处理工作：他接待反映拆迁问题的老百姓，对偷工减料的开发商训斥，对不作为官员公开批评，等等。

这部纪录片是中国纪录片史上少有的全天候、不间断地对政府高官的跟拍。导演周浩在这部纪录片中几乎无遮挡的拍摄，彰显了其突出的野心，并借电影中一位市民之口表达了出来："他（导演）就是那个安东尼奥尼。"按照拍摄团队的说法："观察到内部运作机制，更深了解中国在巨大转型期和背后决策如何制定和制定的考量以及中间的平衡是什么？"而这也正是作为公共政策的城市规划所涉及的最核心的问题。

强力的城市旧城改造政策的推进，必然引起不同的声音。影片中，有市民在新建的城门下，赞许地说："耿彦波手一挥，城墙就建起来了。"有的市民则在谈到拆迁不合规的地方时无奈地说："我都不知道咋教育孩子（这个事情）……这是我最迷茫的时候。"

你很难用简单的一两句话去评价这位市长对大同城市带来的变革。不过公认的是，他是一个理想主义者。很难想象会有市领导让导演贴身跟拍。在影片结尾处，突然接到调任离开大同的市长，在导演面前颇为动容地说："说实话走到了今天，我对做官已经没什么想法了……我只是想做一些好事。"这位20世纪80年代山西大学中文系的毕业生，依稀让人看到那个年代理想主义的影子。

也很少有市长如此高调地将"文化"挂在嘴上。芒福德说过，"城市不单是权力的集中，更是文化的归集"。在一切以经济为导向的城市化浪潮中，文化看似虚无缥缈且无用，不过一旦失去，则会丢掉整个城市的灵魂。在其他城市高举新兴产业、总部经济之类招牌的时候，并不一味强调GDP而是提出文化立市，体现了这位市长文人的情怀。耿彦波最推崇宋代大儒横渠先生名言：为天地立心，为生民立命；为往圣继绝学，为万世开太平。在影片中他也将自己与古代士大夫作对比，并认为自己还差得很远。镜头前他不掩饰自己对中国传统文化有独特的情结："喜欢我们的传统国学。"

耿彦波曾经熟读四书五经等经典，古文功底深厚。曾在登楼远望大同城后，写铿锵激昂、气势恢宏的《大同赋》。在文中他回顾了大同千年来的荣辱兴衰，然后浓墨重彩地描绘了古城更新的面貌：

"己丑建国，历史翻新。中华煤都，再现辉煌。文化名城，古韵新章。一轴双城，无限风光。传统与现代齐飞，人文共生态一体。奋皇城古都之余烈，振大同崛起之长策。政通人和，百业俱兴。创优发展环境，集聚天下英才，建非常之功；打造产业园区，吸纳八方投资，立不朽之业。改革旧制，与时偕行；开放图强，再造乾坤。呜呼！大同之道也，天下为公。选贤与能，讲信修睦。乐业安居，和谐包容。各美其美，美人之美，美美与共，天下大同。"

　　如今，城市里随处可见"中国古都，天下大同"的横幅。天下大同，是古人的终极理想，也体现了城市雄浑的气魄。如今漫步在古城墙上，你会深深地体会到一种乌托邦实现的震撼感。除了修缮一新的古城墙，古城内诸多寺庙、门楼大多已复建完成。所付出的代价是大量的高层商品房紧紧地包围了古城。遥望远方，吊塔和更多不断生长的建筑正在生长出新的天际线，与远方的起伏的山峦交织。你可以想象，等到旧城改造完成之后，城内是类似豪斯曼强力改造后整齐划一的巴黎老城，城外是柯布西耶的高密度、现代感十足的光辉城市。

　　卡尔维诺在《看不见的城市》中说："城市就像梦境，是希望与畏惧建成的，尽管她的故事线索是隐含的，组合规律是荒谬的，透视感是骗人的，并且每件事物中都隐藏着另外一件。"这座城市似乎可以生长出一个类似《盗梦空间》般的梦境：拉德芳斯被复制、解构、折叠、变异，绕圈包围了巴黎老城。如果住在古城外的高层楼宇上，俯瞰像盆景一样的古城，会有曼哈顿中央公园的既视感。我去过不少古城，但存在这样鲜明的历史–现代对比场景的古城并不多见。从整体保护的角度上讲，雨

后春笋般出现的高层建筑，并不利于大同古城风貌的完整保护，但这却为我们带来一种另类的体验和趣味。

在古城里一些古寺院、王府等文化旅游项目仍在如火如荼地建设中，施工工地的外墙写着"续写大同人文精神""文化与时代同修为"等标语。在一些小巷两旁，一边是这样的新建古迹，一边则是待改造的老旧街区，二者对比鲜明。尽管在城墙上俯瞰老街区是一片破败场景，但深入其中，还是能得到另一种体验。那些破破烂烂的老房子中，精美的照壁、石鼓、垂花门等细节仍能展现出其曾经的辉煌。在即将被拆迁的老街区，建筑的所有平面上，都贴满了购买拆迁房手续的小广告。在拆迁最终到来之前，人们在古老的土地上，进行着市场经济的博弈。纪录片里的情节与现实的场景，在此刻形成互文，充满了时代的隐喻。

现在的古城，依然是理想城市的半成品。在城墙和护城河公园全部完工后，古城内依然有大量老街巷等待拆迁。在城墙上望去视线所及之处，诸多片段恰如断代史的切面，一目了然。残破的棚户区、20世纪七八十年代的老公房、修缮一新的寺庙和城墙，再加上外围的高密度的现代楼宇，不同历史年代的建筑群体层层叠叠，共同形成了多层次的人造地景。这种令人炫目的多样性中，城市的复杂性一览无余。

从城墙上向城外望去，现代建筑的表皮与城墙垛口的灰砖相互映衬，产生了鲜明的视觉体验。传统营城模式与现代性、都市性如此这般糅杂在一起，让人过目难忘。使人想起费孝通所言："各美其美，美人之

美，美美与共，天下大同。"也能让人深刻体会到古城保护专家阮仪三的说法："读懂大同，就等于读懂了中国。"在轰轰烈烈的城镇化进程中，每个城市都可以在这里丰富的片段中，找到自己曾经的影子。

站在古城墙上，我突然产生了一种"政治不正确"的审美观，甚至觉得应该保留一部分拆迁现场的断瓦残垣，以保存这份魔幻现实的丰富性。刘瑜曾在《琥珀之城》里写到她曾与当地的一个老先生辩论。她认为剑桥应该保护宏伟的历史建筑，但对城市保留"低矮破旧，看上去像贫民窟一样"的老房子则全然不解。而老先生说，那些并不美观的老房子，也是一段活的历史。与老先生的观点类似，我认为城市不同片区和建筑的破败与新兴共存，从某种角度上可以造就一种"不和谐的和谐"。而此刻，展现了各个历史阶段城建特色的大同古城，则是中国城建史的活的标本。

我在城墙上遇到一些漫步的本地人。一旦和他们谈论到那位再造古城的耿市长，每个人的评价不尽相同，但几乎所有的人都认为他是能干事的人。懂的人都知道，"能干事"这几个字，在政治生态中有着别样的分量和意义。而在城南的承泰门上，一个当地人跟我说，这城里的老房子还得继续拆。他指着北边，用当地方言对我说："你看有这些小高层挡着，南北两边城门就没办法互相遥望，形成不了对景，不好看。"一位普通市民就这样给城市规划师上了一堂朴素的城市设计课。山西方言是中国北方唯一的非官话方言，保留了更多的古意，与这古城的背景似乎相当融合。

　　2013年是这座城市发展的另一个节点。这一年年初，耿彦波被调离大同。上万人自发走向街头，打出横幅，挽留这位"城建市长"。同样在这一年，"新常态"被提出，经济增长模式的转变、人口红利消失，都开始为后半程城镇化带来深远的影响。

　　在城市规划业内有着"一任领导，一版规划"的说法。因此有人并不看好耿彦波离任之后的大同发展。"大同这个城市的未来如同其原掌门人耿彦波一样不可捉摸，充满不确定性。"2016年10月，财经作家叶檀将大同列入她认为最无前途的几个中国城市之一。但事实上，在耿离任之后，大同依然义无反顾地走在文化引领城市复兴的路上。文化和旅游，成为这座资源型城市转型后坚持的选择，各类相关称号也纷至沓来。大同先后被评为"最具旅游文化发展潜力城市""影响世界的中国文化旅游名城""中国避暑旅游城市"和"中国十佳运动休闲城市""丝绸之路十佳特色旅游城市"等。今日的大同在城市形象上已然与曾经的煤城相去甚远，成为中国城市中文化引领转型的一个样板。

　　夕阳西下时，城市被一种泛黄的光晕笼罩。在城墙上，一个上海来的老阿姨拿着最新款的索尼微单，向我请教拍摄的技巧。她说老年大学组织了旅行摄影团来到这里。不过在她看来，北方的古城差不多都一个样：一座又一座的庙，一圈又一圈的城墙。这依然是一座远离舞台中心

的城市，在中国城市喧嚣的竞争中缄默不语。许多这样子的古城，底蕴越是深厚，就越是沉默。许知远在造访大同时，通过引用亨利·福特的名言，将大同过于丰富的历史一笔带过："历史或多或少是一堆空话。"

但这座古城则让我想起《万寿寺》中对千年之前的长安城的描写："在它的城外，蜿蜒着低矮精致的城墙；在它的城内，纵横着低矮精致的城墙；整个城市是一座城墙分割成的迷宫……在这座城中，一切人名、地名都不重要，重要的是实质。"你能体会到这座古城的历史意味，都来自于身临其境感受到的那种实质。

随着光线渐弱，城市的轮廓逐渐模糊，卡尔维诺对"实质"意义的描写又浮上心头："随着时光流逝，我慢慢地明白了，只有存在的东西才会消失，不管是城市，爱情，还是父母。"我们为城市赋予了太多个人的想象，每个人都依据自己的想象去雕琢完美城市的模样，而它在实质上一直存在在那里。每一个阶段对它的修饰，都只是为它增加了一个年代的年轮。

太阳落山后，光明与黑暗、历史与现实、城市与人开始互相勾勒出彼此的身影。耳边的朔风呼啸，带来了怀古伤今的意境：风车与战马在这里相遇，今人与古人于此刻重逢。在更长的时间轴上，城市的实质变幻为层叠的文明，它只能更丰富，终究无法湮灭。

西沉的永远是同一个太阳。

第四部分

那些城市
那些人

对于城市规划师来说，在地图上指点各地城市的发展，已经是工作中的家常便饭。可是谁又能真正把握城市在历史长河中的兴衰？

巴塞罗那：艺术的足球与魔幻的城市

　　作为一名城市规划师，我造访过世界上的许多城市。每当别人问起我，哪座城市让我印象最为深刻的时候，巴塞罗那这座城市总是第一个浮现在我的脑海中。巴塞罗那不仅是城市规划与建筑界的典范，而且在足球领域同样声名显赫。更重要的，这座城市与足球结合得如此密切，无出其右。从外在形象到内在精神，巴塞罗那城都与巴萨足球队异常的契合。华丽又梦幻、独立又桀骜，两者都把这种个性的气质发挥到了极致。

　　位于西班牙东北部的巴塞罗那，被称为"伊比利亚半岛的明珠"。塞万提斯把这座地中海海滨城市誉为世界上最美的城市，而安徒生则把它称之为"西班牙的巴黎"。无论你是否认同这些说法，当乘坐飞机掠过城市上空时，你都会被鸟瞰的景象所震惊：整个城市几乎都是100×100的方格组成，上百个方块规整地密布成网格，仿佛乐高积木拼出来的模型。具有这样魔幻感的城市，全世界恐怕也找不到第二个了。

　　这种城市形态的形成，还要追溯到1859年伊尔德方索·塞尔达对巴塞罗那的城市规划。自罗马帝国以来，这座曾经的阿拉贡附属公国的首府，一直聚集于狭小的古城内发展。到19世纪时，十几万人居住在两平方公里的古城。这个密度比如今的北京、上海核心区还要高五六倍，因此城市已经拥挤不堪。在老城决定拆除城墙并拓展新城时，深受空想社会主义影响的工程师塞尔达赢得了城市规划竞赛。他以一种极度理想化的设想，设计了规整的棋盘式路网布局：一百米左右见方的街坊，形成了小街坊、密路网的格局。五层高的条形建筑沿街布置，围合出中间的公共空间。按照他的想法，只有这样绝对平均的布局，才能从空间上保证每个市民享有平等的权利。从物质空间到社会空间，城市都是匀质的：没有贫民窟和富人区，每个街区都要有教堂、学校和市场，公共服务设施均匀配置。这个方案在那个年代，颇有点未来主义的意味。令人意想不到的是，巴塞罗那人不但接受了这个方案，并且把这个乌托邦式的梦想坚守了下来。一直到今天，塞尔达设计的方格网依旧是这座城标志性的肌理。

　　如果说塞尔达构建了巴塞罗那城市的基底，那么"飞翔的荷兰人"克鲁伊夫，则是巴塞罗那足球队的奠基人。这个足球史上最著名的14号，是20世纪70年代那支最具革命性的荷兰队的核心。他在巅峰时期从阿贾克斯队转会到巴塞罗那队，将全攻全守的打法带到了这里。在克鲁伊夫的足球哲学里，场上十一个球员各自位置并不分明，全队形成一种平均的、模糊的阵型，实战中又变幻无穷。这就如同城市的方格网一般：尽管出于均等的考量而建造，但在事实上方格网造就了城市景观的另一种多样性。在20世纪之后，城市人口密度不断提高，每个小街坊都加建了许多私人建筑，风格混杂不一，但又绚丽多彩。每个街坊看上去既整齐划一，又各具特色。而和谐优美的街道与建筑，也形成了宜人的尺度，构成了充满活力的公共空间。各种咖啡馆、酒吧沿街布置，居民在步行道上喝咖啡聊天。城市仿佛成了即兴表演的舞台，巴塞罗那人在这

不同年代、不同风格的建筑和谐地统一在一起，形成独特的混搭魅力

里将每天的生活都生动地展示给了世界各地前来的观众。

　　在城市里，许多主干道把宽阔的步行道置于路中间，而机动车道则让步于两侧。中央的步行道两侧是连续种植的悬铃木，行道树在炎炎烈日下绿树成荫。青年情侣们在这里压马路，少年们在这里踢足球、玩滑板。道路两侧的建筑风格统一，立面精美典雅、美轮美奂。而各家各户的阳台上，毫无例外地都插着加泰罗尼亚自治区和巴塞罗那球队的旗帜。

　　作为巴萨球迷，若干年前我从英伦三岛飞到巴塞罗那，来看巴萨在那个赛季的最后一场比赛。我住宿的青年旅社，就在城市的一个典型的正方格街坊中。在天井上方的阳台上，可以看到这个街坊中各色人等的烟火人生。隔壁的文艺青年们在阳台上抽烟聊天，或是在屋里弹吉他。有的邻居在一边挥着双手比画一边争吵——对于南欧人来说，如果想要

巴塞罗那方格网城区中典型的小街巷

他们闭嘴，那么最好的方式是把他们的手绑住。还有的住户在屋里看电视节目，从他们大呼小叫的节奏来看，八成是在看预祝巴萨夺冠的报道。五月的南欧是最好的时节，万物绚烂、日光倾城。夕阳斜射进屋里，让男男女女们迷醉在那个梦幻的季节。

巴塞罗那队被誉为是艺术足球的代表。在西班牙足球甲级联赛2008—2009年赛季即将收尾时，《每日体育报》用漫画的形式，把球风华丽的巴塞罗那队队员比作经典的艺术家。这份艺术家名单上包括凡·高、达利、伦勃朗、达·芬奇，等等。可见巴萨的队员，都是如此华丽的球场精灵。在巴塞罗那当球星，可着实不容易。这里的人们不仅要求你赢球，还要求你踢得好看。这群挑剔、苛刻，又欣赏和热爱天才的球迷们，就这样迎来了马拉多纳、罗纳尔多、罗纳尔迪尼奥和梅西这样一代代的球场艺术家。

尽管Tiki-taka这个词这几年才火起来，但事实上这种踢法一直是巴萨足球的典型风格。这个既非加泰罗尼亚语也非英语的象声词，让不懂外语的中国球迷也能领会其含义："滴滴-答答，滴滴-答答……"，短传、渗透、再短传、再渗透……这种传控配合，就像城市密集的路网一样高效地运转。巴塞罗那队的球员把传球配合奉为圭臬，哪怕是在球队的低谷期，他们也一直对控球有着近乎偏执的追求。

在对独特气质的坚持方面，这支球队如此，这座城市也如此。巴塞罗那队一直注重拉玛西亚学校的足球青训，让球员风格血脉相承。而巴塞罗那城市至今仍严格执行着一百多年前的城市规划，维持着传统的城市风貌，严格限制对外立面的翻修，并对历史建筑严加保护。

足球需要秩序与战术，但终结比赛的，还是那些横空出世的天才。在被称为"宇宙队"的巅峰时期的巴萨，在无数脚来回传递，以至让观众昏昏欲睡时，天才梅西突然掌管了球场：或连过数人，或轻巧跳射，然后便是如探囊取物般地进球。

同样的，塞尔达的规划为巴塞罗那带来了秩序，而毕加索、达利、米罗等众多艺术家都曾与这座城市在艺术上交相辉映。但巴塞罗那的灵魂只属于一个人，那就是高迪。他的建筑为巴塞罗那带来了灵性。米拉之家、巴特罗之家、奎尔公园，还有那建造了上百年，至今仍未完工的圣家族大教堂，这座城市几乎所有的著名建筑都出自高迪之手。因此巴塞罗那也被称为"高迪之城"。高迪那极具个性的建筑与塞尔达规整统一的规划完美融合在一起，形成了城市的感性与理性完美交融的独特气质。

被誉为"上帝的建筑师"的高迪，是建筑史上不世出的天才。标新立异、狂放不羁的设计，仿佛并不出自这个地球。或许在他眼中，世界是童话故事中的城堡，充满着各种扭曲和变换的可能。高迪说过："直线属于人类，而曲线才属于上帝。"他用独特的曲线造型，为世界带来了浪漫的幻想。他那充满想象力的建筑，与这座熠熠生辉的伟大城市相互成全。

贝尔（Clive Bell）在《艺术》一书中这样阐述："艺术就是有意味的形式。"高迪的建筑无疑是美轮美奂的艺术品，而诺坎普场上的那些精灵们，则将高迪的那种天马行空的想象力，以足球的方式展现给了人们。在美的本质上，足球和艺术无异，它们都是为了给人带来美好的享受和身心的愉悦。荷兰著名教头米歇尔斯，在当年目睹普拉蒂尼的任意球后曾经高呼："天那!这样的曲线比维纳斯还美!"

在1996—1997年赛季，巴萨对孔波斯特拉的比赛中，罗纳尔多半场狂奔，连过数人，在对方的生拉硬拽之下把球打进。全世界的球迷惊呼他为"外星人"，在2005—2006年赛季，罗纳尔迪尼奥在巴萨的死对头皇马的主场长途奔袭连入两球，让马德里的球迷们纷纷站起来为他鼓掌。巴萨的足球史一直在告诉世人，他们的足球，是艺术的一种绝佳表现形式。典型加泰罗尼亚球迷的看法是：美妙的过程，甚至比一个简单的胜利结果重要得多。对于更多的球迷来说，他们更愿意为梅西的一次炫目的过人、哈维和伊涅斯塔等人的一次精彩配合去买一张球票，而不仅仅是为了联赛积分榜上冷冰冰的数字。

在当今，与很多被商业化和工业化影响的领域一样，艺术足球的气息，就如曾经的贝斯特的盘球过人、马拉多纳的个人英雄主义、雷东多的脚后跟杂耍一样，与绿茵场渐行渐远。越来越多的球员变成机器的零件，机械地运行着。越来越多的比赛成为壮汉们简单粗暴的拼杀，越来越多的球迷把比赛理解为比分牌上的数字。足球离实用主义越来越近，离本源的快乐越来越远。在功利足球长期统治国际足坛的情况下，巴萨作为少有的另类，依然坚持着艺术足球的传统，为我们保留了快要熄灭的审美火种。

作为西班牙最富裕的城市，同时也是加泰罗尼亚的首府，巴塞罗那恐怕是最具自豪感的城市了。这座城市里，满大街都是加泰罗尼亚旗帜，路边的墙上涂着"加泰罗尼亚不属于西班牙"的标语。2015年，巴塞罗那有上百万人走上街头游行，支持加泰罗尼亚独立的公投。巴萨的本土球星皮克和哈维，也毫不意外地走在游行队伍的前面。

巴塞罗那足球的反抗传统，有着深远的政治意味。在当年西班牙内战时期，巴塞罗那就是国际纵队反抗佛朗哥专政的最后堡垒。海明威等一大批欧美左翼人士，在那里为了自由战斗。乔治·奥威尔为此写出了《向加泰罗尼亚致敬》。在城市被攻陷后，佛朗哥为了消除城市的独立倾向，用铁腕禁止了加泰罗尼亚语的使用。巴萨的主场诺坎普，一时间成为唯一能够以加泰罗尼亚语进行交流的空间。从那以后，西班牙足球联

诺坎普球场内的狂热的巴萨球迷

赛里有皇家马德里这样正统的、代表着官方的球队；也有巴塞罗那那样反叛的、抗争的角色。每次巴塞罗那对皇家马德里的国家德比，都是充满着激情与暴力的焦点比赛。"白云偶尔能遮住蓝天，但蓝天永远在白云之上"，每一个巴萨球迷都耳熟能详的这句话，充分反映了红蓝球衣的巴萨，对白色球衣的皇马的不屑。

在伍迪·艾伦的电影《午夜巴塞罗那》中，佩内洛普·克鲁兹饰演的那个艺术家的妻子，像极了巴塞罗那的气质。叛逆、独立、桀骜不驯，极度自我，又敏感、脆弱、热爱艺术。这个漂亮性感的黑发女子，追求绚烂的理想，也追求世俗的享乐。而这种矛盾之美，或许就是这座城市的魅惑所在。既现实又浪漫，既规整又充满想象力，既国际化又强调独立。巴塞罗那在乌托邦的城市肌理中，创造了无穷的生活的艺术。它当年是西班牙的革命和工人运动的发源地，如今又是全球智慧城市发展的先锋。它一直引领着城市的潮流，又倔强地坚守着自身的传统。

因此，每个到访这里的人，都会感受到巴塞罗那魔幻现实主义的丰盛。我想起在诺坎普看到巴萨夺冠时的场景。在那场巴塞罗那4∶0战胜巴拉多利德的比赛中，梅西梅开二度。每当巴塞罗那进球后，全场的球迷都站起来，组成波动的人浪欢呼。当时能感受到，整个球场都在震颤，人浪环绕观众席好几圈之后才平息。我旁边坐着的一位老人，是巴萨的资深球迷。他一边吃着花生、一边挥舞着拳头大声吼叫。尽管听不懂，但能猜出他是通过骂死敌皇家马德里队来进行宣泄。比赛结束后，场地里不断点起焰火，烟花将球场上空的天空涂抹得像凡·高的画作般璀璨。在那一刻，不禁让人想到圣家族大教堂外墙上，高迪在末世景象中镌刻的一句圣经，加泰罗尼亚语：I Que Es La Veritat（何谓真实）?

马德里：西班牙的"皇城根"

西班牙的帝都

尽管是西班牙的首都、全国第一大城市，但对于很多国际游客来说，马德里的整体形象有些模糊。巴塞罗那有高迪、达利和圣家族大教堂，塞维利亚有斗牛、摩尔古城和弗拉门戈舞，毕尔巴鄂有古根海姆博物馆。马德里呢？对不了解西班牙历史文化的人来说，这里知名度最高的可能就是曾荣膺欧洲最佳足球队的皇家马德里了。几年前流行歌手蔡依林曾有一首歌叫《马德里不思议》，歌如其名，实在是不可思议。歌词里除了提到弗拉门戈舞之外，没有任何涉及马德里的元素，甚至连弗拉门戈舞，其实也是南部安达卢西亚的特色。

但事实上，马德里还是有着很深的文化底蕴和历史积淀的，或许没有周边的托莱多（Toledo）和塞哥维亚（Segovia）那样的古城历史悠久，但是它也作为现代西班牙的政治、经济和文化中心达数个世纪。在16世纪时查理一世将卡斯蒂利亚王国与阿拉贡王国结合成现代的西班牙。当时的西班牙是英国崛起之前的日不落帝国，凭借强大的海军和遍布世界的殖民贸易显赫一时。在随后的岁月里，马德里作为西班牙的政治核心，目睹了西班牙帝国的强盛和衰落，历经了20世纪上半叶的战乱，以及随后的佛朗哥独裁统治的形成及瓦解。

在西班牙，马德里是个相对年轻的城市，但是却皇族范儿十足，一如那支作为城市名片的球队——皇家马德里的风格一样。西班牙的城市还真与足球分不开关系。最知名的两座城市，也是两支球队风格的体现：巴塞罗那　如巴萨般华丽、艺术、天才又桀骜不驯；而马德里则是像皇马那样高贵、正统、大气与豪放。虽然巴塞罗那是全国最富裕的地方，但马德里规模更大。更重要的是，那是西班牙的"帝都"，西班牙可是正儿八经的君主立宪王国呢。

所以马德里在某种程度上和北京非常相像，是西班牙的"皇城根"。全西班牙甚至拉美西语国家的人，都纷纷到这里成为"马漂"。巧合的

是，北京还真的在20世纪80年代与马德里结为姊妹城市。马德里市政府当时还特意把西班牙广场上的一个雕像送给了北京，这就是如今竖立在北大未名湖畔的塞万提斯像。

马德里有近四百万人口，城市规模在欧盟中仅次于伦敦和巴黎。由于西班牙语是仅次于英语的国际通用语言，有超过四亿人口以此为母语，所以马德里也是西班牙语世界的文化中心。在马德里的街头，拉美人的比例是非常高的。一个在这里留学的同学说，南美的西语国家留学生到这里留学，就类似于我们各省的学生到北京上学一样。我在去西班牙之前，遇到的一个西班牙人跟我说，如果为了学西班牙语而去西班牙留学的话，那么西班牙不少城市可能并不是很合适，因为那些城市要么不是以西语作为第一语言，要么讲口音很重的方言。而马德里无疑是最合适的地方，是最正统的西班牙文化的中心。马德里口音就类似西班牙语的普通话，这座城一直以世界上最好的卡斯蒂利亚语自我标榜。

尽管在19世纪，北方的巴塞罗那和毕尔巴鄂在工业化上先行一步，但是马德里随后也快速追赶上了工业化的步伐。如今，在城市总体规模上，名声在外的巴塞罗那依然无法与马德里抗衡。马德里的巴拉哈斯机场是西班牙最大的国际航空港，而城市里密布的地铁网络，规模在欧洲也仅次于伦敦。再加上语言的原因，诸多西语系大公司纷纷将总部设立于此，马德里同时也成了西班牙的商业金融中心和总部经济中心。

马德里的焦土

在近代史上，马德里经受了战争带来的巨大摧残。在20世纪30年代西班牙内战时期，马德里一开始是共和党人的据点，而佛朗哥的军队则分布在马德里市的郊外。共和党人的武装与佛朗哥的军队在马德里市的拉锯战进行了三年，城市因此遭受了巨大的破坏。当时的马德里是西班牙第一个受到对平民进行战略轰炸的城市。在希特勒和墨索里尼的支持下，武装到牙齿的佛朗哥军队对马德里进行了长期的狂轰滥炸。而后，军队也在城市的街道里展开巷战，把大片的城区化为焦土。大量无辜平

民死于战乱，无数的历史建筑被摧毁，马德里变成了人间炼狱。毕加索最著名的画作之一《格尔尼卡》就反映了西班牙内战的残酷。1944年达马索·阿隆索在诗集《愤怒之子》中写道："马德里是一座有一百多万具尸体的城市……为什么一百多万具尸体在马德里城腐烂，为什么千万具尸体在世界上慢慢腐烂。"当时的马德里惨剧震惊了世界，"马德里"随后成为城市焦土战的代名词。

在内战之后，佛朗哥独裁统治下的西班牙，在"二战"期间保持了中立，并在随后取得了经济的快速发展。马德里市在20世纪40年代得到大规模重建，在50年代继而进行了大规模的城市扩张。正是因为战争摧毁了大面积的老城区，而新建的城市大多是在现代主义模式下建设的，马德里也成为教科书里城市重建的样板。因此马德里在一定程度上，与那些完好保存了古城的其他欧洲城市不同：许多城市片区的历史风貌要少一些，而现代化特色更强烈一些。有的街区，甚至让人觉得像亚洲的现代化城市。宽阔笔直的马路两旁，尽是大体量的方方正正的现代主义建筑，某些时候让人恍惚回到了北京的长安街。

足球之城

在欧洲，足球往往是一个城市的重要标签与名片，特别是对于西班牙的城市来说更是如此。马德里则把这种足球文化发扬到了极致。在20世纪50年代，佛朗哥把皇家马德里队当作自己政治宣传的工具，并且极

力打压象征着反抗和独立的巴塞罗那队。在佛朗哥的大力支持下，皇马取得了冠军杯五连冠。而在世纪之交时的皇马凭借历史上辉煌的战绩，力压AC米兰等球队，获得了世纪最佳俱乐部的殊荣。

我在马约尔广场的游客咨询处，问工作人员："马德里的足球场在哪？"一位金发的大妈看了我一眼，然后一本正经地回答我："哪个？我们有两支球队。""哦对了，我忘记了马德里竞技队。"尽管对于很多国际球迷来说，皇家马德里是最好的球队，但是对于马德里人来说，马德里竞技才是他们最支持的本地球队。之前长期被皇家马德里压制的马竞队，近几年在阿根廷人西蒙尼的带领下，成了西甲不可小觑的一股力量，不仅从皇马和巴萨的包夹下夺得了西甲冠军，还在2014年和2016年，与皇马在欧洲冠军杯决赛相会。这是欧洲冠军联赛自举办以来，首次上演的决赛同城德比，马德里人的骄傲也因此达到了顶峰。而近几年的升班马巴列卡诺队也来自马德里市，另一只西甲球队赫塔菲也处于马德里大区。

这些球队让马德里的足球名片熠熠生辉。在市区的纪念品商店里，商家们都把几支球队的球衣挂出来作为纪念品贩卖，而摆在最显眼位置的，当然是皇马的当家球星C罗的7号球衣。在伯纳乌球场外，世界各地的球迷们纷纷与球场合影，并与自己偶像的巨型海报合影。数十欧元的参观门票，也挡不住球迷们的热情。在没有比赛的日子里，前来参观的球迷和游客，也络绎不绝。而一到比赛日，这里就成为马德里市最为活跃的区域。球场内狂热的球迷，球场外的小贩和黄牛，都是风景。在没有战争的和平年代，球场取代了战场，球迷们点燃的焰火，仿佛当年战场上弥漫的硝烟。最为激烈的比赛当属皇马和巴萨的国家德比，巴萨每次来到这里做客，都像是进入了人间地狱一样。这样的场景，在伯纳乌球场屡屡上演。

熊出没的地方

熊是马德里市的象征。有一种说法是，这座城市的名字来自拉丁文"乌尔萨利亚"（Ulsalia），即熊群之地的意思。因为古代，人们在这里发现了大量的熊，以及同样作为城市象征的草莓树。在城市的各个角落，都可以看到各种熊的形象，马德里可谓是熊出没的地方。特别是在以广场为代表的公共空间，经常可见熊的雕塑和画像，这也成为游客留影纪念的重要内容。

广场是拉丁国家城市公共生活的核心空间。马德里市区拥有超过300个各个时期建造的广场。南欧灿烂的阳光和适宜的温度，让人们喜欢户外活动。在各个广场和露天市场中，随处可见喝着咖啡聊天的马德里人，他们在这里一待就是一下午，尽情享受悠闲的生活。在广场上也随处可见各种肤色的滑板少年，以及坐在地上弹唱吉他的文艺青年。通向广场的大道上有许多古代的人物雕像，那些历史上的大人物就这样观望着如今的烟火人间。凭借马德里便捷的轨道交通，我们可以从一个广场轻松达到另一个，感受不同的生活画面。我到马德里的那年，正值韩国鸟叔的《江南Style》红遍全球。在一个街头广场，几个跑酷的少年远远看到我，就冲着我模仿鸟叔的骑马舞，估计在他们看来，包括韩国人在内的所有的东亚人都是一个样子。

马德里市中心的哈布斯堡区，见证了当年称霸欧洲的哈布斯堡家族治下的历史。他们建造了华丽的王宫和广场，其中最知名的是马约尔广场。这座新古典风格的广场四周由建筑围合，横向128米、纵向94米的大体量，显得庄严华贵，各处细节装潢都显得富丽而奢华。而另一个知名的太阳门广场则是马德里的心脏，广场处于城市的正中心位置，十条街道呈放射状由广场向外延伸，从平面图上看仿佛太阳四射的光芒。太阳门广场临近皇宫、国会和许多重要的公共建筑，也是政治集会的重要区域。在我到达那里的时候，正好遇到群众的游行集会。市民们从全市各处出发，举着抗议政府削减公共开支社会福利的条幅。举着火把，点燃焰火的人们，从主要干道纷纷汇聚在太阳门广场。广场上，他们高喊着口号，让人感到经济危机下，社会的风雨飘摇。

而临近马约尔广场的圣·米盖尔市场，则能让游客们从广场的政治风云中暂时逃离。这座建于19世纪的室内市场，原本是个露天集市，后来被建筑师以模仿巴黎市场的风格改造为室内市场。明亮的玻璃橱窗和独特的设计外形，让人过目难忘。市场中的生鲜食品，以及各色的西班

圣·米盖尔市场内

牙美食和葡萄酒，绝对让游客们流连忘返。那些在高档餐厅千金难求的美味，在这里的大排档摊位都可以找到。食客们可以在随性的氛围中尽情享受这份平民式的美味，特别是最具西班牙特色的Tapas。

　　夜色快要降临时，我来到西班牙广场附近的塞万提斯纪念碑。高耸的纪念碑前，是堂吉诃德和随从桑丘的雕像。堂吉诃德拿着长矛，似乎马上就要和风车决斗。和他合影的游客们摩肩接踵，络绎不绝。塞万提斯同样是这座城市的名片，他虽然没有在这里出生，却在这里的监狱中写出了这部巨著。我们都能从书中读出那种与命运搏斗的无奈和感慨。塞万提斯后来在马德里去世，而他笔下的堂吉诃德的形象则长久地留在了世间。在纪念碑前的小花园里，几个白发的老人坐在长椅上谈着些什么，或许他们在谈堂吉诃德，或许在谈他们经历的人生。到了那个年纪，或许一切也都是过眼云烟了吧。

融合之都

　　和那些历史悠久的古城比起来，马德里的历史显得有些短暂，但这并不妨碍它曾经绚烂的绽放。如今的马德里就像一个阅尽繁华的中年人，平静地迎接新时代的到来。这座城市是少有的完美融合了平淡与丰富这两个词语的城市。尽管第一眼看上去并不惊艳，但是它的独特风格蕴藏在街头巷尾的细节之中。各个历史时期的城区风格各异，却交织共生，很难让人简单地去评价对这座城市的印象。这里不乏诗歌和艺术，漫步在街头巷尾，都随处可见文艺的痕迹。同时，马德里人也认为他们有着世界上最好的博物馆，这里的三大博物馆驰名世界。

这座城市的发展建设史，就是西班牙现代化进程的缩影，西班牙的"皇城根"，可能是由于过于正统，没有那么多鲜明的个性，毕竟皇家所在之地，往往和普通人的烟火气有一定距离。但实际上这座城市并不冷淡，反而是活色生香的。如同罗意威（LOEWE）的创意总监所说，马德里是一座"可以看起来一丝不苟，却又可以很亲切"的城市。

马德里或许并不是旅游首选的目的地，但可能会让游客们大吃一惊：这里还是世界旅游组织总部所在地。同时，这里的奢侈品销量仅次于伦敦，相当多的份额是由国际游客创造的。马德里，实际上是游客们进入欧洲的一个门户。

作家三毛当年是在马德里遇到了她的荷西。从那以后，这个极为常见的西班牙语名字，一直出现在她的一系列作品里，而马德里则常常出现在她的梦里。她在《梦里花落知多少》中这样回忆这座城市："在豪华的马德里之夜，在市区的中心，那些光彩流离的霓虹灯，突兀照耀着一切有爱无爱的人。而那些睡着了的，在梦里，是哭着还是笑着呢？"

而我们每个人的马德里，也终究会在梦里展现出它的样子。

斯德哥尔摩："人类社会发展的最高阶段"

如果不是因为斯德哥尔摩综合征，瑞典首都斯德哥尔摩或许不会如此广为人知。但事实上，这座城市不但与疾病无太大关联，反而还是城市健康发展的一个典范。

斯德哥尔摩的华人，更喜欢称这座城市为"斯京"。这也难怪，斯德哥尔摩不仅是瑞典的国家中心，也是整个北欧最大的城市。近些年，北欧风格的设计、文艺作品和流行音乐都在全世界大行其道，斯德哥尔摩作为整个北欧的文化汇聚之地，在文化和旅游界也驰名国际。

我刚到斯德哥尔摩时是难得的温暖夏季，一不小心就会陷入城市那独特又难以言状的氛围中。如果说刚到欧洲的人，会因为欧洲城市浓郁的文化氛围和风土人情而眼前一亮，那么从欧洲的其他地方到了"斯京"，同样会产生这种眼前一亮的感觉。北欧诸国是国家福利主义的典范，在这里随处可以感受到安定、平和，而又自由轻松的氛围。正如一位朋友所说，这里已成为"人类社会发展最高阶段"的典范。

北欧美女也是这座城市的一张名片。据一位旅行家说，欧洲最帅的男人在意大利，而最美的姑娘在瑞典。最出名的瑞典美女，就是芭比娃娃了，她那典型的金发碧眼风格，也是西方语境下对美女最典型的定义。在这里，你能见到最高比例的金发碧眼人种，徜徉在著名的商业街女王大街（Drottning gatan），映入眼帘的尽是身材高挑的北欧美女。尽管据说因为金发是隐性基因，在混血婚恋的大潮中越发稀少，但是不少人还是通过染发，以人工手段尽力保持这种特色。而在穿衣打扮上，城市里各种风格和潮流一应俱全。你能看到打扮成阿凡达一样的少年，也能看到顶着光头的女白领。在这里，只有非主流才是永恒的主流。平等而包容的社会氛围，让每个人都能倾听自己的内心，活出自我的风格，而不必在意大众和世俗的目光。

北欧人享受生活的状态，可用"fika"这个词展现。这是瑞典文的"来喝咖啡吧！"的意思。英语水平极高的"斯京"市民会直接说"Let's fika"来邀请你参加他们的茶点时间。尽管以腼腆和冷淡的外在形象著称，但是在"fika"的时候，瑞典人会向你展现他们热爱生活的另一面。遍布城市各个角落的咖啡店，就是fika的绝佳去处。各种北欧特色的咖啡和点心，点缀着街头巷尾的生活细节。走出咖啡店，进入餐馆，本地的特色食物驯鹿肉片和瑞典肉丸，则是游客们不可错过的食物。但基本上，在那里见到的华人朋友，一提起肉丸子，都面露难色："那玩意儿可不太好吃哦。"这个食品的确没有太多的特色，基本上吃一次之后就不会再吃了。但是在北京的宜家，我却见到排起长队吃瑞典肉丸的人群，可能真的是物以稀为贵吧。

相比传统的简约北欧风，作为整个北欧地区的门户枢纽，斯德哥尔摩是五颜六色的。它带给人在斯堪的纳维亚半岛少有的、更多样化和丰富的感受。很少有人知道，瑞典是仅次于美国、英国的世界第三大流行音乐出口大国。从ABBA到Sophie Zelmani、Club8，瑞典音乐家们通过英文流行音乐走向了国际。作为文艺重镇，斯德哥尔摩国际电影节和爵士音乐节也令这座城市充满活力。没有赫尔辛基那么冷峻、没有奥斯陆那么高昂的消费、没有哥本哈根那样的童话风情，斯德哥尔摩以一种更为综合、大气的风格迎接着世界各地的来客。近年来全世界的移民纷纷来到这个城市，开启自己新的人生。特别是地铁上，基本上十个人中总有三四个非洲黑人、中东阿拉伯人、印巴人或东亚人的面孔。有一刻你会感觉这里就像纽约，是世界各国人们共同的家乡。

说到地铁，斯德哥尔摩的地铁系统并不复杂，只有三条主要线路。但是它的地铁站的独特设计使其驰名海外，并成为游客津津乐道的景点。不同的艺术家们，对不同的地铁站进行了精心的设计。各种艺术元素融入了地铁站的设计之中。有些地铁站像富丽堂皇的宫殿，而有些则像游乐园，还有一些则像天然的洞穴。各种艺术作品的陈列，也使得这里像现代艺术区而非交通枢纽。因为这九十余座不同风格的地铁站，斯德哥尔摩的地铁被称为"世界最长的艺术长廊"。

在瑞典语中，斯德哥尔摩（Stockholm）的字面意思是"木头小岛"：stock是"木头"而holm指"小岛"。城市正式的历史只有七百多年，在北欧海盗肆虐的13世纪，当地居民在瑞典第三大湖梅拉伦湖（Malaren）入海处的小岛上，以木材为建筑材料修筑了城堡，成为这座城市最早的雏形,即日后的老城区。随后城市由此不断扩展,最终建成区遍布这一区域的十四座岛屿和一个半岛。岛屿和桥梁也为这座高纬度的水城带来了"北方威尼斯"的美誉。特别是数十座桥梁将岛屿连为一体,形成了城市鲜明的特色,老城也因此常年被称为"桥间之城"。

作为经济文化的后起之秀,北欧的历史积淀没有南欧那么深厚,所以斯德哥尔摩的空间格局反映出更为现代的特色。城市中部是老城区格姆拉斯坦(Gamla Stan),完整保留了中世纪的北欧风格古典建筑群。东部的埃斯特尔玛姆(Ostermalm)是较为奢华的富人居住区,据当地的朋友说,斯德哥尔摩有一种说法,人们能从衣着猜出一个人来自于哪个区域。城市南部的索德玛尔姆街(Sodermalm)则是年轻人的天地,汇聚了大量的文艺青年和艺术家,许多艺术品商铺集中于此,滨水的很多船上酒吧也是年轻人夜生活的中心。作为诺贝尔的故乡和诺贝尔奖的颁奖

地，斯德哥尔摩北部云集了斯德哥尔摩大学、瑞典皇家理工学院、皇家音乐学院之类的院校和科研院所，来自世界各地的大学生们也给这里带来了青春的活力。

北欧国家在可持续发展领域一直是领跑者，瑞典作为北欧最大的国家，在城市可持续发展领域的实践具有世界影响力，斯德哥尔摩被公认为"全世界最清洁的首都"之一。2010年，这里更是被评为首个欧洲绿色之都。尽管瑞典是一个高度发达的后工业国家，但是"斯京"及其所在的大都市区，由于人口的不断增长，也面临一系列生态环境的约束。在这一背景下，"斯京"近些年出台了《斯德哥尔摩环境计划》(*The Stockholm Environment Pro-gramme 2012—2015*)，坚持以市民为核心，以优化城市宜居宜业宜发展的环境为核心目标，持续提升本地居民的生活质量和归属感。

风景如画的皇后岛是皇家领地，岛上的宫殿被称为"瑞典的凡尔赛"。作为瑞典首个被列入世界文化遗产名录的经典，皇宫集合了法国和俄罗斯皇家园林的特点，醒目的轴线和规整的景观，都让人印象深刻。如今的皇宫也走入平常百姓家，皇后岛成为市民们消夏避暑的胜地，人们带着孩子在草坪上嬉戏，尽情地享受难得的夏日。皇后岛上还有一座"中国宫"，它并不宏伟，但却体现了18世纪时欧洲皇室对于中国文化的推崇。而在清朝末年，康有为也曾流落至此，并在"斯京"外的一个小岛上建了一个北海草堂。如今来这里的国内游客，看到这些和中国历史密切相关的风物景致，也难免感慨一番。

初秋的"斯京"开始阴雨密布，尽管色彩斑斓的树叶依旧亮眼，但逐渐缩短的白昼告诉我们，这里正在逐渐向寒冷而又漫长的冬季过渡。我想起香港乐队My Little Airport的歌曲《北欧是我们的死亡终站》里唱到，"二十九岁，让我们一起到北欧去"。他们用后现代的形式把北欧演绎成了一个极乐世界。那首音乐或许过于另类，但斯德哥尔摩这座城市，着实是在这个不完美的世界中，相对完美的一个城市。北欧是寒冷的，而这座城则注定会带给你一些别样的温暖。

波尔图：杜罗河畔的一个下午

　　这么多年过去了，记忆中最悠闲的一段旅行时光，依然是在波尔图的杜罗河畔的一个下午。

　　在那个夏末的一天，我风尘仆仆地从阴雨绵绵的英伦三岛，飞到晴空万里的葡萄牙。前一天晚上刚送别欧洲大陆的留学生朋友，party开到后半夜，我只是在沙发上睡了几个小时，就又起来赶凌晨的机场巴士。在飞机上昏睡两三个钟头后，便飞到了欧洲西南的蕞尔小国，感受到世界尽头的疏离。飞行压缩了时空，让人对于温度的变换措手不及，季节的转换瞬间被浓缩在一张凌晨的廉航机票里。

　　下了飞机，直奔波尔图的旧城，寻找沙发主人落脚。一进入旧城，感觉就像是进入了旧时光里，街上的人们仿佛都生活在泛黄的胶片电影中。我沿着几百年前的老建筑合围的小巷，根据地址来到了一个19世纪风格的公寓楼。楼里铁笼子一样的电梯，仿佛把我拉进了当年工业革命时的黄金时代。沙发主人是个老头，他是波尔图首屈一指的沙发客名人，接待过各国的沙发客，他搜集的各国国旗铺满了客厅。在他家里安顿下来后，我们一起到楼下典型的葡萄牙小酒馆吃了点午餐，然后我决定自己一个人去杜罗河畔的老城区走走。

　　九月初的阳光已经没有那么强烈，温度也不是很高，感觉刚刚好。刚到河边时，下了一阵太阳雨，雨不大，河畔的游人也没有散去。继而天空放晴，大片的云朵忽明忽暗地飘过之后，又是灿烂而明媚的阳光普照，让人回想起多年前在语文课本里常见的修辞："阳光给大地铺上了一层金色的地毯。"

　　在出发之前，我在维基百科的波尔图页面上，浏览到杜罗河畔的风景照片，当时就为之惊艳，而真正置身于现场，视觉和感官的体验依然超乎先前的想象。波尔图老城与杜罗河相映生辉，这幅壮美的画卷，使得再多的影像作品也显得乏力。计划好的旅途，也会偶尔出现各种意外的惊喜。

　　从西班牙奔流而来的杜罗河，将波尔图市一分为二，北边是老城区以及由老城区扩展而成的主城区，南边是加亚新城（Gaia），也常被看作是另一座城市。在杜罗河畔的北岸，几个世纪前建造的老房子至今未变，一个个微小而精致的房屋沿着山体蔓延，像乐高玩具一样拼贴镶嵌在一起，整体展现出一幅宏大又绚烂的画卷。河的南岸则遍布着各色酒庄，空气中也弥漫着波特酒的味道。

午餐时，沙发主人在餐馆的桌布上，给我画了一幅波尔图市的简略地图，介绍城市各个区域的风土人情。当他基于波尔图老土著的自豪感，说到加亚新城不是波尔图时，这个老男人一脸的坏笑。不过说到河南岸的各种葡萄酒品牌时，他又滔滔不绝，目光中充满了酒不醉人人自醉的满足。经历了独裁与民主数十年历史变幻的他，已经看淡了一切，却依旧充满了对生活享乐的追求。本来就世俗的头脑被时光磨得更加圆滑。

"你为什么这么热衷于做沙发主人？"

"我喜欢世界各国，但是又不喜欢舟车劳顿的旅行。接待各国沙发客的好处是，你不必去访问世界各国，世界各国会来访问你。"

他的名字叫费尔南多，典型的拉丁人的名字。

从利贝拉码头到利贝拉广场区域的老城区，都被列入了世界文化遗产。站在河的对岸望去，你会发现几个世纪光阴一点都没有带来改变。

中世纪的建筑群完好地保留至今，高低起伏的小巷穿插其间，仿佛胶片电影一般的场景。老民居的屋顶都是统一的红色，但外墙则被涂成五颜六色，饱和度很高，极度艳丽又色彩分明，让人过目难忘。个别年久失修的老屋，破败的墙体与藤蔓共同交缠生长，构成多彩的画布，让人感到生命的力量。而在大西洋对岸，加拿大纽芬兰-拉布拉多省的首府圣约翰斯，同样是这样的彩色房子，据说也是在殖民时期由葡萄牙人传过去的风格。在殖民时期，葡萄牙的水手们从这里出杜罗河口前往美洲。之后的数个世纪，这里一直是葡国对外贸易的中心。

　　河上传统翘尾小船，依旧如当年一样的来来往往，用最传统的方式，运载最传统的手艺酿造的葡萄酒。尽管往往被人们混淆为法国的波尔多，但波尔图的葡萄酒同样久负盛名。不停穿梭的船上装满了装酒的木桶，各个品牌的商家将自己多年相传的老字号印在酒桶与风帆上。

　　河上最显眼的大桥，当属路易一世大桥。这座同样名列世界遗产名录的钢铁拱桥，是19世纪80年代由埃菲尔铁塔的设计师的徒弟所建造。在当时，大桥172米的跨度是世界第一。直到如今，这座地标建筑依然展现出恢宏的气势，连接着河两岸的新城与老城。

　　除去那些来自世界各地的观光客们，这里和几个世纪前的景致并无两样。两岸百年不变的历史遗迹和传统生活方式，随着流动的河水氤氲百年。这个欧洲边缘的古老城市，仿佛从未卷入工业化与现代化的进程

中，而是坦然地保留了一切，日复一日，年复一年。

　　河畔的古城、河上的扁舟，远处的铁塔和飞来飞去的海鸥，在夕阳斜照下更展现出油画的质感。多少年来，一直是这样。这样厚重的历史，滋生出了最为闲适的生活。河两岸遍布着酒吧、咖啡馆、酒庄和餐馆，坐满了悠闲的人们。就是坐在河边的草地上，什么也不做，感受着这尘世的烟火，也足以让人心境平和。欧洲本身就比东亚的生活节奏慢很多，而南欧则是最享受慢生活的地方。绚烂的阳光造就了南欧人深色的皮肤，也赋予了他们充满激情而又闲散的性格。如果说北欧的"fika"文化是在工作间歇去喝咖啡，享受一段轻松时光，那么南欧则能把这种生活的享受当作主业。正如易中天《读城记》里对成都人的评价："他们爱玩，如果一定要工作的话，那么也把工作当成玩。"如今成都也随着中国经济的快速增长，节奏越来越快。而南欧则一直停留在慢节奏的世界。同为南欧的意大利，还诞生了世界慢城组织。而葡萄牙第二大城市波尔图，作为大航海时的国际贸易重镇，如今仿佛被世界所遗忘。在这

里，下午茶能喝一整个下午，街上的汽车从不会抢路，行人都在慢悠悠
地逛街，连售货员也会一边收款一边和别的熟人聊天。哪怕是经济危机
中，这种悠闲惬意、享受当下的生活态度，依然没有受到太大影响。人
们还是酒照喝，舞照跳。

　　在这样的氛围中，即便是来自异国，再忙碌的人也会停下来，学着
像本地人那样慵懒地享受生活，获取片刻的平静。在其他景点步履匆匆
的喧嚣游客，也放慢了举起相机的节奏，开始漫无目的地散步。许多人
坐在河边的座椅上，读着平日里难得阅读的书籍。几个小孩子坐在河
沿，眺望着对岸，仿佛憧憬着人生的彼岸。十几岁的少年们，一边在河
上划着皮划艇，一边嬉戏打闹。我想起多年前的校园民谣《一个文科生
的下午》，所唱的或许就是这样的环境下的场景。而刚才的阵雨，更像是
舒国治《理想的下午》中描写的那样："理想的下午被他这样的理想的闲

人遇上，然后有理想的雨滴，恰好落在他的头上。"

相比之下，我们走得太快了。两位数的经济增长率和日新月异的城市建设，早已将我们卷入了现代化和全球化的快车道而不能自拔。我想起中学放学时，一位同学拉着我在楼梯拐角处停下来，让我等着匆匆的人流走过再下楼梯。当时他引用列宁的话说："会休息的人，才会工作。"而那之后的日子里，我们却都脚步匆匆地随着人流你追我赶，初中、高中、大学、研究生、工作……一路忙碌，再也停不下来。每个人都在生活的洪流中无能为力地随波逐流。

而杜罗河畔则展现着生活的另一种可能。城市规划学者彼得·霍尔的一本书叫《更好的城市：寻找欧洲失落的城市生活艺术》（*Good Cities，Better Lives：How Europe Discovered the Lost Art of Urbanism*）。如果说旧日的城市时光是个美人，那么在杜罗河畔，她则从来没有离开过。正如那穿越历史的老城，杯中的葡萄美酒，口口相传的诗歌。

在傍晚夕阳下的铁桥上，有孩子们排着队跳入河水中。每一次入水，都激起河面浪花无数，更会激起岸上围观人群的欢呼声。或许我们老去时回顾这一生，记忆都是由这样的精彩瞬间所组成的，正如葡萄牙诗人佩索阿所言："我们活过的刹那，前后皆是暗夜。"

而杜罗河畔的那个下午，就是这样的刹那。

酒吧里的都柏林

　　叶芝的诗、乔伊斯的小说、贝克特的戏剧，U2、西城男孩和恩雅的歌声，爱尔兰就是这样一个文艺的国度：从过去到现在，永远是游吟诗人的故乡。而爱岛首都都柏林，则集中了爱尔兰文艺范儿的精华，是文艺青年的朝圣之地。如果把城市比作人的话，都柏林就是城市中的文艺青年。它出现在电影《曾经》里，出现在U2的诸多MV里，出现在凯尔特女人（Celtic Woman）的歌声里，每一处公园和街角都散发着挥之不去的文艺味道。不像纽约那样大众通俗，也不像伦敦那么深刻冷峻，它在海角孤岛大放异彩地展现着说不清道不明，却又让人过目难忘的独特魅力。对文艺青年来说，这座城市的酒吧，就是跨越世纪的精神鸦片。

　　爱尔兰有一句流传甚广的说法，"Too young to die. Too drunk to live."饮酒是这个国家的天性，酒吧则是这个民族的乐土。任何一个来到这个欧洲边缘蕞尔小国的人，都多少了解到这种酒吧文化。当你和一个爱尔兰人谈到泡吧时，他们都会说："是的，爱尔兰人离不开酒吧，谁都知道这些。"

　　弗洛伊德曾经这么评价这个民族："这是个无法用精神分析来考察的民族。"或许他是对的，平日里的爱尔兰人就像那曲折离奇的爱尔兰口音一样，令人难懂。可是，如果进入酒吧，一杯黑啤下肚，他们便会完全地露出简单的特性。不像日耳曼人那么精于科学，不如法兰西人那样长于浪漫，这个民族就像一个平民化的浪子，飘零于天涯，辗转于一个个酒馆，用诗歌和音乐来表达自己草根的文艺情怀。

　　是啊，这个欧洲信仰天主教人口比例最高的国家，却是长期被上帝所遗忘的角落。大西洋边缘的小岛，曾经承受了过多不幸。尘封的历史书卷，记录的多是过于厚重的苦难。曾经是向欧洲大陆传播天主教的基地，却被北欧的维京海盗付之一炬；然后是英格兰人旷日持久的压制。宗教的压抑、异族的统治、天灾和人祸、生活的潦倒，大量的爱尔兰人飘落世界各地。而那些在小岛上生生不息的人们，则把生活的苦楚酿成醇厚的啤酒，一干而尽，在酒精的魔力下获得些许迷幻的自由。

就是在一个个这样的酒吧里，叶芝为心爱的姑娘写作情诗，贝克特构思出绝妙的戏剧情节，乔伊斯则在氤氲的氛围中进行着意识流的体验。同样的，U2在这里开始了从独立摇滚到政治问题的探讨，戴米恩·莱斯（Damien Rice）则从酒吧驻唱开始了自己的演艺之路。从某个酒吧的窗口望去，那个皱眉凝思的女子，未必不是一位隐姓埋名的诗人，那个弹着吉他的小伙，或许是下一个詹姆斯·布伦特（James Blunt）那样的歌手。

神庙酒吧区是都柏林文艺生活的核心区域（不仅仅是夜生活），也是爱尔兰酒吧文化的精华所在。这不是一家酒吧，而是一大片酒吧区，还有许多艺术画廊，往来的游客熙熙攘攘。大多数酒吧白天都关门了，但这里的酒吧依然人声鼎沸。路边有许多街头艺人和歌手在表演。而U2、戴米恩·莱斯等歌手成名前也都有在这里表演的经历。大多数酒吧里面也都有艺人的现场表演，正如爱尔兰的说法，"非现场表现的音乐不是音乐"。

神庙街区随处可见有着数百年历史的酒吧。尽管在性质上这里和上海新天地以及北京后海类似，但是作为历史延续下来的酒吧街区，这里的一砖一瓦更在啤酒的浸泡下彰显出历史的厚重。各家店面外，都是张扬自家特色的装饰和绘画，窗口也摆满了艳丽的花朵。而屋里吧台边，永远不乏俏皮的酒保和赊账讨酒的酒鬼。众多在街边演唱的艺人，将各种音乐的声音注入城市的耳朵，混响出一曲新世纪的凯尔特音乐，回声中不乏波诺的高亢和恩雅的悠远。

在神庙酒吧区的一条小巷子里，有着最著名的名人墙。上面的音乐人包括U2、西尼德·奥康纳、罗里·加拉格尔、瘦李奇（Thin Lizzy）、低调乐队（the Undertones）等诸多大牌。左上角最大的那个，当然是名气最大的U2。当问到为什么没有男孩地带时，那个给我们当导游的女生说："本来是要再建造一个有着比较新的明星的墙的。"说到这个组合主唱的不幸去世，这个在爱尔兰学习历史的德国姑娘低下了头，不无感伤。

尽管酒吧文化绝非爱尔兰小岛的专利，但是许多欧洲人还是震惊于这里对于酒吧的痴迷。一个意大利人曾经告诉我，社交在意大利有多种形式，简单的社交在广场上就可以进行，但是在这里只有去酒吧一种方式。"或许是外面的天气太糟糕了。"一般说来，这个理由可以成为所有

人的共识。叶芝说,"我只记得阳光灿烂的日子。"对于这个一年至少有三分之二的时间处于阴雨天的国度,人们不得不放弃对好天气的祈祷,而纷纷躲进城里或乡间的小酒馆里,借酒消愁。屋外,阴沉的天空和绵绵的细雨,是不堪回首的灰色;屋内则是热情洋溢的彩色。人们告别室外阴郁的呆板,露出热情、幽默的一面。侃侃而谈的,是《凯尔特的薄暮》般的西部神话;随着音乐起舞的人们,则让《大河之舞》走向了世界。

作为这个国家的首都,都柏林是爱尔兰酒鬼形象的典型代表。虽然根据这里的城市规划,酒吧的密度和区域都是有严格限制的。不过这个百万人口的城市,最多的时候仍有3000余个酒吧。无论是市中心的商业区,或者是郊区的中产阶级社区,你不一定能在步行的范围内找到商店,但一定能找到酒吧。酒吧大小不一,但都具有爱尔兰特色。在乔伊斯笔下,从20世纪二三十年代起,市民就沉浸于这种酒吧文化之中。在经历了国家独立、经济发展以及金融危机的近百年后,爱尔兰相比过去产生了天翻地覆的变化,只有这种酒吧文化依旧根深蒂固,未曾改变。在这里,很少有人能读懂《尤利西斯》晦涩的叙述,但对于那个主人公在玄幻的二十四小时走过的酒吧,很多人都可以娓娓道来。虽然经历了英国数百年的殖民统治,但是这里绝没有不列颠王国那样的清高与孤傲。这里的酒吧文化和绅士规则无关,它从草根阶层发芽,吸收浓郁的黑啤的营养,在盖尔语的喋喋不休下茁壮成长。

1759年,一位叫吉尼斯(Guinness)的爱尔兰人在都柏林开创了吉尼斯这个啤酒品牌。他不曾想到,后来人们纷纷一边喝着吉尼斯黑啤,一边为一些离奇的事情打赌。吉尼斯世界纪录因此而来,以至于在很多地方提到吉尼斯,人们都会想到那个总部位于伦敦的世界纪录而非都柏林的黑啤了。这实在是个诙谐的注脚,却也反映了酒吧的幽默特质。来自西部荒野的燕麦和黑麦,经历了工业化的城市的发酵,将阴郁的天气和沉重的历史浓缩于酒精之中,让人无法拒绝,继而沉迷上瘾。吉尼斯黑啤,成为都柏林绝佳的标志,深深地烙在爱尔兰人心间。

吉尼斯啤酒厂如今依旧是游客必访的地方。酒厂的一部分,建成了啤酒展览馆,展示生产啤酒的全过程工艺。但是最值得一提的,还是在最高一层的可以360度俯瞰全城的酒吧。这个酒吧应当是逛这个展览馆的最后一站，到这里的时候，可以凭门票喝一杯健力士啤酒。酒吧的外墙全部是透明玻璃，最特别的是玻璃墙上都写满了詹姆斯·乔伊斯的文字。你可以想象一下，一边喝着爱尔兰最地道的黑啤，一边透过玻璃墙远眺的感受。此时玻璃上的文学名句也和远方的城市融为一体。

与都柏林不同，爱尔兰南方的城市科克，则少了些许冷峻的面容，多了些欢快的神色。科克人不中意吉尼斯，而钟情于墨菲（Murphy's）和史密斯威克（Smithwick's）。这里的很多酒吧，以传统的爱尔兰音乐现场表演为特色。几个乐者围坐在一起，演绎着数百年来伴随这个民族流离失所的音乐。其中有一种音乐是极为欢快的，让人们不由自主地舞动起来。是的，那便是我们所熟知的《泰坦尼克号》中的音乐。当年，从北爱尔兰的贝尔法斯特出发的泰坦尼克号，最后告别爱尔兰的一站便是科克。成千上万的爱尔兰农民，告别了眷恋的乡土，在生活的重压之下奔向新大陆。他们住在条件恶劣的下等舱，却又不忘随时跟着爱尔兰风笛的音乐而起舞。你看，那两位臂膊交错、舞动在一起的青年，是否是曾经的Jack和Rose？

在这个酒吧文化及其发达的城市，夜色下，青年们在一家家酒吧中将荷尔蒙和力比多在酒精的催化下一起释放。串酒吧是这种文化下的特色活动，就是大家在一个酒吧集合，然后一个接一个的酒吧串下去，最后以喝醉或者在一个夜店狂舞结束。非常随性，也是游客融入本地，参入社交的方式。社交和酒，在这个城市，从来就没有真正分开过。

酒吧在这里既是社交的中心，也是精神文化生活的中心，甚至是政治斗争的中心。长期困惑于民族、国家、宗教的问题，爱尔兰人在用酒精麻醉自己的苦闷的同时，也历练出了侃侃而谈的爱尔兰式英语技巧。正向他们所说的那样，英国征服了爱尔兰人，爱尔兰人却征服了英语世界。从19世纪末开始，这个人口长期不足四百万的小国，成了英语文学的重镇，接连出了数位诺贝尔文学奖得主。杜克大街的杜克酒吧，至今仍有专业的演员，能连续背诵数个小时萧伯纳和王尔德等人的诗歌和戏剧台词。

正如荣格所说，文化最终沉淀为人格。爱尔兰的酒吧文化，深深地影响着一代代人。这里的酒吧,永远都挤满了男女老少各色人等。从清秀的姑娘,到邋遢的醉汉。除了因不满十八岁而被拒之门外的少年,你可以在这里看到形形色色的人们。教堂和酒吧,是这个国家最多的两类设施,但后者更让人流连忘返。朋友相聚、恋人约会,以致一般的家庭夜生活,都会在酒吧里展开。哪怕是一个普通的家庭聚会,最终也会以人们离开家后到一个酒吧喝几杯而收场。各种旅行手册都会建议所有的游客,都到这里的酒吧亲身体会一下爱尔兰精神的内核。

据说历史上人们在酒吧中一度沉醉的主题是政治辩论、决斗和享乐。在远离了战争喧嚣的和平年代,只有后者才是延续下来的主题。现在这里有相当多的酒吧,是夜店和酒吧的合体,这也是爱尔兰酒吧独具的特色。不用像夜店那样买门票,直接进入这样的酒吧,便可以将酒精燃烧出动力,把精力挥洒到肢体。酒桌的边上有着舞池,青年男女云集于此,随着震耳欲聋的劲爆音乐扭动着青春的身体。在这个年轻人的国度,每到周末,各个城市的市中心酒吧都会爆满。而这些被年轻人主导的现代酒吧,门前会排起长队,在夜色中那些不再忧伤的年轻人,无不渴望着《美国派》和《皮囊》般的一夜疯狂。

随着深夜两点半关门,绝大多数的夜生活会在此结束。人们会披上大衣,戴上帽子,在细雨中缓缓上路,此刻的街道逐渐趋于沉寂,人们在告别中期待着下次的相遇。千百年来,这里的酒有如雨水延绵不绝。围绕着酒吧轮回的日日夜夜,记录下的是爱尔兰人不变的哀愁。

都柏林码头区：一个文艺城市的兴衰

爱尔兰是个文艺的国度，在其首都城市都柏林，港口区（Dublin Docklands）虽然未能留存什么历史遗迹，但却是城市近现代历史变迁的缩影。

利菲河将都柏林市区一分为二，横跨利菲河两岸的都柏林港口区，是其入海口区域。这片520公顷的港口区，在近两三百年的城市发展史中占有重要地位。和其他诸多旅游景点不同，这个地方对游客来说比较陌生——除了摇滚乐队U2的一些粉丝，会前来朝圣乐队留下的痕迹。

港区发展

都柏林一直是整个爱尔兰岛最大的城市，以及政治、文化和经济中心。在乔治王朝时期（1714—1830年），大不列颠开始成为日不落帝国，当时被英王统治的都柏林，成为大不列颠的第二大城市，也迎来城市的繁荣期。当时都柏林的工业开始起步，和不列颠岛上的曼彻斯特、伯明翰、利物浦并无二致。作为城市出海口的都柏林港口区，先是在港口航运领域获得巨大发展，尔后造船修船、仓储物流、府绸和丝绸纺织以及

大饥荒移民雕塑

其他一些制造业也在此发展起来。

随着原本位于老城区的纺织工业转移而来，以及火车站的建设，大量人口开始集聚于此。这一时期，港口地区兴建了大量工人居住区和商业区。产业的兴起，为城市这一片区带来了初步繁荣。

但1845—1848年那场闻名世界的大饥荒（Great Famine），却给爱尔兰以及都柏林市带来巨大的打击。整个国家有上百万人被饥荒夺去了生命，也有上百万人背井离乡，移民北美。城市经济长期萎靡，刚起步的工业也一蹶不振。在这一时期，成千上万的爱尔兰人因饥荒从都柏林港口区乘船远走海外，港口记录了一部移民的血泪史。如今，港口区的一些雕塑刻画出绝望的逃避饥荒的移民们，为当代人讲述着历史上悲情岁月。

此后，都柏林尽管不断涌现出诸多作家，在英语文学上独领风骚，但城市经济发展却一蹶不振。被英格兰和苏格兰的现代工业城市抛在了后面。事实上，自19世纪中后期以来，爱尔兰在英语国家中，就是贫困潦倒的代名词。尽管国家于"一战"后开始独立，"二战"后脱离英联邦，但国民经济一直没有大的起色，并一直处于强大的英国的阴影之下。

走向衰败

经济长期增长缓慢，港区自然没有像海对岸的利物浦的港口那样，获得持续性的繁荣。虽然爱尔兰没有受到"二战"波及，但其经济也一直没得到振兴。特别是对都柏林港口区来说，从20世纪50年代开始，集装箱货运和滚装船的大规模使用，使得港口区的仓储需求大量减少，港口区经济大幅衰退。在爱尔兰于1973年加入欧共体之后，许多本土工厂外迁，港口区工厂大量关门。80年代，政府又推出鼓励工业在都柏林市区之外发展的政策，工业郊区化进一步带走了港区的企业。尽管还有个别公司通过港口区运输货物和原材料，但提供给港口区的工作机会越来越少了。

经济衰退伴随着城市环境的恶化。历史上，港口区一直聚集大量码头工人和产业工人，从而被视为贫民区。由于城市市政设施的发展滞后，直到"一战"后，都柏林市的污水还是直接排入利菲河，下游的港口区弥漫着生活污水和工业废水的恶臭。当时港口区有很多建于19世纪的低质量、廉价的房子，形成了拥挤不堪的工人社区。"二战"后，和20世纪50年代的纽约一样，都柏林市在此开展了贫民窟清理运动。但清理运动实际加剧了区域的衰退，很多房子被拆除和破坏，却没有进行新的开发。事实上，和美国、英国的郊区化类似，都柏林市早于30年代，就开始鼓励市民在郊区居住。产业衰败和郊区化，导致港口区人口数量从20世纪初到80年代减少了一半。

更严重的是，整个国家的经济发展长期停滞。在20世纪80年代，英国凭借撒切尔夫人的新自由主义经济政策，开始走出经济衰退。而爱尔兰依旧徘徊在低增长的漩涡里。当时，爱尔兰和葡萄牙、希腊等国，长期并列欧共体最穷的几个国家。直到80年代，都柏林港口区，还和英格兰五六十年代很多陷入衰退的港口区一样，充斥着灰暗、阴霾的氛围。再加上爱尔兰本身就是阴雨连绵的国度，那种阴郁的感觉不言自明。

或许是"国家不幸诗家幸"，又或许是爱尔兰人血液里的文艺基因起了作用。这一时期，都柏林出现了不少知名音乐人。废弃的码头仓库为许多艺术人士提供了廉价的工作场地。U2就是最知名的代表。这个乐队成立于1976年，于80年代迅速蹿红。乐队当时租用了港口区廉价的废弃仓库作为排练场地。U2那个时期的作品，有一部分反映了港区的灰暗。在*Pride*那首歌的MV开头，是都柏林港口灰暗的天际。海鸥在风中掠过，穿风衣的中年男子在雀斑男孩身边疾步穿行。这种颓废衰败的感觉使人震撼。

复兴之路

没有人能想到，一直是西欧最不发达国家的爱尔兰，在90年代迎来了经济的突飞猛进。爱尔兰凭借和美国的密切渊源（几千万美国人是爱尔兰人后裔，其中不乏从都柏林港口区离开爱尔兰的祖先），抓住了信息技术新经济的机遇，利用低税收的政策，大量吸引外国（主要是美国）资本进入，大力发展软件业。美国许多IT公司如微软、Facebook等都把欧洲区总部设在都柏林。到了90年代后期，爱尔兰的软件出口额已达到世界第一，国民经济持续腾飞。整个90年代国家GDP年均增长7%，其中1995—2000年甚至高达9.4%。对前些年长期两位数GDP增长的中国来说，这样的数据可能不算什么，但对西方发达国家来说，这简直令人瞠目结舌。爱尔兰的经济奇迹被称为"凯尔特虎（Celtic Tiger）"，经济发展水平一跃成为欧盟的顶尖。都柏林市的物价水平几乎和伦敦持平。

一时间，都柏林市迎来了前所未有的城市繁荣。基于雄厚的经济基础，港口区也开始了华丽转型，成为旧城复兴的典范。1986年海关大楼码头区更新法案，是第一个针对衰败地区更新提升的规划。但直到90年代中后期，都柏林港口区发展局（Dublin Docklands Development Authority，DDDA）成立后，才通过一系列激励政策和规划，真正使港口区走上了振兴之路。

进入新世纪，都柏林港口区发展局分别于2003年、2008年推出两版总体规划，有效指导了港口区转型发展。2008年的规划，分别对此后十年港口区内的社会更新、经济发展、土地利用、交通和基础设施、城市设计、艺术、文化旅游和休闲等几大方面进行了全面的部署。同时，港口区的发展战略并未把产业转型和经济发展放在首位，而是把核心目标留给了当地社区，认为最重要的是提高社区居民生活质量。

同时，都柏林港口发展局制定了针对港口区的城市设计导则，分别对街景、商店和标识以及娱乐空间进行了设计指导。通过场所的统一设计，塑造独特的风貌。高质量的城市设计强调多样性、弹性和可持续的建成环境，最终形成特色鲜明、充满活力的个性化港口区。

国际资本的涌入，国家政策的推动，创造了国际性的城市空间，正如列斐伏尔的空间生产理论揭示的那样。场所营造的港口区环境，与本地的文脉越走越远，但客观上却帮助了都柏林老城完好保留了19世纪的风貌。

承载城市新兴功能的空间，都集中在港口区。当年货运码头区荒废的仓库和厂房，成为高级公寓、咖啡馆和特色餐厅。国际化社区、SOHO、高档写字楼、购物中心等，如雨后春笋般出现在此。各类文化活动和先锋艺术在此集聚。企业总部、艺术家、自由职业者入驻，也吸引了大量当地白领及国际游客。由此，这里成为典型的缙绅化地区，城

码头区今日

市的文化气质随之转变。这一时期，本地原创音乐由浓缩了昔日蓝领工人愤怒的摇滚乐，变为新世纪白领的电子、都市风格的流行乐。

在新世纪头十年，大量后现代主义的地标建筑涌现，国家会议中心、大运河剧院、O2竞技场，等等。著名的本地和国际的建筑师也通过它们获得大奖。西班牙建筑师圣地亚哥·卡拉特拉瓦设计的可旋转的桥，以爱尔兰作家贝克特命名（Samuel Beckett Bridge）。著名景观设计师玛莎·施瓦茨设计的大运河广场（Grand Canal Square）也成了人们休闲活动的去处。红色的柱子和地面铺装，与绿色的草坪形成强烈的视觉冲击，和当年同在这个广场上拍摄的U2唱片*October*的封面色调截然不同。

这样一个经济快速发展的发达国家，也同样犯过中国城市大拆大建的错误。比如，港口区在旧城改造的过程中，把U2当年排练的仓库拆掉了，这让世界各地前来膜拜的歌迷们叹息不已。

危机来临

或许是经济增长太快，爱尔兰尚未形成完善的产业和金融体系，经济增长也过于依赖国际资本。2008年的金融危机，给爱尔兰经济带来沉重打击。随后全球经济衰退，欧债危机爆发，最先出现严重财政赤字的就是希腊和爱尔兰。2010年，爱尔兰财政赤字比例占经济总量30%以上，不得不向欧盟和国际货币基金寻求救援。

随着经济连年陷入衰退，部分银行倒闭，建设资金严重不足。在这一情况下，港口区许多建设项目停工，甚至出现烂尾楼。其中最著名的还是U2塔。早些年，U2乐队雄心勃勃要在港口区的利菲河入海口处建一个醒目的地标性建筑——U2塔。这栋高层建筑顶层是乐队的工作室，其余部分为办公、饭店、商场和公寓。英国的福斯特事务所赢得了U2塔设计的国际竞赛，轰动一时。福斯特在河口地区设计了一个极具视觉冲击力的塔楼，希望其成为港区最高的建筑以及荣耀的象征。但由于经济衰退、资金不足，该项目被迫停工，成了港口区乃至整个爱尔兰经济停滞的象征。

一时间，港区前些年开发的大量写字楼和SOHO，空置率相当高，空荡荡的楼宇外挂着出租的牌子。商业街区也缺乏人气，显得有些落寞。

寻找未来

好在经济上的坏运气并未持续太久。爱尔兰这两年来通过经济结构调整，借助美国强劲复苏的带动，在"欧猪五国"中率先实现了经济增长和贸易盈余，国民经济正在缓慢恢复。尽管目前港口区的建设尚无大的起色，但经济恢复依然给港区带来些许希望。

从港口区跨越三个世纪的兴衰史中，可以充分看出，空间并非仅仅由建筑学塑造，其背后深层次逻辑是政治和经济。码头区的建筑、功能、业态、空间结构、景观风貌乃至文化气质，都深受大的宏观形势影响。国际资本对城市的注入，深刻地雕塑着城市形态。在全球经济一体化大潮下，一个城市片区的兴衰和宏观经济形势息息相关。微观的建筑和景观，也折射着宏大的社会性叙事。

港口区的兴衰也是爱尔兰文化历史的写照。对这个历史上经历了诸多苦难和波折的文艺国度来说，港口区明天又将会去何方？前景并不明朗，道路依旧曲折，一切都要求诸于城市的自我探索。或许现在的判断，都会湮灭在随海风掠过的U2的歌声里："But I...still haven't found what I'm looking for……"

毕包记事：那座城池

在罗马机场候机室迷迷糊糊地睡到黎明，又在廉价航空上继续睡了两三个小时之后，我到达了这座尚未成为热门旅游目的地的城市。下飞机后进入机场，昏昏沉沉的大脑就强烈地感受到"建筑诗人"圣地亚哥·卡拉特拉瓦带给这里的设计风格：白色混凝土、流动的造型、重复的元素和创造性的结构。如果在网上搜索他的建筑作品，无一不展现出这种强烈的个人风格。

毕尔巴鄂是西班牙第六大城市、第三大港口，也是巴斯克自治地区的经济和文化中心（地区首府在维多利亚市）。巴斯克语是一种难以界定语系的语言，谁也说不清它是哪里起源的。因此，这种奇怪的、和英语没有任何相似性的语言，让国际访客对这里无所适从。好不容易搭上了开往市区的大巴，这陌生感却一直如影随形。直到汽车开过毕尔巴鄂河进入市区的时候，映入眼帘的古根海姆博物馆才提醒人们，那个让建筑师和城市规划师耳熟能详的毕尔巴鄂，终于到了。

在西班牙北部偏居一隅的毕尔巴鄂，远没有巴塞罗那、马德里和南部安达卢西亚省的古城们能吸引游客的目光。但是这里的一系列后现代主义建筑，和通过设计带动城市振兴的发展历程，都让这里成为建筑师和规划师们津津乐道的案例。这座始建于14世纪的港口城市，最早是与称雄海上的西班牙帝国的命运紧密联系在一起的。西班牙的国际贸易和对美洲的殖民，直接把这座港城推向了世界。而随着西班牙殖民帝国被日不落帝国取代，城市也逐渐衰落。到了19世纪工业革命时期，城市因出产铁矿而再次振兴，逐渐成为西班牙重要的工业城市，城市的钢铁、化工、造船和电子产业都在全国占有举足轻重的地位。但是"二战"后随着欧洲去工业化的历程，城市再次衰落。20世纪80年代的一场大洪水，严重损毁了这里的老城区，让整个城市更加雪上加霜。从八十年代末九十年代初开始的，一场轰轰烈烈的城市复兴工程，让这里得以涅槃重生：以文化、艺术创意为核心的产业，引领城市经济的转型，重新为城市注入了活力。弗兰克·盖里设计的古根海姆博物馆，是这场城市振兴运动的先锋，其建成吸引了大量艺术家、游客和商人，为城市持续增加了人气和活力。"古根海姆效应"也成为城市规划领域的经典案例。

不过与一般人不同，我最早认识这座城市，是因为西甲的缘故。对于球迷来说，欧洲很多球队实际上对球迷们做了城市的启蒙教育：球队的名字往往就是城市的名字。在多年后，当我身为游客造访这里的时候，电视转播比赛中耳熟能详的城市就在眼前，这给人一种特殊的亲切感。因为游客相对不多，漫步在城市的街道，大可以本地人的视角来看这座城市，感受城市各处细节的迷人魅力。

从古根海姆博物馆一路向南，穿过一些现代化的高层建筑，就会在毕尔巴鄂的新城区中找到毕尔巴鄂竞技队的主场，圣马梅斯球场（Estadio San Mamés）。出于巴斯克人强烈的自豪感，毕尔巴鄂竞技队直到现在都在固执地坚持传统：绝对不用非巴斯克人球员。因此在转会市

场上他们只卖不买，一直没有外援。球队完全只依靠自己的青训来培养
球员。这只被称为"巴斯克雄狮"的球队，甚至在2008年之前从来不在
球衣上做任何广告。这样完全自给自足的反商业化球队，还能长期立足
于竞争激烈的西甲联赛，不能不说是个奇迹。不过对于其他地区的球队
来说，这里的主场是极其恐怖的。那些极端热爱自己民族的球迷们，往
往把这里变成客队的坟墓。

　　这里所谓新城，其实也没有我们的新城那般崭新，各个街区大多建
设于20世纪的不同年代。规整而紧凑的街道，充斥着浓郁的生活气息；
路边的行道树和花坛、爬满藤类植物的公园栏杆，让人感受到那些中国
城市曾经拥有，却又失去的生活氛围，不得不感慨旧时光是个美人。城
市的名字，Bilbao的发音类似汉语的"毕包"，出现在各种广告牌、路标
和公车上的城市标志，在人脑海中挥之不去。尽管如今有大量外来人口

毕尔巴鄂老城区的高密度

涌入，这里变得更加国际化和多元化，但说着巴斯克语的巴斯克人，依然一如既往地以这里的个性气质为傲。

新城区如今成了艺术与建筑的博物馆，各种先锋建筑、雕塑小品、艺术家工作室云集于此。来自世界各地的艺术家们，把这里打造成了一个开放式的艺术实验室，城区就像是一个超大型的"798"。几年前建成的卡拉特拉瓦的"白桥"，正对着日本建筑大师矶崎新的塔楼。这曾引起了当地居民的一些抗议，他们认为这是两种不同风格的建筑，放在一起会显得不协调。所以不要轻易忽悠如今的毕尔巴鄂人，他们不再是当年的巴斯克矿工，他们是懂得建筑和设计的。

从毕尔巴鄂河的西岸来到东岸，仿佛逆着城市的文艺复兴之路，穿越回旧日辉煌的历史之中。东岸的老城区，让人脑子中首先联想到的一个词语就是：密度。狭窄的街道、两侧紧贴着多层建筑。城区随着地形错落有致地起伏，部分坡道也装上了电梯。居住和商业高度混合，全然是立体城市的样子，恍惚中让人联想到香港和重庆。

老城区随处可见大量的南美移民，特别是有着印第安血统的印欧混血人，从人种外貌上，提醒着你国际化的变迁。正如德国的土耳其人、英国的加勒比黑人和印巴人、法国的北非阿拉伯人和非洲黑人一样，近年来大量拉美移民来到西班牙。据统计，目前西班牙10%的人口是出生在西班牙之外的外来移民，其中绝大多数是拉美人。与葡萄牙殖民的巴西不同，拉美的西语国家大多是印欧混血人。本来就深肤色深发色的南欧人，再被黄种人、印第安人一混，就更像亚洲人了。或许是老城人口密度更高，更能直观地感受到这种人种的混合。历史总是不断地循环，当年从伊比利亚半岛出发的西班牙人，与南美土著混血产生了印欧混血人；他们的后代，再次作为移民，从拉美回流到故土。路过的一家移民们开的超市，名字就叫马丘比丘。我向里面张望，试图捕捉印加帝国的余晖。

毕尔巴鄂竞技队的球衣是红白两色，但是城市的传统颜色是绿色。在老城区的街道一眼望去，窗台两边的窗棂尽是绿色，而屋顶却都是红色。两种颜色对比鲜明，格外彰显出独特的魅力。我所居住的沙发主人的家，就在这样的老房子里。整栋楼都是完好保存下来的19世纪建筑。人们世世代代在这里居住，日新月异的生活和不变的城市风貌，让人再

次体会到旧时光的亲和力。

最后一天，我来到毕尔巴鄂河北岸的高地俯瞰全城。从山下乘坐轨道车，穿过当年产业工人居住的社区后，可直达山顶。站在山上的观景台，这座依山傍水的城市尽收眼底。历史隔河对话，两岸老城新城建筑对比鲜明，但又在体量与风格上相当和谐。城市的河滨区域，当年是繁忙的码头，如今又展现了各种艺术家的想象力和创造力。他们创造了艺术品和新建筑，又不断地塑造着城市。这座既传统又现代的城市是欧洲少有的日新月异、光彩照人的个性城市。全城多样化的景观风貌，展现了城市的传承与革新。从港口城市、工业城市到文创城市，莎士比亚剧中的"毕尔巴鄂利剑"，到明天又会怎样呢？

这时山上下起了小雨，雨雾中黄色的树叶不断落下，揭醒着人们深秋的来临。一位孤独的老人，在随风落叶的大树下静静地坐着，仿佛周遭的一切和他无关。这场景顿时让我想起荷马说的那句："世代如落叶。"

世代都如落叶，那么我们的城市呢？

毕包记事：沙发冲浪

在毕尔巴鄂，终于在实地结识了巴斯克人。

最早知道巴斯克人，是中学时读到一本关于拜仁慕尼黑足球俱乐部的介绍。里面有一篇对法国球员利扎拉祖的采访。我对那篇文章标题印象很深："巴斯克人，为他自豪"。从此知道了法国南部和西班牙北部有这么一个独特的民族，他们就像利扎拉祖那个小个子左后卫在场上的表现一样：桀骜不驯又无比骄傲。

后来有一次在葡萄牙首都里斯本的青年旅社里，遇到过一个来自巴斯克北部小城圣塞巴斯蒂安的大学教授，同时也是一位周游世界的花花公子。他在向我讲述自己在世界各地的风流史后，突然翻出我的那本《孤独星球》的书，在西班牙地图上找到圣塞巴斯蒂安。然后他告诉我，他来自那个小城市的一所大学。"那是个小城市，但是非常美。"他一本正经地说。

再后来在斯洛伐克的布拉迪斯拉发的青年旅社里，又遇到两个巴斯克青年。他们一直向我抱怨西班牙国内经济形势是多么的不好，他们都要考虑去德国找工作了。但得知我要去西班牙的毕尔巴鄂时，他们显得非常激动，一个劲地说他们那里的好话。末了，他们又郑重其事地说，他们有一个请求，如果我去毕尔巴鄂的话，一定要顺道去圣塞巴斯蒂安逛逛，因为那里有世界上最好的沙滩。

圣塞巴斯蒂安是否有最好的沙滩我不知道，因为我在巴斯克地区匆匆两天的行程都留给了毕尔巴鄂。但是在这里，我深深地感受到了巴斯克人的热情好客和民族自豪感。

玛利亚是我在沙发客网站上早早联系到的沙发主人。由于她白天还要工作，所以我到毕尔巴鄂的第一天，直到晚上才到了她位于老城区的家。刚放下行李，她就和男友何塞拉着我去他们一个朋友新开的酒吧。

"我们是不是先吃点东西再去？"以我的经验，西方去酒吧就是喝酒，很少边吃主食边喝的，而我们都没有吃晚餐。尤其是我，白天步行逛了一天，饿坏了。

"不用，到了酒吧再吃。"

难道这里是和国内的晚餐一样，边吃边喝？我就跟着他们一起去了。在老城区复杂的路网里，走了两步，拐了几个弯，他们忽然钻进了街角的一处酒吧。我发现这里的酒吧和欧洲别处不同，吧台上除了酒，还像自助餐一样摆满了各种小吃，有荤有素，介于糕点和主食之间。经玛利亚和何塞介绍，原来这就是西班牙著名的Tapas。三个人于是各喝了一杯啤酒，也各点了一份Tapas。

不过这个还不够啊，一小份Tapas显然距离我的胃的需求还太远。我正想问何塞是不是再来点，他们突然起身说，"去下一家吧。"我才明白这还不是他们要去的朋友开业的那家酒吧，只是餐前热身。

空腹喝酒，我很快就有点醉了。不知道又经过了几家酒吧，最后夜深的时候，才终于到了他们朋友新开业的酒吧。这个酒吧为了庆祝开业，来的人都能免费喝一杯酒，还有很多免费的西班牙生火腿提供，伊比利亚火腿是西班牙的美食国粹。所以这个酒吧聚集了非常多的人，门口的街道都差点被堵塞了。玛利亚开玩笑说，至少在晚上，看不到任何经济危机对西班牙的影响。而他们也给我介绍了巴斯克地区的独创饮品叫Kalimoto，就是红酒兑可乐。"只有巴斯克地区才有哦！"玛利亚和何塞的言语中不乏自豪感。而我心想，中国人的红酒兑雪碧就被自己人嘲笑为土得掉渣，而他们的红酒兑可乐就能成为特色饮品，欧洲的强势文化就是不一样啊。

玛利亚和她的几个朋友聊天时总是随时做出各种手势动作。我常常想，对于南欧人来说，如果把他们的手捆绑起来，他们大抵就无法交谈了。当我把这个想法告诉玛利亚时，她说："对，当然是这样。不过吗，意大利人更是如此。"说到这里，她接着笑起来手舞足蹈。

玛利亚是土生土长的巴斯克人，具有典型南欧人的性格，外向、乐观、充满激情，说起话来滔滔不绝。而何塞则来自西班牙语区，是本地一个乐队的贝斯手，稀疏的头发留长后系上辫子，艺术范十足。不过他却不是典型南欧人的性格，比较内向、老实。西班牙语是他的母语，和玛利亚在一起之后，他一直在学巴斯克语。但是由于巴斯克语实在是太难学了，于是至今他们也只能用西班牙语交流。

"我现在每周还上两节巴斯克语的课程，"何塞不好意思地挠挠头，"不过太难学了。"

"我知道，巴斯克语是欧洲最奇特的语言，和别的语言都没一点关系。"我说。这个语言的起源困惑了语言学家多年，有人甚至觉得它是由外星人带来的。

尽管两个人性格各异，不过有一点是相同的。虽然他们都三十大几奔四十了，不过却都像孩子一样，简单又充满童心。

玛利亚和何塞的家是老城区19世纪建造的小高层公寓中的一个两室一厅。从狭窄的公寓门进去，搭乘老旧的电梯，如同穿越了时光，然后进入了完全现代化装修的房间。很多欧洲老城的住所都是这样的风格，建筑外立面还是传统的模样，但内部已经完全现代化改造了。他们家是一百五十多年前的建筑了，依旧居住舒适，而且充满了历史的记忆。

两居室中一间是卧室，一间是何塞的音乐工作室。我就在他的工作室打地铺。屋里堆满了各种音响设备和无数的CD。在墙壁的书架上，有两个卡通人物公仔，穿着毕尔巴鄂竞技队的队服。不用问，他们两个自然也是巴斯克雄狮的粉丝。

第二天白天，我照常出去逛。晚上回来时，玛利亚说她要坐半小时火车到另一个小镇上课，学习阿拉伯语。

"为什么学阿拉伯语？"我有点疑惑，因为西班牙北部很少有阿拉伯移民。玛利亚是商业律师，应该也不大会用阿拉伯语和人打交道。

"因为有趣啊，和英语法语什么的都很不一样，所以很有趣，哈哈。"玛利亚手舞足蹈地回答。

"因为有趣"，这个回答似曾相识。我想起在国外认识的一个地理系教授，在回答为什么他们大学的地理系本科生最多的时候，说"因为地理很有趣嘛"。

在欧洲，物质文明的丰富使得人们更多地听从内心的兴趣来做选择，比如选专业和选工作。他们很少会受经济和物质因素的驱动而做某件事。

第二天的晚餐是在他们家吃的。玛利亚回来时拿了订的报纸，正好报纸上有关于何塞他们乐队的报道。玛利亚给我介绍时一脸的自豪，弄得在厨房做菜的何塞都有点不好意思了。不过何塞说："我们还是挺不容易的，这些年一直坚持巴斯克语原创的乐队不多了，但我们还是会坚持下去。"虽然不是巴斯克人，他充满了对巴斯克文化的认同。正是有这样的民族自豪感，才让那么多小民族的文化，在美式文化大行其道的全球化中没有被抹去。让欧洲也因此在文化生态上，一直保持了马赛克拼贴般的丰富多彩。

何塞一直在厨房里安静地准备着晚餐。由于玛利亚今天回来得有点晚，他提前做了饭，准备了一桌子的本地特色饭菜。看着他那平时玩贝斯的双手熟练地伴着厨具跳舞，这个摇滚乐手显然不是大众印象中不食烟火的艺术家，而是一个典型的居家好男人。谁说文艺青年不靠谱呢？

玛利亚接着以一个普通市民的视角，向我介绍了他们如何看待城市里越来越多的后现代主义建筑，以及建筑与文化创意驱动下的城市发展。她的视角与我们从媒体和书籍中看到的毕尔巴鄂城市更新的报道不同，她让我体会到当地那种自下而上的市民参与的感受。

当我说到在他们屋子里发现了阿拉蕾的海报时，她说在青少年时，看了这个动画，后来去日本旅行时就买了这个海报。阿拉蕾是她最喜欢的动漫人物。"阿—拉—蕾"，玛利亚像动画片里的人物一样叫了起来。在这一刻，日本、中国和巴斯克语言的发音都一样了。我们的童年记忆也重叠起来，世界顿时变得很小。

最后一天早上，我早早起床，坐车去马德里。在公寓楼的门口，何塞送给我一张他们的CD。"这是给你的礼物。对了，CD封面上是我们乐队的巴斯克语名字，英语里意思是，玉米。"

"谢谢你的礼物，我想我会再来这里的。"

"祝你有一个漫长的旅途。"何塞继续用不熟练的英语磕磕绊绊地说，不过眼神依旧认真。

后来我听了这个CD里的所有歌曲，每一首都节奏强烈，铿锵有力而又激情四溢。我想如果是巴斯克人来听，一定会认为是极好的。

蒙特利尔：单语城市

　　从蒙特利尔长途车站一出来，我顿时就感受到了欧洲的感觉。之前的五六个小时，我都坐在从多伦多到蒙特利尔的灰狗巴士上。一路上窗外风景变换并不大，只是过了安大略省的边界后，路边的法语标示便多了起来。

　　在这座城市中，路边指示牌只有法语、商店的标识只有法语，地铁上的广播也只有法语。和来之前了解的不同，这个城市不再是一个真正意义上的双语城市，而成了单语城市。我的沙发主人是个来自魁北克城、就读于一所法语授课大学的学生。另一位沙发客是来自比利时的瓦隆人，同样是说法语者。和沙发主人合租的室友，则是一位来自巴西但却以法语为第一外语的人。她很热情，但是英语能力有限，所以只能比画着交流。

　　语言是城市文化的核心问题。从全球范围来看，法语地区向来是反英语的先锋。在北美，有着数百万法国后裔的魁北克，孤零零地淹没在三亿多人口的英语区的海洋中。出于极其强烈的自我意识，魁北克异常

坚守法语文化传统，使其不被英语海洋吞没。事实上，说到世界上最大的法语城市，几乎所有人都知道是巴黎；但第二大法语城市在哪，许多人就猜不到了，那就是大西洋另一边的加拿大蒙特利尔。

这个城市的法语者和英语者的斗争，长期以来一直是城市发展和变革的主线。或许只有这里的冰球队，才能团结起来这两类完全不相容的人群。作为北美的异类，魁北克一直以来有着浓厚的法语和天主教的文化根基。经过魁北克分离主义者的不懈努力，法语者最终主导了1960年代魁北克省的政局。代表魁北克法国后裔的执政党上台，在20世纪六七十年代颁布了一系列保障法语的法律和条例，将以曾经英法双语为主导的城市，转变为了以法语为主导的城市。这也导致了随后大量作为城市精英的英语人口和许多跨国公司总部的外迁，其中大多数都是去了多伦多。尽管在六七十年代蒙特利尔因为一系列大事件而在国际上名声大噪，但因为英语人口外流，它还是逐渐失去了在加拿大的经济中心地位。1976年，多伦多取代蒙特利尔，成为加拿大第一大城市，而那一年正是蒙特利尔奥运会举办之际。

留下的人，都接受了这里作为单语城市的现实，除了少量的英语人口和国际留学生，他们大多在麦吉尔大学这个英语学校。而在更多的地方，在以前五个人一起谈话，如果其中有三个英语者和两个法语者，大家就一起讲英语。而现在，哪怕五个人中只有一个法语者，大家也一起说法语。

好在讲法语的魁北克人，完全没有法国人那么高傲与冷漠。他们大多热情、开朗。旅行指南《孤独星球》上说，魁北克省有40%的人或多或少有爱尔兰血统，我想或许是当年的爱尔兰移民把活泼的基因带到了这里。

但是对本地人来说，他们的自我认同也异常坚定。正如我的沙发主觉得自己不是加拿大人，也和法国人没关系，认为自己只是魁北克人。这和我见过的加泰罗尼亚人类似。因此如果你在国外见到一个英语不好，但又拿加拿大护照的人，那么他不是新移民就是魁北克人。在历史上，魁北克省也经历了两次公投要求独立，结果却和2014年的苏格兰独立公投一样，惊险地差一点成功。尽管魁北克省开放了移民政策，大量世界各地的移民涌入这个城市，但这里的移民条件最看重的还是法语能力，以及对法兰西文化的认同。在沙发主人家，我住在她的一个华裔室友的屋子里，他在墙上挂的一张画表达了这个移民二代的态度。画上面是一个小人配着"I don't speak Chinese"的文字。在一个法语的城市里，一个移民用英语表达着自己对汉语的态度，多少有些奇异。

除了文化，这里的城市空间也让人感受到了欧洲的氛围，因为这与北美那种在车轮上的城市完全不同。《孤独星球》上说这是加拿大最可持续发展的城市，超过80%的人使用公共交通通勤。整个城市紧凑密集，尺度宜人，也保留了大面积的老城。在加拿大这个年轻的国家里，蒙特利尔在风貌上就与众不同。

在这个城市里，依然遍布大面积的传统居民区。这里大多是近百年前涌入这座工业城市的工人的住房。当时劳工激增、住房紧缺，产生了这样的2~4层的紧凑布局的公寓屋。为了节省室内空间，铁制楼梯被安在公寓楼之外，被住独栋别墅的上流社会鄙视为"室外脚手架"。但是这样的楼梯却形成了独特的风格。各式各样扭曲的室外楼梯，代表了非正统的建筑美学，甚至成为城市的标志性景观。同时楼梯也是邻居之间独特的交往空间。不过这样的公寓屋，因为建筑材料的问题，隔声效果不太好。我刚住这里的第一天，在上楼梯时，邻居就探出头来，让我走路小声点。当然他首先问了我一句"Do you speak English?"语言，依旧是这里的首要问题。

我在蒙特利尔老城的纪念品店，买了一件用法语写着"我爱蒙特利尔"的T恤。后来在国内，一位地理系毕业的同事看到我穿的这件T恤就告诉我，蒙特利尔是他最早知道的加拿大城市。我想这或许是地理系学生具有丰富专业知识的缘故。事实上，如今的中国人移民潮，大大提升了多伦多、温哥华这些加拿大城市在国内的知名度。而蒙特利尔对于世界上大多数更认同英语文化的国家来说，逐渐远离舞台中央。

但蒙特利尔人或许不这么认为。20世纪六七十年代，魁北克独立运动和法语运动抬头之际，正是这个城市最辉煌的时刻。1967年的蒙特利尔世博会，建成了大量的乌托邦式先锋建筑。它们大胆前卫，是未来主义城市的象征，在加拿大乃至世界的城市建设史上有着深远的影响。作为世博会美国馆的水晶球，脑洞大开，在当年建筑界轰动一时。建筑师萨夫迪设计的住宅67（Habitat 67），像一个个层叠的方盒子，设计风格在世界建筑史上空前绝后，堪称一绝。这个住宅区至今仍然是房价高昂

的富人区。蒙特利尔的地下城，则是当时世界规模最大的城市综合体，完全保证了在冬季严寒时人们工作、生活、交通、游憩都在地下完成。这些建筑至今依然出现在建筑学与城市规划专业的教科书上，它们让这座城有着足够的资本铭记往昔的辉煌。

第二天早上起来，看到窗外好大的雪。那天我在大雪中参观了蒙特利尔植物园中的几个园林。日本的园林在风雪中展现了枯山水的寂寥。而中国的园林则在大雪中让人惊艳。这座中国明代风格的园林"梦湖园"，有着典型的江南园林的特色。苏州的园林少见大风雪的景致，而这里的园林则在白茫茫的大雪中，展现了极致的东方韵味。随便拍一张照片，都是水墨画的感觉，惊艳十足。后来在一次演讲中，看到一位美国的城市设计教授，用这个园林的图片来阐明景观设计的视觉效果，引起在座的老外们一阵阵"WOW"的感叹。

或许是距离产生美，相比北美的英语城市，这个单语城市让外来人更有身处异域的感受，因此印象也更为深刻。离开的那天晚上刚好是圣诞夜，在黑夜里行驶的大巴上，我莫名地想起了葛优在贺岁电影《甲方乙方》中的台词。他用煽情的京味念叨着"……1997年过去了，我很想念它。"而我刚离开这个法语城市，仅浅尝辄止的几天体验，也让人心生怀念。

最德味：柏林春秋

　　曾有一位学政治科学的德国朋友，向其他国家的人介绍德国城市的时候说，"慕尼黑太无聊，尽管它经济发达，但是你去了会发现那里一切都是规规矩矩的。你们一定要来柏林，因为柏林很摇滚（Berlin rocks）。"

　　这几年，"德味"一词从摄影界流行到设计领域。无须特别解释，人们就能大致咀嚼出这个词的味道。除了成像风格上的特质，这个词总让人联想到一种凛冽的冷峻。而柏林注定是集此风格之大成的城市。慕尼黑有着最知名的足球队、法兰克福是西欧的金融中心、鲁尔区是欧洲的工业心脏、汉堡是德国最大的港口城市，但柏林无须在这些领域证明自己，因为它最摇滚。

　　摇滚精神往往与个性和反叛分不开。从这个角度上讲，长期担任柏林市长的克劳斯·沃韦赖特（Klaus Wowereit）完全适合为这座富有摇滚精神的城市代言。他参加竞选时，曾在德国社会民主党的一次会议上，直截了当地回应了外界对他性取向的传言："我是一个同性恋，这也挺好的。"而他在当选市长之后，为柏林宣传所作的另一句口号更是流传甚广："我们很穷，但我们很性感。"

　　不去考虑城市规模、性质、职能等方面，仅仅是过去一个世纪的历史，就足以让柏林在德国城市中傲视群雄。即便是在欧洲，这里也是不可错过的旅行目的地。这座城市见证了20世纪历史的绝大多数沧桑巨变。世纪初的繁华、魏玛共和国时期的国际化、纳粹时期的城市发展顶峰、"二战"对城市的毁灭性的打击、冷战时期的东西方对立，直到如今的文化与艺术之城，这座城市经历了太多太多。《穿墙故事：再造柏林城市》这本书中把柏林比作德国电影《罗拉快跑》中的罗拉，她打扮怪异、衣着不时髦也不复古，个性孤僻叛逆，表情冰冷但充满意志力，还有最重要的一点，总想去改变历史。这座城市的确是与历史充满了纠葛，纠结于过去、纠结于现在。城市一再试图实现自我的抱负，但终究被时间所改变。

　　勃兰登堡门一带，可以说是柏林历史记忆的核心载体，"二战"史和冷战史都把最激烈的故事情节留给这里。如今，游客们看到的是这里到处都是扮演成"二战"军人和政治人物的街头艺人，但这欢乐氛围依旧掩饰不住当年硝烟弥漫的历史。七十年前，这里发生了"二战"中欧洲战场最激烈的战斗——柏林会战。苏军投入250万人，德军投入了100万人。柏林巷战是人类在机械化时代发生的最大规模的城市战斗。帝国大厦保卫战则是"二战"最惨烈的一役，顽抗的党卫军战斗到最后一刻，他们和苏军一个房间一个房间地肉搏争夺。三天的战斗，就留下10万德军和20万苏军的尸体，整个柏林没有留下一栋完整的建筑。

战争彻底摧毁了这座城市。尽管现在西欧各国的人口增长极为缓慢，甚至停滞，但是其大城市还是保持了持续的人口增长，这多半归功于外来移民。但在这样的移民潮中，柏林人口的顶峰依然还是在20世纪30年代的纳粹时期，那是这座城市发展规模的巅峰。尽管两德合并后，大量移民涌入柏林，但无论从建筑、用地和人口规模来说，如今的柏林都和当初第三帝国的首都存在着显著差距。战争无情地抹去了城市的发展潜能，希特勒的大柏林规划只能留在展览馆中做模型展示。

就在勃兰登堡门附近，一个小型展览馆展示着西德总理勃兰特的政治生涯。"二战"后，正是勃兰特的华沙之跪，让德国重新拾起尊严。这也反映了着这个民族自我反思的传统。不过在那个历史时期，勃兰登堡门则是被柏林墙所封闭。在1963年，肯尼迪访问西德时在这里发表了《我是一个柏林人》的演讲，其中的一句话被人们所牢记："自由有许多困难，民主亦非完美，然而我们从未建造一堵墙把我们的人民关在里面，来防止他们离开我们。"这句话成为冷战史的经典记忆。而到了八十年代后期，里根再次在这里发表演讲，他对着墙那边喊道"戈尔巴乔夫先生，请推倒这堵墙！"

冷战中的柏林是东西方阵营对峙的最前线。"二战"的战火刚刚离去，这座城市就又被政治所割裂。在墙的西边，西德创造了超过英法的经济奇迹。在墙的东边，东德也成为社会主义阵营的发动机和政治堡垒。在奥运会上，这个仅仅1700万人口的地方更是创造了众多体育记录，它的金牌数长期仅次于美苏。不过在柏林墙倒塌，合并后的德国，日子并没有想象中的那么好过。东德地区人口大量外流，经济一蹶不振；

西德地区的经济增长也不再那么强劲。可以想象，如果朝鲜韩国合并的话，或许经济前景也并非想象中的那么乐观。电影《再见列宁》以普通人的视角，记录了两德合并后的德国家庭的生活变化和感悟。不过可惜的是，我认识的德国人对这个电影评价并不高，他们觉得电影的叙述过于模式化，而柏林真实的变迁绝对没那么容易让外人所理解。

　　从勃兰登堡门出发，沿着菩提树下大街一路前行，可以从很多细节找到历史上大家们的足迹。德国在欧洲文化史上曾是个后发国家，但是近三百年来，诸多文史哲大家们的深邃思想，让这里的空间都弥漫着思辨的气息。黑格尔、卡尔·马克思、爱因斯坦都曾在这里走过，穿过两旁种有婆娑的栗树和菩提树的道路，就像穿越了历史的云烟。

　　而在后冷战时期，这座城市的气质又发生了变化。云集了现代艺术家的柏林，在后政治的真空中，就像街头颓废的朋克青年一样，有着最先锋的打扮，以及反叛的、凌厉的眼神。柏林成了欧洲电子音乐的中心，各大夜店都充斥着最为引领潮流的DJ以及Techno音乐（电音分支之一）。告别了冷战后，柏林开始了对自由的追求。在后现代的语境下，城市彻底释放了自我，展现了最朋克的精神。在欧洲，街头潮人最另类、最个性的地方，除了北欧，便是柏林。但北欧，是一种精致的另类；柏林则是一种粗糙有力的另类。有点像二锅头，很冲，但是就是有那股子劲。

在全球化时代，城市匆忙地和过往告别。来自世界各地、各种肤色的人群，为城市增添了久违的亮色。先锋文化与波普文化的碰撞和激荡，让这里成为思想与潮流的实验室，正如在历史上多次发生过的那样。如今的柏林墙已经成为艺术家涂鸦的阵地，也云集了各国的游客。人们纷纷在那个最知名的，描画勃列日涅夫和昂纳克亲吻的涂鸦墙前留影。这两个男人的亲吻，是历史留给城市的暧昧的遗产。

我所居住的旅馆处于原东柏林的核心地带。不远处就是著名的卡尔马克思大街，宽阔的马路以及两侧雄伟的苏式建筑，让人联想起长安街。有轨电车在既有的路线上行驶，多少年都没有改变。但是街头巷尾遍地的越南炒面和土耳其的烤肉（kebab），又在时刻提醒着人们时代的变迁。很多被遗弃的老建筑都成了艺术家的聚落，他们为破败的房子

和报废的汽车涂上了后现代的色彩。印象最深刻的，是一栋六层高的建筑，它的整个山墙都被一个宇航员的巨幅涂鸦所覆盖，在阴雨中，硕大的宇航员漫步在无边的宇宙中，让人看了觉得恍惚，顿感宇宙很小，城市很大。

尽管这里如今已经成为先锋建筑师的实验场，但是延续了数百年的城市肌理，和原样复制的古建筑，都让人无法忘记历史。在犹太人纪念碑中，严肃的气氛让人窒息。置身于冰冷的长方体纪念碑群，仰望天空的人类，被时时提醒着脱不开这沉重肉身。而旁边道路上满地金黄的落叶，也仿佛承载了太多的东西。十月下旬的秋风，为街头带来阵阵凉意。回到旅馆，打开Facebook，波兰的朋友发了照片说那边已经下雪了。我才意识到由于历史上边界的更迭，曾经位于普鲁士中心地带的柏林，已经距离波兰边界不远了。

柏林融合了太多东西，很难用三言两语说明它的本质。这是个最朋克的城市，但这不仅仅意味着反抗，而是空气中都弥漫着反思、批判和质疑的味道。纽约、香港那样的财富之城，站在世界城市舞台的中央，柏林会对他们嗤鼻一笑。柏林是一个真正活出自我，而没有任何做作和掩饰的城市。它直面自己最原始的欲望和内心，最大程度张扬着自我精神的独立。沈祉杏[①]说："在柏林，你永远处在怀疑的状态中，因为你永远是单一的、孤独的，无处是你的族群，可以依靠的团体，常常感觉到：当一个异类的自在，享受到表现自己与尊重别人的乐趣。"

临走时，我决定去纪念品商店买一件T恤。旅行中，如果我特别喜欢上一个城市的话，我会买一件"I love ××"的T恤。纪念品店的老板大概五十多岁，穿着背心，露出文满刺青的胳膊。当我询问他是否有这样的T恤的时候，他面无表情回答我说："我是柏林人，我觉得，柏林不需要热爱。""那柏林需要什么？""生存，或者死亡。"他依然漫无表情，眼睛漫然地望着门外。

好吧，又是一个德味的老朋克，这很柏林。

---

① 沈祉杏，《穿墙故事：再造柏林城市》一书的作者。

沈阳：时代的蒙太奇

如果地球上有穿梭时空的虫洞，那么它一定在沈阳。

此刻的我，从中山广场一路走到沈阳站。眼前的大街上车水马龙。沿街耸立的高楼，很多是20世纪二三十年代风格的摩天楼，外形庄重、挺拔俊朗。许多建筑均为那个时期的艺术装饰风格①建筑，炫耀着昔日大都会的财富和繁华。这景象让人联想起《了不起的盖茨比》里，那霓虹闪烁的奢华纽约。但这里却是沈阳中山路的一段，在多年之后的今日，这里依旧能让人回忆起这座城的流金岁月，给人十足的蒙太奇的感觉。

这着实和我之前对东北的意向不太一样。近年来，随着东北衰退的话题持续走热，东北的形象被赵家班的弟子、各种平台主播、喊麦歌手以及影视剧，营造出了夸张的符号：二人转、下岗工人、黑社会、貂……在北京去沈阳的高铁上，和当地的一个朋友聊微信，问道："你们那如果盯着人，他说'你瞅啥'咋办？"朋友用知乎的答案回答我："估计打得过，就说'瞅你咋地'；打不过，就说'大哥你金链子哪买的？'"

2016年秋天，中国城市规划年会在沈阳召开。据说城市规划行业每十个人就有一个出席。三天里，近万人，在这座城市里集中思考中国城市的命运。会议主题是"规划六十年，成就与挑战"。会议举办地沈阳，似乎也呼应了这个主题。在六十年前，国务院刚刚设立一年的城市建设总局，扩大为城市建设部，统一管理全国城市规划和建设工作。同时，《城市规划编制暂行办法》出台，成为我国第一部城市规划的立法。同样在这一年，沈阳市政府组织编制了第一版城市总体规划——《沈阳市城市初步规划（1956—1985年）》。规划确定了沈阳的城市性质是以机械工业为主的重工业城市。这部规划期为30年的总体规划，对沈阳市的工业布局、道路系统和市政设施进行了全面安排，同时指导了工人新型生活

---

① Arc Deco，19世纪20年代的建筑风格，源自法国，盛行于美国。主要表现为用回纹饰曲线线条、金字塔造型等元素装饰建筑外立面，体现了当时高端阶层追求的高贵奢华风格。这种风格的建筑多见于纽约曼哈顿和上海外滩。

区以及教育文化区的建设。

从较长的历史尺度来看，沈阳是东北沉浮历程的缩影。近代的东北，在某种程度上和美国的西部类似，与移民的开拓息息相关。清朝末年，在沙俄对东北领土觊觎的压力下，清朝开放了龙兴之地的封禁，大量移民闯关东，今日的东北板块逐渐成形。而沈阳作为清初皇太极钦点的盛京，是东北首屈一指的人口集聚中心，在东北崛起的过程中起到了龙头带动作用。

清兵入关后，清世祖福临迁都北京，之后沈阳成为陪都。随后清朝以"奉天承运"之意，在沈阳设奉天府，沈阳因此又名"奉天"。当时位于沈阳古城中央的"四平街"，被本地老百姓俗称为中街。康熙中期，沈阳人口不断增加，商业越发繁荣，中街从那时起就成为最著名的商业区，是关外商贾重镇的象征，一直至今。

民国时期，出生在海城的张作霖以此地发家，统领了名噪一时的奉系军阀。张氏帅府就在沈阳故宫旁边，显示了旧军阀对封建皇权"家天下"思想的继承。"大帅"张作霖及其继承者"少帅"张学良，苦心经营以奉天为核心的东北，鼓励移民、发展产业，使东北得风气之先，现代化程度举国领先。沈阳作为东北第一大城市，历经民国、伪满时期的发展，成为与上海、天津、汉口并驾齐驱的大都市。

在路上看到皇姑区的牌子时，就会想起中学历史书上的相关考点，记忆犹新。1928年，张作霖因为不肯服从日本人，在沈阳郊外皇姑屯，被日本人预先埋下的炸弹炸死。尔后张学良接任，三年后，日本发动"九一八"事变，入侵东北。几十万东北军在"不抵抗"的政策下，短短几天内退出东北。日本人随后在东北扶持了以溥仪为傀儡的伪满洲国。虽然军事占领了东北，但日本人依旧忌惮张氏父子在沈阳的影响力，于是选择了长春作为满洲国的国都。

转眼到了1945年，随着日本在太平洋战争的不断失利，日本在东北的军事统治也岌岌可危。8月，苏联百万钢铁洪流，将关东军秋风扫落叶般地击溃。随后，东北各大城市也纷纷树立起了苏军纪念碑。在沈阳火车站前，竖立起一座苏联红军阵亡将士纪念碑，顶部矗立着一辆坦克，因此也被称为坦克碑。现在看来，这个纪念碑的造型着实怪异，但它却成为沈阳人心中的地标。直到前些年搬迁之前，那里一直是沈阳人约会的碰头地点。

随后的一段时期，沈阳迎来了苏联模式下的又一次工业化大潮。对于所有东北人来说，这段历史实在是内心深处最重要的一段记忆。它塑造的东北国有经济大工业的名片，哪怕已经成为一段历史，也一直在人们心中挥之不去。而沈阳又是整个东北大工业文明的典型代表，"共和国长子""东方鲁尔"的称号让这座城市万众瞩目。它用重工业为国民经济体系建设支撑起了大半边天，足够辉煌，也足够骄傲。

在今天，斯大林模式早已成为历史，但东北依然在一定程度上留存着那种文化氛围。网上形象地戏称这里为"沈阳格勒"。或许我们可以构思出这样的场景："'一到冬天，就分外怀念东北的城市——沈阳格勒，鞍山斯克，抚顺斯克，圣长春堡，哈尔滨沃斯托克……'张可夫对王斯基深情地说道。"走在沈阳的街上，你仍能时不时发现苏式元素的痕迹。

对于广大的中国城市来说，普遍有着"往上查三代，都是农村人"的说法。然而这个说法在沈阳并不成立。在1949年以前，沈阳就已经是人口百万的大都市。在20世纪50年代，全国的城市化率也只是10%，而东北已经达到50%。这里很多人的爷爷奶奶辈就已来到城市，父母辈都是工人。长期稳定的经济结构和发展模式，使得整个区域的城镇化率常年没有大变动。这种平衡的节奏，也形成了持久、成熟、稳定的现代生活方式与都市文化传统。在很长的时期内，除了上海之外，就是以沈阳为首的大城市在引领潮流。从中山路东头一直走到中山广场，一路沿街的酒吧、咖啡馆和洋房……颇有大上海淮海路的风貌模样。就是对于众多住在厂区宿舍的工厂子弟们来说，他们的内心世界，不乏对生活品质的想象。工人宿舍的筒子楼，空间狭小，但并不贫乏，里面有着对生活的讲究和追求。

然而，20世纪90年代的下岗潮，则是几十年计划经济模式下，国有工业企业的终结。万能青年旅舍的那首《杀死那个石家庄人》的歌词"如此生活三十年直到大厦崩塌"，震撼地描述了这种变化。沈阳，作为辽中南工业城市群的核心，则是这种变局中的典型。从计划经济到市场经济的变轨，带给了这座城市足够的阴郁和阵痛。90年代末的春晚，小品演员黄宏在表演中说出了"咱工人要替国家想，我不下岗谁下岗！"的台词，使这座城市无数的人愤怒。"对于工人下岗这件事情，我始终笑不起来，"一位来自沈阳的社会学博士告诉我，"黄宏那个小品演出之后，那天晚上，很多家庭都把电视机砸了。"

但时代的洪流，注定不以人的意志为转移奔波向前。工厂子弟们，在市场经济大潮冲击下，也开始走出工厂，奔向外面的世界。我自己的童年是在部队度过的，因此非常能理解长年累月的军事化、工业化和标准化的生活模式下，人们对外面世界自由氛围的强烈向往。

艾敬就在这个时候适时地出现了。正如韩松落对她的描述，"来自中国北方的工厂女儿"，这个来自沈阳艳粉街的姑娘，发表了《我的1997》，讲述自己走向香港、走向国际的故事。很早就听过这首歌，但多年以后我才发现艾敬是沈阳人，才发现当年听歌时，没有注意到的一句："他可以来沈阳，我不能去香港。"韩松落这样形容艾敬那种"异乡人"的特质："北方气质，工人之家朴实而且简单的生活，沈阳的冬天，'天

黑的四五点钟'，透明的风和阳光，以及从容淡定的流浪。"另一个最够代表沈阳气质的歌手，是周云蓬。在当年的铁西区宿舍楼里，他开始对身边的城市失望，开始了对外面世界的憧憬。于是他坐着绿皮火车，走向全国，游历十余座城市，以弹唱为生。这让我想起美国的底特律。在城市的工业衰退后，以埃米纳姆为代表的说唱文化兴起，让这里成为地下文化的重镇。沈阳通过这些歌手们，向全国吟唱着工业时代的乡愁。

　　不知是否因为"全国会议"这样的名称，让这座城市有了重新回归中国城市舞台中心的感觉。沈阳对此次会议展现出了巨大的热情和荣誉感，对会议举办高度重视。地铁为参会人员特意推出了地铁专用票，大街小巷随处可见会议的宣传标语。

　　从沈阳北坐2号线向南，没几站，就到了会议举办地，五里河的新世界会展馆。对于球迷们来说，五里河这个名字承载了中国足球太多的记忆。从大连金州的眼泪，到沈阳五里河的欢腾，在世纪之交那几年，中国足球走过漫长的道路，终于冲出亚洲，走向世界。当然，欢腾也只到此为止了。那一代的球迷，除了米卢，还记得阎世铎提出的"进一球，拿一分，赢一场"的计划。后来我做了城市规划这个预测未来的工作，才意识到，这是最不靠谱的预测。

　　同样无法预测到的，是五里河的拆迁。"五里河体育场呢？"我在会场里，向旁边一位保安问到。"拆了，都拆了。"这个中年人说。在2001年中国队冲进世界杯之后，五里河体育场树起了中国队的雕像，以便让前来膜拜的球迷们拍照留念。"你说雕像啊，也都没了。"保安继续对我说。"对米卢怎么看？""米卢啊，不都说他是个江湖骗子吗？"

　　五里河体育场，原来是在城市的南郊。随着城市向南的发展和新城区的建设，这里逐渐成为城市的中心区域。体育场原址都盖上了高层住宅，被当地人视为绝佳地段。不过这里全城的房价几乎十年没涨，在全国地产的癫狂中，保持着足够的另类和平和。

　　大叔说："我是浑南的，家就在河对面。你们这大会可真大啊，来的有一万人没？"把"人"发音成"银"，标志了他的本地身份。他说他以前也曾经是工人，下岗后改行做保安，已经很多年了。当然，对于职业发展的改变他并不愿意多谈。每到一个城市，我总是希望能遇到不寻常的人，通过他们的另类人生，打破我的固有认知。结果依旧还是遇到许多传说中的典型人生。或许，这就是生活。

大叔说，想让自己的孩子将来学城市规划，感觉这个行当能赚大钱。"只为赚钱的话，你还是让他学金融或者计算机吧。"我只能这样回答他。尽管如此，他还是一个劲儿地向我请教城市规划相关的东西。会场上发的资料，也让我帮他拿一份。与屏幕上的小品演员、黑社会的形象不同，我遇到的很多中年人，尽管说起东北话跟演小品似的，但大部分都比较老实、规矩，多少带有体制内的烙印。

轻度雾霾弥漫在城市上空。住宿的宾馆在北站附近，旁边就是著名的以古钱币为造型的方圆大厦，它曾入围CNN评选的全球最丑的十大建筑。在晚上，大厦展现出白天不曾有的魅惑，显得格外梦幻，很不真实。经济、产业、财富、荣耀，城市繁荣的主旋律始终与金钱离不开。在一个市场经济的年代，财富是一个城市最根本的荣耀，越是处于暗夜中的城市，越是离不开。

对于城市规划师来说，在地图上指点各地城市的发展，已经是工作中的家常便饭。可是谁又能真正把握城市在历史长河中的兴衰？当年的规划，未必能预测到计划经济衰退后城市的模样。铁西区、沈阳、东北，乃至整个中国的计划经济工业模式，在轰然倒塌后，面临着巨大争议。但这座城市却能够在城市化、市场经济、体制改革的时代洪流中，保持足够的平静。街上的人流，远没有北京上海，甚至一些省会城市拥挤。尽管有着人口外流、经济滑坡的压力，沈阳人心境，却有如玻璃般的宽敞和明亮。他们没有改变自己去取悦时代的传统和义务。

有一晚，我去寻找一个来沈阳前就听说过的"失败书店"。那个在网上赫赫有名的小众书店，让我想起莱昂纳多·科恩的《失败之书》。当我经历了无数的问询，最终在一个工业厂区改造的创意文化园内，找到这家失败书店时，发现它已经下班关门了。你很难说这个在时代沉浮中暂时雄风消逝的城市是否就是失败的。刻意寻找失败的印记的行为，本身也就是一种无结果的找寻。

夜晚的沈阳老城区，小街巷里行人不多，早早的就显得冷清。九月底的初秋，万物寂凉。我突然感觉自己在世界的虫洞：20世纪诸多的

意识形态和历史断面，在这个夜晚神奇地交汇了。你可以在这里的方盒
子般的居民楼旁边，偶尔看到沙俄时期的建筑；你走过的大街两旁，伪
满时期的办公楼散发着别样的旧时代气息；崭新的写字楼背后，隐约出
现工业区遗留的大烟囱；在二人转小剧场的旁边，80年代风格的交谊
舞厅依旧营业。从这个意义上讲，这里是全球都市世界的一个中心。
从这一刻起，我对这城市产生了莫名的情愫，这里开始成了我的精神
故乡。

　　这是一座怀旧的城市。地铁里的城市宣传画，不是展现新城区的高
楼大厦，而是印着拆迁前的五里河体育场的照片，以及计划经济时期铁
西广场的航拍影像。有多少辉煌，就有多少怀念。沈阳为什么迷人呢？
因为对于九〇前的人来说，记忆中那一切怀旧的元素，都与这座城市的
气质不谋而合，一切都是那么的自然贴切，能带你进入一场时光穿越的
旅行。沈阳代表了失落在旧时光里的家园。在铁西区的老工人宿舍区穿
过时，我总想起童年时走过部队的家属大院的场景：月朗星稀，林荫道
上人的影子忽明忽暗。走过苏式红砖楼，能听到女人唱着歌谣哄孩子
入睡。

　　对这座城市印象最深的地名，还是青年大街。这是沈阳仅有的两条地铁交汇站的名称，也是城市中心最重要的街道。这个名字充满朝气，让人想起一部老电影《青春万岁》。最终，褪去浮华，你会发现这个城市依旧是真诚的。真诚地足以抵御无情的时间，就像曾发生过的那样。

杭州：吴山越山

初中的时候，我对名校的概念甚为模糊。除了清华北大，其他的都了解不多，就连清北两校还是因为那套名为《走向清华北大》的教辅书的缘故。有一次被老师问到将来想上什么大学，便脱口而出：杭州大学吧。其实当时杭州大学已经被浙江大学合并了，但我也不知是从哪里的电视或报纸上看到关于那个大学的只言片语。听说那里有西湖、有金庸，总之就是特有感觉。老师又问，为啥不说想上清华北大呢。后来回想，其实那时小小年纪，我就已经追求格调了。不求最好，只求最有范儿。

城市之间往往因为格调高低而引发争论，而这个问题又无法像经济发展一样能用指标衡量，因此很难有唯一的答案。但是说杭州格调高，却是绝大多数人都不会质疑的。古今的文人墨客留给这座城市的文字太多，以至于任何赞美的语言也都是徒留苍白。一位经常到中国做项目的国外城市规划师说，中国的城市太匀质，仿佛是流水线的产品，如果说有例外的话，杭州就是最特殊、最能给人留下印象的那一个。首个获得普利兹克奖的建筑师王澍高度评价杭州，并且说"更多的中国城市，除了它们本身已经流传了几千年的名字以外，实际上已经不存在了。"

没办法，哪怕钱江新城、萧山新区建设的再怎么现代，只要西湖、六和塔、灵隐寺、虎跑泉那些山水古迹还在，哪怕并没有古都应有的城墙遗存，这座城市的气质与魂魄就挥之不去。

最近一次到杭州，住在钱塘江边。刚下过雨，江上的大雾让两岸的景色模糊又迷离。这座城市就是这样，晴天有晴朗的景色，阴天有阴郁的烟水。就像一个先天底子很好的美女，无论怎么再涂抹打扮，都有挡不住的、自身散发出的独特韵味：淡妆浓抹总相宜。

美女不少见，可杭州还偏偏是有才华的美女。看似偏安一隅，实则能翻天覆地。阿里巴巴的马云在这里掀起了互联网经济的浪潮，而中国美院的王澍则潜心于园林城市的营造。尽管都曾经与主流有一定距离，但这种距离见证了独特的坚守，这种坚持最终创造了一片天地。

如果说南京所在的淮扬地带，完全是属于广义上的北方文化圈覆盖的范围，那么杭州这里就是更为彻底的南北交融之地。杭州话就是典型的例子。作为浙江省最大的城市，杭州的方言却是吴语区中很小的一个方言分支。杭州话是个方言岛，与周边吴语方言不同，却融合了相当多的北方方言的特征。学界普遍认为几次北方移民的涌入，特别是南宋的迁都，为杭州城市的形成奠定了基础。杭州方言一部分用词和北方官话相似，另一部分和湖嘉方言相同，充分体现了南北糅合的痕迹。而杭州的面食也较周边地区多，北方人在这里也能生活得很习惯。也许就是这种南北交融的特质，造就了杭州的独特个性：温柔中暗藏着刚烈，平淡中彰显着肆意。这也使其从吴地的城市中脱颖而出。这样的水土造就了这样的风流人物。鲁迅说，"古之成大事者必是北人南相、南人北相之人"。那么杭州一定是这句话一个很好的注脚。它可柔可刚，可以有西子湖的典雅婀娜，也可以有钱塘潮的沧海一声笑。

诸多文人雅士在这个城市的驻足，给这座城市留下了太多的意境和想象空间。凯文·林奇的城市意向理论是用具体的形象来感知城市，而杭州尽管也有很多盛景，但只是提到那些文字就足够畅想城市意象了。连那些地名都让人回味无穷，比如浙江大学的校区玉泉、之江、西溪等。六和塔下，钱塘江畔，总让人联想到白素贞的油纸伞，苏小小的油壁车。

西湖边依旧游人如织，而在更多的地方，这座城市也在历史的翻腾中停不下脚步。从萧山机场出来没多远，就能看到钱塘江以东这片新土地上的快速建设。被命名为物联网路的大道，帮助过客们见证新经济的腾飞。灵隐寺周边的竹林中，往来的尽是经济新贵们的大排量SUV，车上红男绿女个个打扮入时。位于山谷之间的法云安缦酒店，致力于传承本地修隐文化，打造出尘的世外桃源。但其一晚的住宿价格相当于市区一平方米的房价，而且它的餐饮和茶点都需要提前很久预定。出世与入世，文化与资本，传统与现代，都在无时无刻地改变着城市或者被城市所改变。从来不甘于寂寞的杭州，也一直给人浮生若梦之感。

这很像郁达夫在这里留下的文字，融合了梦想的缥缈、现实的支离破碎、平凡人的沉沦、烟火人间的浮躁与寂寥，可最终还是放不下和这里割不断的情感。只有在这里，每天都可以有春风沉醉的晚上。

　　近几年，雾霾侵袭了大部分国内的城市，杭州也不例外。但是人们对杭州的评价是，这是一个能把雾霾也变成景致的城市。也许，这种魔幻的味道只是证明了杭州是一个孤独的个案。这颇似王澍对他在这里做的城市更新项目——南宋御街的评价，"很难复制，不可推广"。

　　后来我读大学时去了长三角，但没能去杭州。于是只好在上海郊区的某处角落，看着林逋的词作，去遥想临安城的潮起潮落："吴山青，越山青，两岸青山相对迎，谁知离别情？ 君泪盈，妾泪盈，罗带同心结未成，江边潮已平。"再后来，更多的只能在北方的风沙里回忆这座城市。"忆江南，最忆是杭州"。杭州就是这样一座城市，对很多人来说，仅仅是匆匆一次邂逅，就让人感觉到好像有了一段在这里生活的经历似的。纵使没来过这里的人，听到杭州话"尽该惬意"，也能由衷地感到一种自然而然的惬意，而方言的魅力正是如此。此时你会被这样一种场景深深吸引："正招个天气真当是尽该惬意的类，投杯凳儿院子里坐坐，再弄杯茶吃吃，不要太舒服哦。"

开封一夜

　　很久之前，偶然听到陈升《北京一夜》里"One Night in Beijing"，粗犷的男中音和嘹亮的京剧旦腔，一下子让人的思绪穿梭于历史与现代，远古的情感连绵至今，弥散于沉默的地安门。而这张唱片专辑的名字更是让人心头一颤——《别让我哭》。于是，当我思考另一座古城的往事时，思绪便直接被拉到了年少时的一个夜晚。于是乎，题目不自觉地就变成了One Night in Kaifeng。

　　但是正如我一贯的感觉，如果别人要我在中原大地上，推荐一个最能让他体味出历史积淀的城市，我只能说是开封。与同处中原的另一座古都洛阳不同，开封现在的处境不尴不尬：洛阳的重工业承起了仅次于郑州的经济体量，而开封却不紧不慢地走在消费型城市的路上。但透过表象，我的确感觉，在如今的洛阳，已经很难体会出欧阳修当年《浪淘沙》的意境："垂杨紫陌洛阳城，总是当年携手处，游遍芳丛。"而另一座古都开封，还是默默地迎着夕阳，守着一把黄土堆砌的古城墙。时光缓慢地雕琢这座古城，不紧不慢，不悲不喜，历史和文化在时间的洪流中积淀，成为路人悠闲脚步下的印记。

　　时光倒转千年，回到开封历史上最辉煌的北宋。公元960年，宋太祖赵匡胤发动陈桥兵变，代周立宋，定都开封，结束了五代十国的分裂局面，中国再次进入大一统的王朝。事实上，开封成为都城始于战国时期的魏国。唐灭亡后，五代时期的后梁、后晋、后汉、后周均定都开封。再加上其后的金，开封便有了"七朝古都"之称。在大动荡的年代，北方军阀们纷纷在此上演一个个"始乱终弃"的故事。直到北宋的建立，开封才真正成为中国、亚洲乃至世界的中心。

　　尽管最欣赏盛唐，但宋朝却着实登上了封建社会顶端。华丽的大唐是中国引以为傲的年代，气魄张扬，尽显雍容大气，给人以无尽的想象，正如李太白的诗歌那汪洋恣肆般的意境。宋朝精致，经济文化发展达到巅峰，市民社会初现萌芽。此时的开封，不再有唐风的豪放，但却迎来宋月的优雅。孟元老在《东京梦华录》中对这座城的描写，仿佛让人看到了一个充满细腻情怀的理想国："阡陌纵横，城阐不禁。别有深坊小巷，绣额珠帘。巧制新妆，竞夸华丽。春情荡扬，酒兴融怡。雅会幽欢，寸阴可惜。景色浩闹，不觉更阑。宝骑骎骎，香轮辘辘。五陵年少，满路行歌。万户千门，笙簧未彻。"

在宋太祖杯酒释兵权的时候，宋朝已经奠定了文人治国的基调。石守信等老将的离去，开启了北宋重文轻武的历史。文人地位的提升，使得都城开封成为文学的中心。作为宋朝文化的代表，宋词在汴梁城开始繁盛。北宋最著名的词人，无不在东京各领风骚。

这里值得一提的，便是婉约派的代表人物柳永。柳永是福建崇安人，却成名于都城开封。宋仁宗让柳永在仕途上历尽坎坷，才得以让我们今天有幸读上这位小生的诸多优雅词句。他的词是当时汴梁都市繁盛的细腻写照。他创造的词牌最多，强调了市民情调的表现与俚俗语言的运用，抒情极度自我化。宋词长于韵律，天生就是为吟唱而生的。柳词通过歌女之口传唱天下，影响之大，前所未有，是宋词的首座高峰。

可以想象当年的景象，开封城郭宏伟，经济繁荣，"人口逾百万，货物集南北"。这里不仅是全国政治、经济、文化中心，同时也是世界上最繁华、规模最大的都市，有"汴京富丽天下无"的名声。普天之下的文人骚客、豪商巨贾、名官巨宦汇集于此，或为名或为利。而我们的小文人柳永，则郁郁不得志。身处繁华的京都，只能混迹于胭脂粉气的氤氲青楼。十年寒窗的苦读，却委身于世俗的欢愉与抑郁。然而谁又能想到，柳永走下了当年的青楼酒肆后，歌女却将他的词传唱出历史的回音？

再回忆一下《雨霖铃》：

寒蝉凄切。对长亭晚，骤雨初歇。都门帐饮无绪，留恋处，兰舟催发。执手相看泪眼，竟无语凝噎。念去去、千里烟波，暮霭沉沉楚天阔。

多情自古伤离别，更那堪冷落清秋节！今宵酒醒何处？杨柳岸、晓风残月。此去经年，应是良辰好景虚设。便纵有千种风情，更与何人说？

词人对汴梁的离愁别恨，无疑给开封抹上了一层心灵的愁绪。让人想起电影《城南旧事》里，李叔同作词的歌《送别》。

宋词豪放派创始人苏轼也与这座城市有着不解之缘。苏轼是宋仁宗嘉祐年间的进士，哲宗时在都城身居要职。苏轼的词豪放雄奇，取材多样，将人生的大悲大喜浓墨重彩地书写，是宋词的第二座高峰。此外在开封为官的著名词人还有黄庭坚、秦观、周邦彦等。他们的词，都将自己对人生命运的感慨写入了开封城。宋词的婉约、豪放两大派交汇于汴京，这座城也在文学史上浓墨重彩地书写了一笔。正如《青玉案·元夕》的描写：“东风夜放花千树，更吹落、星如雨。宝马雕车香满路。凤箫声动，玉壶光转，一夜鱼龙舞。”这或许就是对记忆中繁华汴梁的追忆吧。此时是这座城的最光辉华彩记忆。举世的荣耀，只此一夜，便已足够。

直到公元1127年，金攻入宋都开封，北宋灭亡。宋高祖赵构先是在南京应天府（今商丘）即位，后又逃亡临安（今杭州），长期偏安江南，是为南宋。北宋开封的盛世不再，车水马龙的龙亭、大相国寺，均不复当年张择端的《清明上河图》里的繁华模样。被传唱的柳词，也自此消逝在历史的黄沙中。高宗可以在临安乐不思蜀，而南下的文人们，只能空留对故都的思念而惆怅。林升有诗曰：“山外青山楼外楼，西湖歌舞几时休？暖风熏得游人醉，却把杭州作汴州。”而一心恢复故都的岳飞，一腔壮志在南宋不得酬，只能留下“三十功名尘与土”，却不见北上的“八千里路云和月”。汴梁一夜，自此注定成为回忆中的历史，正如《东京梦华录》所言：“千古繁华一梦中。”

再后来，历史的兵荒马乱、天灾人祸，无情地摧残着这座古城。今天你所站在的开封，其实是开封、大梁、汴梁、汴州、东京、东都、开封府这些曾经在历史上辉煌一时的名城，被黄河的泥沙无情淹没后的土地。事实上，现有城址下，黄土层层掩埋了历史上的数座城池古城。开封地下堆积的是王朝更替的历史，每一层地下城址就是历史的一个回溯，也是命运的一个轮回。在龙亭，游客脚下八米处便是那个曾经的大宋汴梁城。也许此时你更能感受到历史的厚重。

余秋雨曾经说开封是“背靠一条黄河，脚踏一个宋代，像一位已不显赫的贵族，眉眼间仍然气宇非凡”。实际上，今天的开封已经成为一个被遗忘的昔日帝王，在历史的长河中阅尽沧桑，对于世态炎凉早已淡然，只是在黄河边安享天年。宫阙万间都随了黄土，但曾经的往事都化作一种文人的气质，在城市的细节处留下印迹。正如宋都御街的风物，正如清明上河园里的民俗，正如街头巷尾老人的书画与棋局。

　　现在要说我当年的故事了。中学时，我曾经在开封小住数日，就在河南大学南门的城墙处。以文科著名的河大，曾经出现过冯友兰这样的大家，校园里处处也是弥漫着城市的文气。身处此地，遥望依然完好的、将城市围成一圈的城墙，很是适宜。一天晚上和几个同学去鼓楼夜市吃小吃。夜市灯火通明，让人想到"去年元夜时，花市灯如昼。月上柳梢头，人约黄昏后"的词句（《生查子》欧阳修）。归来时，我们几个坐在车上，各自都在憧憬未来的前景，会是在什么样的城市读什么大学呢？当时内心只是少许焦灼，更多的是平静。现在想来，也没有过多的追忆，平平淡淡的夜晚，只是看着路上车来车往，街上的华灯初上。这也许就是我当初淡然的心境吧，在弥漫着历史气质的城市角落，留下了我的开封一夜。One Night in Kaifeng，却不是"我已等待了千年，为何城门还不开"的千年一叹。

　　如果你来到开封，不见当年的青楼酒肆，只有普通的人来人往，那就静下心来慢慢体会吧。历史的积淀与文化的传统，使它随和淡然，深沉博大。时代的季风吹过，黄沙漫扬，只是留下了一座开封城池。

大理：达利之梦

一

　　大理，是国人的一个精神寄托。

　　这两年郝云的那首《去大理》传遍大江南北："是不是对生活不太满意，很久没有笑过又不知为何。既然不快乐又不喜欢这里，不如一路向西去大理。"

　　与美国人当年的西部梦想一样，大理，这个英文名和西班牙艺术家达利（Dali）一样的地方，也成了人们心中的理想国。刚下飞机的外国游客，立刻被Dali这个名字所倾倒，莫非这个城市具有和萨尔瓦多·达利一样的精神气质？在所有的城市都成为经济增长的机器，所有的都市人都沉沦于机场书店里琳琅满目的成功学书籍的时候，大理恰如其分地出现了。它在人们"眼前的苟且"之外，填补了"诗和远方"的空白。

在城市竞争的时代，北京、上海等一线城市的野心自不必说，后面还有一帮雄心勃勃你追我赶的二三线小弟。而大理这样的城市，则是远离这种竞争的逍遥派。苍山、洱海、古城，动人的景观与宜人的气候，使得大理同印度的果阿、美国的旧金山一样，成了嬉皮士的乐园、休闲文创的大本营。都市匆忙的白领终究不是机器人，内心对于生活趣味的追求，需要不同的城市体验。人们需要大理。在现代都市人于生活重压之下，迫切寻求精神出口的时候，大理在众多城市中脱颖而出，满足了举国上下对于另一种生活的想象。逃离北上广的人们，纷纷来到这里做了山谷里的农民。这种"大理现象"，甚至还登上了《纽约时报》的头条。

大理代表着一种远离都市喧嚣的慢生活。诗情画意，风花雪月。

现实有多么狼狈，大理就有多么美。

二

"不要去丽江，那里就是一个大型的南锣鼓巷；要去大理，那里还保存着很多民族特色。"一个周游了云南各地的朋友这么告诉我。

正如Beatles、村上春树和伍佰各自有一个挪威的森林。段誉、杨丽萍、民谣歌手和文艺青年们也不同程度地定义了当今的大理。

在国内敢把"风花雪月"当作城市官方宣传口号的城市，大概也只有大理一个了。这四个字不仅出现在白族传统建筑的照壁上，也出现在市区很多广告牌上，以及古城的迷你公交车上。苍洱毓秀，也只有大理有资本把浪漫的意向变为一种现实的生活方式。

自从把"艳遇之都"的名号让给了丽江之后，大理如今并无太多喧嚣。白族文化与都市亚文化在这里和平地交融碰撞。来了就是金花与阿鹏，众多新大理人给这个城市带来了新的气象和内涵。

白族的宗教为本主崇拜。有趣的是，这里的各路神仙并不完美，而是和凡夫俗子有着一样的喜怒哀乐。洱海和滇池塑造了这种包容的烟火气息、肆意、平和、充满灵气。大地的灵魂从这片土地上升腾起来，成就了多彩的梦幻。在别的城市让人侧目的非主流，这里的少数民族大爷大妈们反而觉得稀松平常。多彩云南，在这片多样化的土地上，谁又比谁另类多少？

　　这座魔幻的城市，正实践着生活的另一种可能。人们或许都学会了让时间静止的法术。街角的老人和小孩、猫和狗，都不温不火地，慢悠悠地生活着，日复一日，年复一年。白族老人们安详而宁静地观望着南来北往的人们。

三

　　文艺青年们都老了，文艺青年们永远都年轻。

　　街上穿着飘逸的新中式服装和长裙的人们，不仅有少男少女，也不乏中年人。一眼望去，老年李宗盛、中年刘若英、青年董小姐都云集于此。

　　几百米的人民路，汇集了全国的"怪力乱神"和"妖魔鬼怪"。五十米内随手扔块砖头，必能砸到一个戴着鸭舌帽的文艺范大叔、一个长裙飘飘的阿姨、一个扎着花辫子的森女系姑娘，和一个文身、长发又打着耳钉的朋克青年。各种小店汇聚了各地手艺人的创意，青年旅社张贴着新大理人的讲座海报。晚上整个街道灯火通明，咖啡馆、酒吧、Live

House的演出让这里热闹非凡。

　　民谣统治了这里的音乐世界。走上一圈就能发现，许巍、郑钧、朴树、李宗盛是标配，新一点的民谣人宋冬野、赵雷、马頔、尧十三，等等也数不胜数，逃跑计划算是唯一的摇滚，不过酒吧里传出的多数歌曲似乎都是八〇后的音乐，或许是这些酒吧驻唱歌手，一直停留在那个青春岁月而无法自拔，他们将一直那样唱下去。

　　晚上九点多钟，大理一中和四中的学生晚自习放学。顿时，穿着整齐划一校服的少年，与五颜六色的游客们在街上混在一起。时间此刻变得模糊，光阴和岁月讲起了故事。仿佛穿过这条街，任何人都能返回到当年的青葱岁月。

四

　　一个一年有一百多天都在天上飞的成功人士说，他每年必定要抽出几天到大理居住。关掉手机和电脑，好似进入另一个时空，获得一种心灵的解脱。

这让我想起"大理时间"：这里的一些店铺开门和关门没有固定时间，一切看心情。

在五华楼前，一个骑行的老人让我帮他拍照。他说他今年七十岁，这次是从昆明一路骑车去香格里拉，特意在大理停留几天。拍照时一头白发的他，坐在自行车上，双手举起V字，笑得合不拢嘴。

果然像他自称的那样，老顽童。

那一刻他是一个大理人，那一刻他是一个少年。

五

最喜欢的城市漫步，是在傍晚时分走在古城东西方向的街道上。西边的苍山日落，云彩升腾，形态变幻万千，在夕阳下色彩无穷，展现出无尽的玄幻，仿佛山野的通灵呓语。

一瞬间，心里多年的魔障释放出来，徐徐升腾，化为天上飘来飘去的云朵。世事白云苍狗，呼吸吐纳出内心的自在。不禁感叹：好一个大理！

一念之间，成魔成佛。

后　记

　　在完成所有书稿后，我长出了一口气。写书不是一件轻松的事情，用去了我很多原本就有限的业余时间。这本书里的文章，一部分是近年来，我发表在各个媒体上的文章，我对它们进行了修改并仔细校对。另一部分是为了本书特意写的文章。可能所有的文章风格并不完全统一，但请放心，所有的文字都一样的真诚。书稿完成后我意识到，这只是万里长征第一步。文章本身可以供读者阅读，对作者来说更重要的是，如何理解写书的意义。

　　我一直记得，中学时的某一天，在午休时躺在床上听广播。张雨生《我的未来不是梦》蓦然进入耳朵，直击心底。印象最深的一句歌词是："我从来没有忘记我，对自己的承诺。"在后来的日子里，我时常问自己：这么多年过去了，当年对自己的承诺，还记得吗？如今都实现了吗？

　　再往前，在我刚上小学的时候，就开始摆弄地球仪，熟练地记下那些不知名小国的首都的名字。或许从那时候开始，我潜意识里就感觉到世界的空间是如此广阔，而那些有着各种名字的城市，则是我们穿梭于无限时空的入口。

　　对地理的喜爱，是我日后对城市规划产生兴趣的萌芽。曾经对城市只是懵懂的好奇，工作后不断深化对其的认识。前几天去新疆出差，在飞机上一路看着窗外的戈壁滩、雪山、草原、林地，后来飞机缓缓落在道路像蛛网一样的城市之中。一路的景观变幻，让我不由得感慨人类文明的伟大。我们在这座曾丛林密布的星球上，以城市的形式，建设了千万人的巨形家园。

　　城市让我们感动，更寄托着我们的灵魂。所以写作本书的原始动机，也只是希望用一种方式，能够表达并记录这种对于城市的情感。但真正落笔之后，又有一些不安：富有情感的文字，会不会偏离城市本身？我不知道真诚的语言，会与真实的世界有多少偏差。我想起毛姆说的那段话，"我早就发现在我最严肃的时候，人们却总要发笑……这一定是因为真诚的感情本身有着某种荒唐可笑的地方，不过我也想不出为什么会如此，莫非因为人本来只是一个无足轻重的星球上的短暂居民，因此对于永恒的心灵而言，一个人一生的痛苦和奋斗只不过是个笑话而已。"

随着书写的不断深入，我渐渐地找到了理解城市的主线，并且逐渐形成了自己的城市观：对城市生活的热爱，对于城市中每一个人的尊重，对自发的、充满生机的市井生活的感动。这种认知让我能够通过文字，使自己与内心、与周遭的世界达成和解。生活是一场即兴的演出，我们每个人都是演员。在城市这座舞台上，每天都上演着精彩纷呈的剧情。就在刚才，我从饭馆的窗外看到环卫工人在清理马路，骑电动车的男男女女们带着从周末集市采购的商品回家，路边的孩子们在嬉笑打闹，店里面的老板给几个老乡讲述自己背井离乡来经商的辛酸。每个人的故事都那么的鲜活，城市记录着我们这个时代的欢喜与忧伤。

罗兰·巴特说："有些词语不是用来说的，是用来住的，就像是住在一座城市。"城市最终成为城市，不是靠图纸画出来的，也非仅靠砖头建造出来的，而是由一个个鲜活的人生造就的。读城即读人，人是城市的原始尺度。生活在城市中的每个人，其实都像在迷宫里一样，在困惑中不断地找寻自我。随着物质建设的不断完善，城市中注定会有更多内心的东西浮出水面。所以这里的文字，所表达的是一种尽量不带情绪和判断的观察。《新世相》说过一句话："别着急改变潮水，先看看月亮。"我希望这本书就是这样的一缕月光。

曾经在某个自我介绍中，我称自己为"建造梦想中城市的人"。梦想的城市或许永远无法到达，但文字能记录下我们在寻梦过程中的点滴思绪。我始终相信那些美好的东西，比如快乐、自由、宽容与感动。这些都是持久的，它们能够跨越不同背景，直抵我们共同的内心深处。雨果说："文字的历史终会打败石头的历史。"通过书写城市，可以在更广阔的时空中，探寻人与城市的关系。以文字为工具，可以在城市时代寻找自我灵魂的安放之地。只有这样，才能抵御岁月的侵蚀、世事的难料，才能消解恐惧与焦虑，达到内心的平和与明朗。

谨以此书，献给所有帮助过我的人们。献给在这片土地上，那些风雨跋涉的人。

2017年于阿克苏，
2018年于北京

图书在版编目（CIP）数据

城归何处：一名城市规划师的笔记／李昊著.—北京：
中国建筑工业出版社，2019.1（2023.4重印）
　　ISBN 978-7-112-22854-6

　　Ⅰ.①城… Ⅱ.①李… Ⅲ.①城市规划 Ⅳ.①TU984

中国版本图书馆CIP数据核字（2018）第240309号

责任编辑：费海玲　焦　阳
版式设计：锋尚设计
责任校对：王　烨

城归何处——一名城市规划师的笔记

李昊　著
*
中国建筑工业出版社出版、发行（北京海淀三里河路9号）

各地新华书店、建筑书店经销

北京锋尚制版有限公司制版

北京中科印刷有限公司印刷
*
开本：880毫米×1230毫米　1/32　印张：11⅜　插页：10　字数：365千字

2019年11月第一版　　2023年4月第五次印刷

定价：48.00元

ISBN 978-7-112-22854-6

（32240）